意大利面

（日）西口大辅、小池教之、杉原一祯　著

王婷婷　译

煤炭工业出版社

·北 京·

序言

在本书中，3位作者分别向各位读者详细介绍了各种意面的起源、意面名称的由来、各种意面料理的地域特色、意面的背景及其详细的烹制过程。

意大利究竟有多少种意面呢？据说有成百上千种之多，也许更多。本书力求尽可能多地介绍各种意面，但又不仅仅局限于介绍意面的种类。

即使是同一种意面，在不同的主厨的手中，它的配料、成型方法以及与之搭配的沙司也不尽相同。甚至是同一位主厨，也会根据不同的实际情况而随时改变同一种意面的配料或是成型时的厚度。

此外，作为高级餐厅菜单上的料理，免不了需要在传统烹饪方法的基础上进行适当的改动和创新。当然，也少不了独具风格的新颖菜式。

到底想让他人品尝到怎样的一种美味呢？又如何才能烹制出这样的美味呢？请看3位主厨各自对意面以及意面料理的所思所感，也许会对各位有所启发。

认识意面、制作意面、思考意面。将这本书送给喜爱意面的各位，希望能对各位有所帮助。

目录

第一章
3 位主厨的意面理论

第二章
制作意面的基本技巧

第三章
手工长意面

第四章
手工通心粉

第五章
手工填塞意面

第六章
面团与手工疙瘩面

第七章
长干面

第八章

通心粉干面

摄影：天方晴子

设计：田岛浩行

原版书编辑：河合宽子、纲本祐子

意大利行政规划

●为各大区的首府

列支敦士登

奥地利

匈牙利

瑞士

特伦蒂诺－
上阿迪杰大区

斯洛文尼亚

特兰托

弗留利－
威尼斯朱利亚大区

瓦莱达奥斯塔大区
●奥斯塔

伦巴第大区
●米兰

●都灵

威内托大区
●威尼斯

●的里雅斯特

克罗地亚

皮埃蒙特大区

艾米利亚－罗马涅大区

波斯尼亚和黑塞哥维那

热那亚

●博洛尼亚

法国

利古里亚大区

圣马力诺

摩纳哥

佛罗伦萨

马尔凯大区

●安科纳

利古里亚海

利古里亚海

托斯卡纳大区

●佩鲁贾

法国
（科西嘉岛）

翁布里亚大区

阿布鲁佐大区

●拉奎拉

拉齐奥大区

莫利塞大区

●坎波巴索

●罗马

●巴里市

那不勒斯

坎帕尼亚大区

普利亚大区

●波坦察

巴西利卡塔大区

撒丁岛

卡拉布里亚大区

第勒尼安海

●卡利亚里

●卡坦扎罗

●巴勒莫

西西里岛

爱奥尼亚海

突尼斯

阿尔及利亚

地中海

马耳他

意面一览

（按书中出现顺序）

第三章
手工长意面

意大利细宽面
（tagliolini） P56

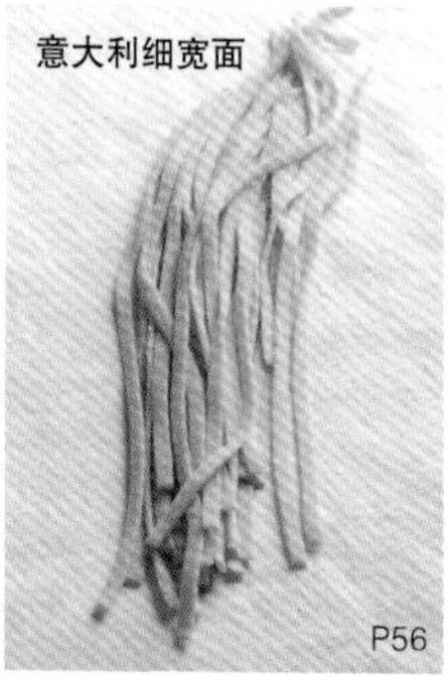

意大利细宽面 P56

意大利细宽面 P57

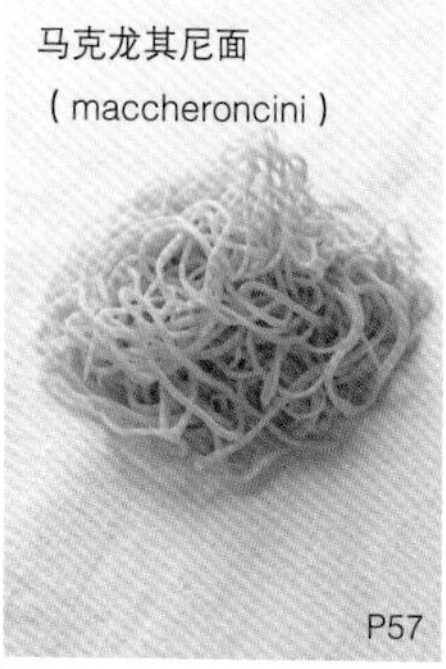

马克龙其尼面
（maccheroncini） P57

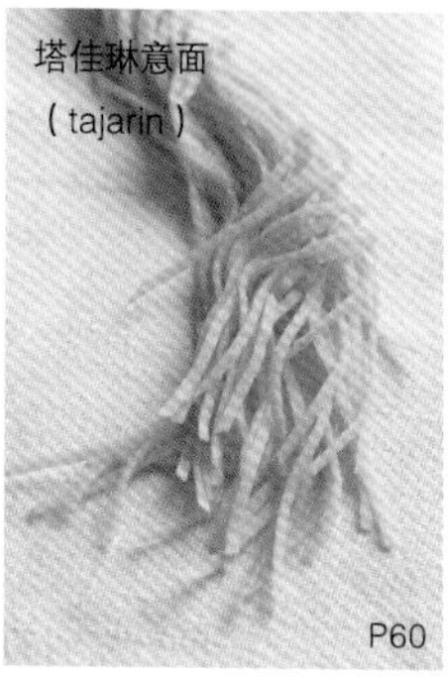

塔佳琳意面
（tajarin） P60

吉他面（chitarra） P61

意大利细长面
（tonnarelli） P61

鞋带面（stringozzi） P64

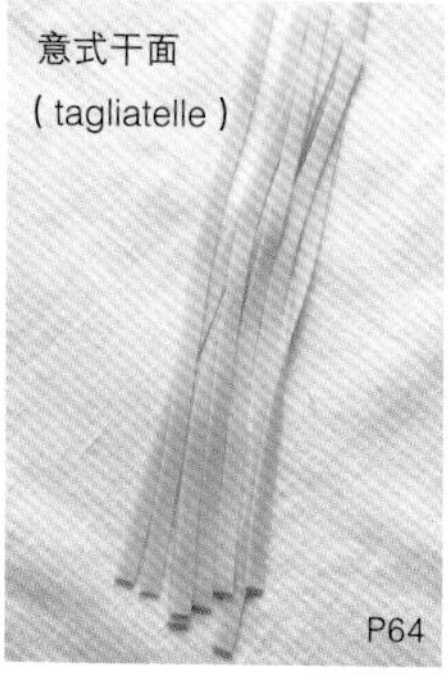

意式干面
（tagliatelle） P64

意式扁平面
（sciaratielli） P65

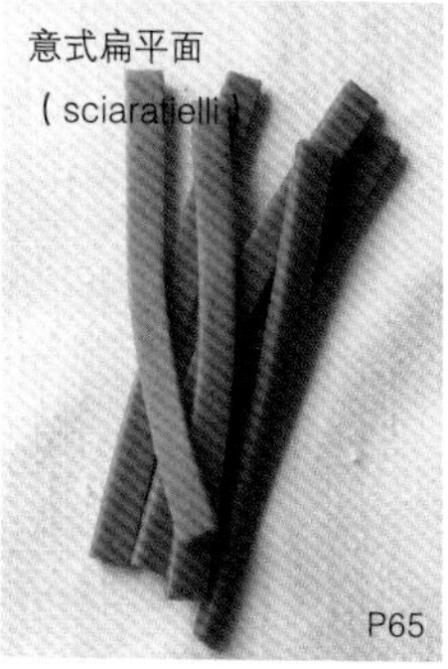

意式扁平面
（sciaratielli） P65

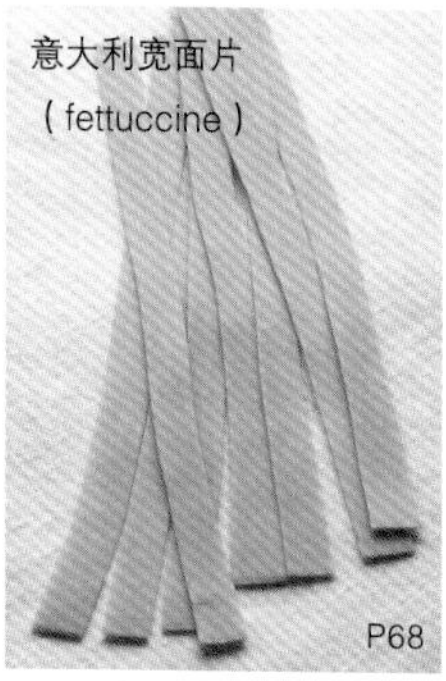

意大利宽面片
（fettuccine） P68

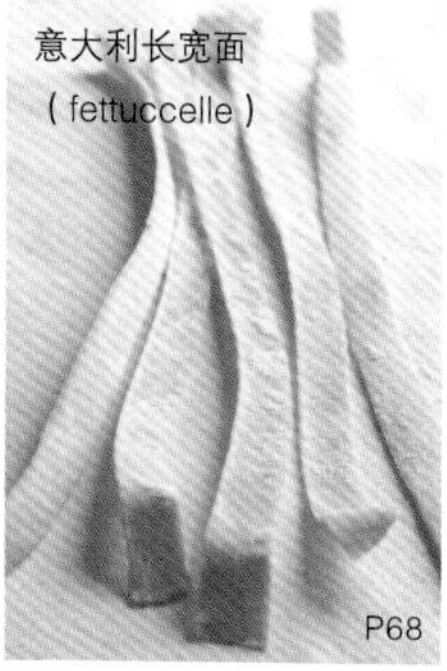

意大利长宽面
（fettuccelle） P68

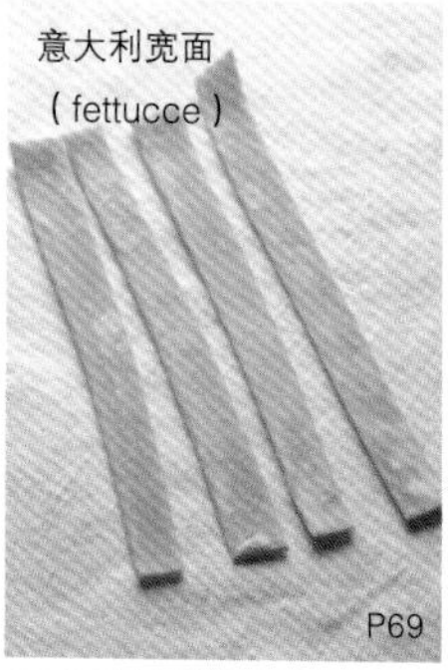

意大利宽面
（fettucce） P69

拉格耐勒面
（laganelle） P72

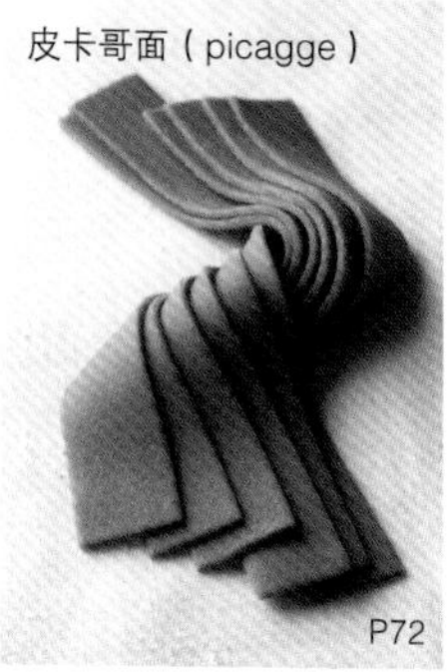

皮卡哥面（picagge） P72

传统宽面（pappardelle） P73

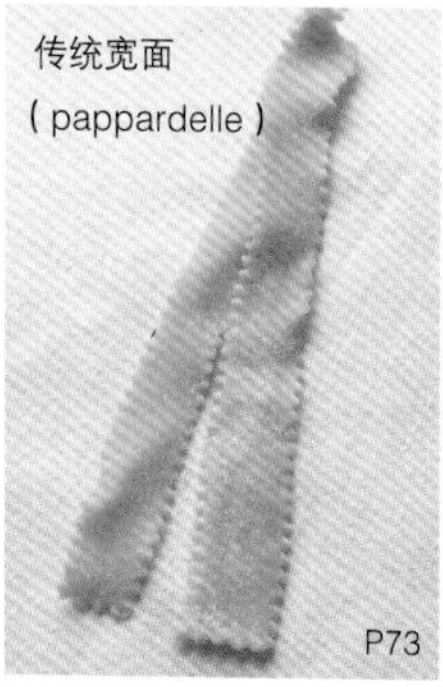

传统宽面
（pappardelle） P73

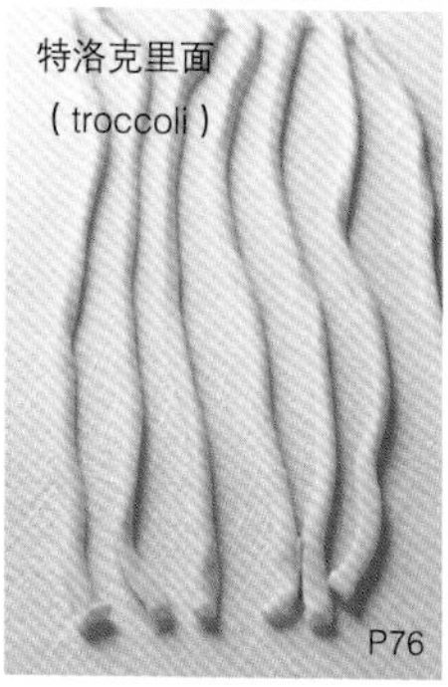

特洛克里面
（troccoli） P76

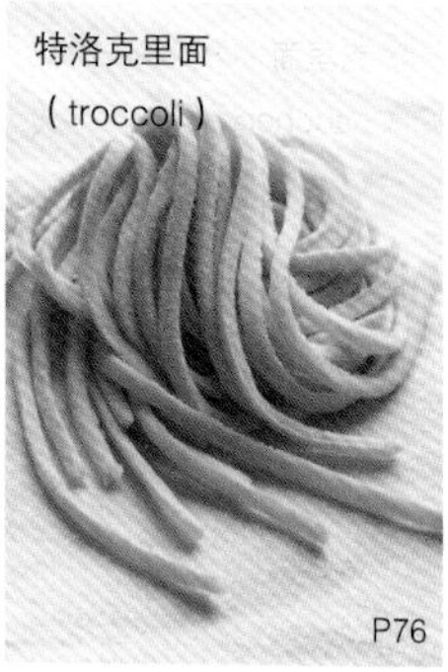

特洛克里面
（troccoli） P76

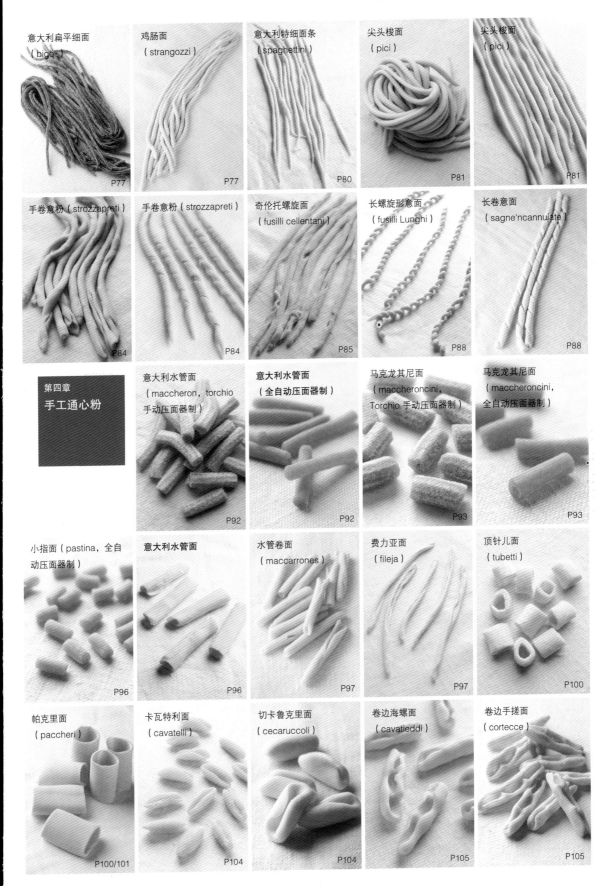

意大利扁平细面
（bigoli）
P77

鸡肠面
（strangozzi）
P77

意大利特细面条
（spaghettini）
P80

尖头梭面
（pici）
P81

尖头梭面
（pici）
P81

手卷意粉（strozzapreti）
P84

手卷意粉（strozzapreti）
P84

奇伦托螺旋面
（fusilli cellentani）
P85

长螺旋形意面
（fusilli Lunghi）
P88

长卷意面
（sagne'ncannulate）
P88

第四章
手工通心粉

意大利水管面
（maccheron, torchio
手动压面器制）
P92

意大利水管面
（全自动压面器制）
P92

马克龙其尼面
（maccheroncini,
Torchio 手动压面器制）
P93

马克龙其尼面
（maccheroncini,
全自动压面器制）
P93

小指面（pastina，全自
动压面器制）
P96

意大利水管面
P96

水管卷面
（maccarrones）
P97

费力亚面
（fileja）
P97

顶针儿面
（tubetti）
P100

帕克里面
（paccheri）
P100/101

卡瓦特利面
（cavatelli）
P104

切卡鲁克里面
（cecaruccoli）
P104

卷边海螺面
（cavatieddi）
P105

卷边手搓面
（cortecce）
P105

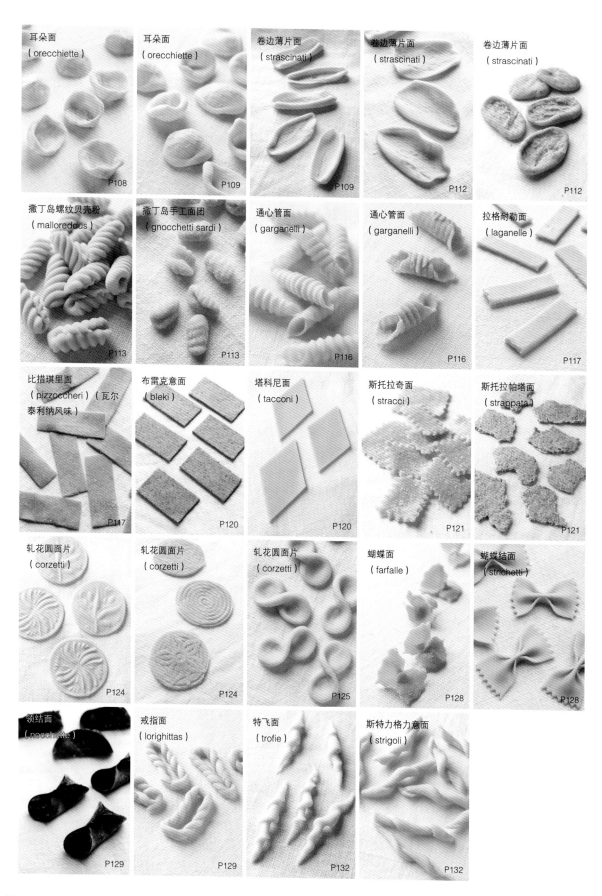

耳朵面
（orecchiette）
P108

耳朵面
（orecchiette）
P109

卷边薄片面
（strascinati）
P109

卷边薄片面
（strascinati）
P112

卷边薄片面
（strascinati）
P112

撒丁岛螺纹贝壳粉
（malloreddus）
P113

撒丁岛手工面团
（gnocchetti sardi）
P113

通心管面
（garganelli）
P116

通心管面
（garganelli）
P116

拉格耐勒面
（laganelle）
P117

比措琪里面
（pizzoccheri）（瓦尔
泰利纳风味）
P117

布雷克意面
（bleki）
P120

塔科尼面
（tacconi）
P120

斯托拉奇面
（stracci）
P121

斯托拉帕塔面
（strappata）
P121

轧花圆面片
（corzetti）
P124

轧花圆面片
（corzetti）
P124

轧花圆面片
（corzetti）
P125

蝴蝶面
（farfalle）
P128

蝴蝶结面
（strichetti）
P128

领结面
（nocchette）
P129

戒指面
（lorighittas）
P129

特飞面
（trofie）
P132

斯特力格力意面
（strigoli）
P132

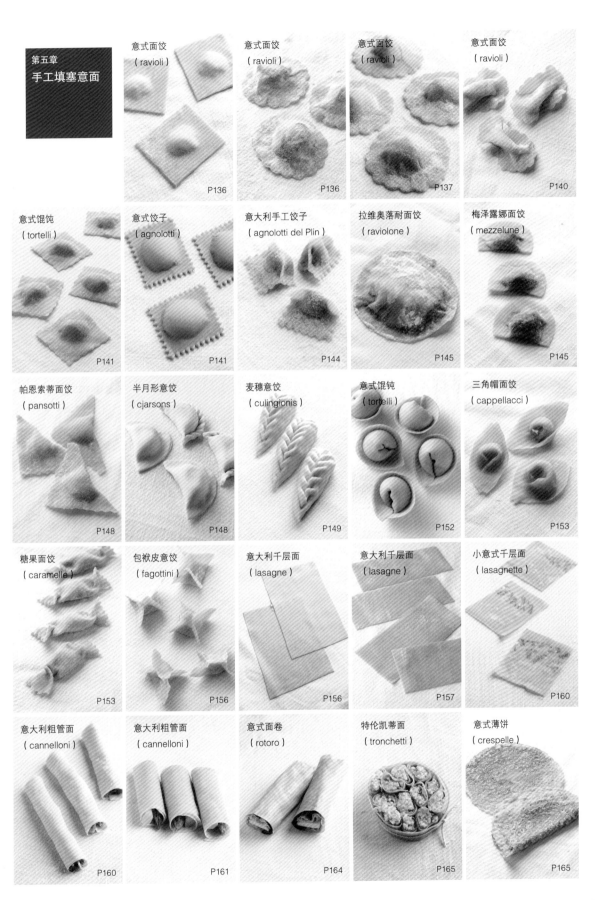

第五章
手工填塞意面

意式面饺
（ravioli）
P136

意式面饺
（ravioli）
P136

意式面饺
（ravioli）
P137

意式面饺
（ravioli）
P140

意式馄饨
（tortelli）
P141

意式饺子
（agnolotti）
P141

意大利手工饺子
（agnolotti del Plin）
P144

拉维奥落耐面饺
（raviolone）
P145

梅泽露娜面饺
（mezzelune）
P145

帕恩索蒂面饺
（pansotti）
P148

半月形意饺
（cjarsons）
P148

麦穗意饺
（culingionis）
P149

意式馄饨
（tortelli）
P152

三角帽面饺
（cappellacci）
P153

糖果面饺
（caramelle）
P153

包袱皮意饺
（fagottini）
P156

意大利千层面
（lasagne）
P156

意大利千层面
（lasagne）
P157

小意式千层面
（lasagnette）
P160

意大利粗管面
（cannelloni）
P160

意大利粗管面
（cannelloni）
P161

意式面卷
（rotoro）
P164

特伦凯蒂面
（tronchetti）
P165

意式薄饼
（crespelle）
P165

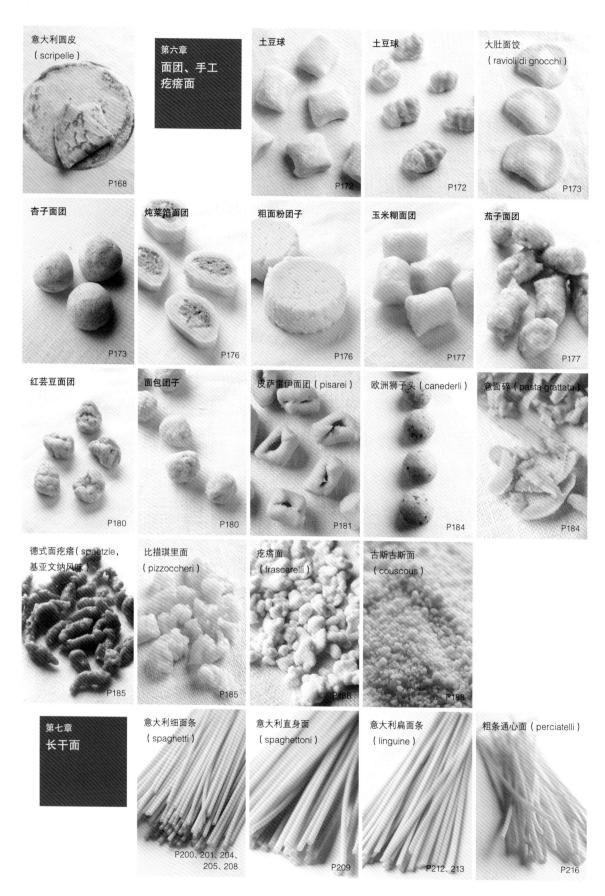

意大利圆皮
（scripelle）
P168

第六章
**面团、手工
疙瘩面**

土豆球
P172

土豆球
P172

大肚面饺
（ravioli di gnocchi）
P173

杏子面团
P173

炖菜馅面团
P176

粗面粉团子
P176

玉米糊面团
P177

茄子面团
P177

红芸豆面团
P180

面包团子
P180

皮萨雷伊面团（pisarei）
P181

欧洲狮子头（canederli）
P184

意面碎（pasta grattata）
P184

德式面疙瘩（spaetzle，
基亚文纳风味）
P185

比措琪里面
（pizzoccheri）
P185

疙瘩面
（frascarelli）
P188

古斯古斯面
（couscous）
P188

第七章
长干面

意大利细面条
（spaghetti）
P200、201、204、
205、208

意大利直身面
（spaghettoni）
P209

意大利扁面条
（linguine）
P212、213

粗条通心面（perciatelli）
P216

14

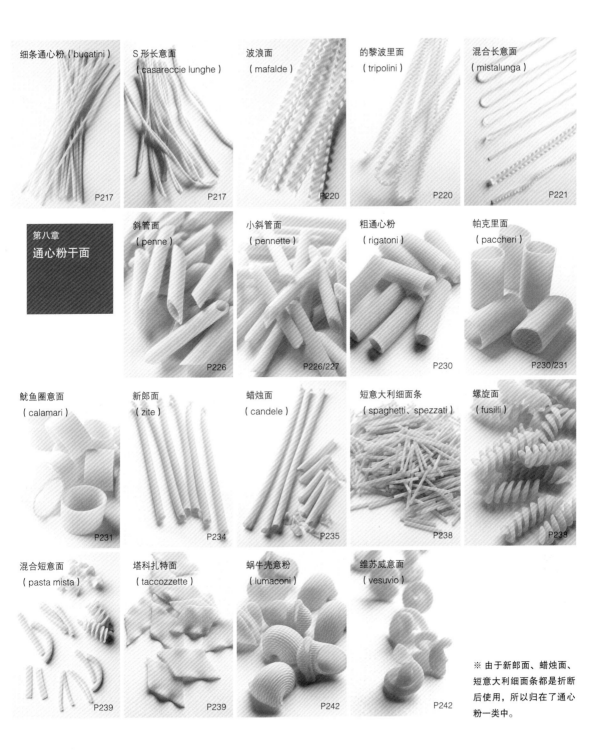

细条通心粉（bucatini）
P217

S 形长意面
（casareccie lunghe）
P217

波浪面
（mafalde）
P220

的黎波里面
（tripolini）
P220

混合长意面
（mistalunga）
P221

第八章
通心粉干面

斜管面
（penne）
P226

小斜管面
（pennette）
P226/227

粗通心粉
（rigatoni）
P230

帕克里面
（paccheri）
P230/231

鱿鱼圈意面
（calamari）
P231

新郎面
（zite）
P234

蜡烛面
（candele）
P235

短意大利细面条
（spaghetti、spezzati）
P238

螺旋面
（fusilli）
P238

混合短意面
（pasta mista）
P239

塔科扎特面
（taccozzette）
P239

蜗牛壳意粉
（lumaconi）
P242

维苏威意面
（vesuvio）
P242

※ 由于新郎面、蜡烛面、
短意大利细面条都是折断
后使用，所以归在了通心
粉一类中。

15

写在阅读之前

●意面的分类

总体分为手工意面和干面两大类别，还可以按照意面形状的不同，继续细分为长面、通心粉、填塞意面（包括意大利千层面等薄片状意面），面团和疙瘩面单列一项。此外，本书中是以用途为基准对意面形状进行的分类，所以将折断使用的长面［如新郎面（zite）、蜡烛面（candele）］也归在了通心粉一类中。

●关于料理说明

本书中所列的面坯配料说明只作为参考，各位可根据面粉的干燥程度、操作间的湿度以及温度等实际条件进行细微的调整。此外，意面的大小以及煮制时长、沙司的分量以及烹制时间等也均为参考数值。

本书中所述的1人份意面的分量是以每位著者所在餐厅中单点菜品的分量为标准。此外，书中所附的意面料理成品图片也不全是单人份的图片。

关于面坯的和法以及意面的贮存方法请分别参照第二章"面坯的基本和法"（P35）以及"储存方法"（P37、38）。如果有特例会在各自的烹制方法中说明。

各种汤品、浓汤、基本沙司（番茄沙司、贝夏美沙司、青酱等）、自家制品（番茄干、香肠等）的制作方法请参照最后的"补充菜单"（P244~P251）。

●关于书中出现的基本材料的说明

· 00粉、0粉⇒意大利软质小麦粉。根据面粉的精制程度可分为00、0、1、2、全麦粉5种类型。其中精度最高的是00粉，其次是0粉。

· 粗面粉⇒粗磨杜兰小麦（硬质小麦的一种）粉。没有特别说明的话，指的就是颗粒最小的类型（farina di semola,semola rimacinata）。

· 低筋面粉、中筋面粉⇒日本软质小麦粉。

· 高筋面粉⇒日本硬质小麦粉。

※ 本书中出现的面粉或是干面后面都会用括号标注出生产厂商。如果是国外制品，但却没有标注国名，指的就是意大利制品。如果是日本产的面粉会标注上＜品牌名＞。

· 鸡蛋⇒1个58g[蛋黄24g、蛋清34g]（西口）
　　　　1个60g左右[蛋黄20g左右、蛋清40g左右]（小池）
　　　　1个55g[蛋黄15g、蛋清40g]（杉原）

· 番茄⇒如果没有特别说明，指的就是普通大小的新鲜番茄。如果有特别要求会标示出来，比如水果番茄、小番茄、番茄干等。

· 鳗鱼⇒油渍鳗鱼鱼片。

· 腌刺山柑⇒如果没有特别说明，指的是醋渍刺山柑。

· 蒜⇒如果没有特别说明，指的是剥皮蒜瓣。分为国产（西口、小池）、国产［意大利品种］和意大利产（杉原）

· 香草类、菌类⇒如果没有特别说明，指的都是新鲜的。

· 香辛料、月桂⇒如果没有特别说明，指的是干的。

· 胡椒⇒指的是经过研磨的白胡椒粉。如果是黑胡椒，会直接写作黑胡椒。

· 红辣椒⇒意大利、卡拉布里亚区产（西口、小池）、国产［意大利卡拉布里亚品种］（杉原）。

· 鲜奶油⇒乳脂含量35%（西口）、38%（小池）、47%（杉原）。

· 黄油⇒不使用食盐。

· 帕玛森干酪⇒ parmigiano reggiano。

· 帕玛森干酪、佩科里诺奶酪等奶酪⇒如果没有特别说明，指的是奶酪刨丝。

· 里科塔奶酪⇒如果没有特别说明，指的是牛乳制品。

· 本书中所使用的各种材料等的相关信息均为2014年4月份的信息。

●关于书中出现的地图

在本书介绍每道意面料理时，大部分右上角都会附有一张地图。这是为了能让各位大体掌握该意面料理的相关地域性，所以在对应的位置用颜色进行了标识。不过，由于对地域性的说法众说纷纭，而且料理也并不是以大区为单位进行划分的，所以仅作为参考。

表示该意面料理中意面的起源地与沙司的地域性（包括使用地）基本一致。

+

虽然意面的起源地是　，但是沙司的地域性是　，两者有明显的差异。

[没有地图]

表示不具备地域特性（包括全国通用的）的料理、众说纷纭无法确定其地域特性的料理、餐厅以及个人创新性很高的料理等。

※ 意大利细面条、斜管面、意大利水管面（maccheroni）等意面，现已比较普及。对于由这些意面烹制而成的意面料理，只用　标注出了沙司的地域性。

第一章

3位主厨的
意面理论

烹制简单的意面 西口大辅

●将主角让给前后的料理

我对于意面的认识主要源于在意大利学艺的那9年。

那期间都是由餐厅提供伙食。当时吃到的意面料理基本都是用于头盘的意面料理。将意大利细面条或是斜管面、螺旋面等干面和帕达诺奶酪以及橄榄油简单地拌到一起，样式非常朴素。因为意面料理之前一定会有一道前菜，之后也一定会有一道主菜。

正因此，直到现在我都认为，意面料理并不是一道单独使用的料理，它只不过是意式套餐中的一个组成部分而已。

· 开胃菜和下酒佐食

· 汤

· 前菜

· 头盘（意面、肉汁烩饭）

· 主菜（第二道菜）

· 甜点

· 小吃

在这样一个完整的意料流程中，意面料理只不过起了一个过渡的作用。即使要给顾客留下一些印象，其个性也不能过于明显，否则会与前后的料理失去平衡。

在一餐之中，主角应该是前菜以及主菜，自然在选材以及调味上理应更有特色。前菜起着开胃的作用，需要色味俱佳，所以需要在食材的选择搭配上下一番功夫，除了肉类加工品、奶酪之外，还应佐以或是新鲜或是腌制的当季食材；而主菜一般是由肉类或是海鲜烹制而成，既美味又高档。处于两者中间的意面料理则可以由这两道菜肴剩下的边角料食材烹制而成。我在意大利学到的意面料理就是如此，要充分利用食材的各个部位，突出意面的风味，发挥好前后衔接的作用。

●灵活利用食材做出家常美味

对于这点，本店有一道十分具有代表性的料理——玉米奶酪意饺。在各式玉米糊料理中，刚刚出锅的"polentafresca"是最美味的。但是，这道料理有一个特点，就是一次性烹制出的量必须很多才行，否则味道就没有那么好了。因此，每次烹制这道料理时必定会有剩余。为了充分利用剩

西口大辅

1969 年生于东京。1988 年在东京西麻布的"CAPITORINO"
餐厅（现已停业）开始意大利料理的学艺。1993 年来
到意大利，先后在北部的威内托大区、伦巴第大区锻炼
手艺。并在学艺的最后期间担任了位于米兰的意大利餐
厅"Ristorante Sadler"的意面主厨一职。1996 年回日本，
在位于东京代代木上原的"Buona vita"餐厅（现已停业）
担任厨师长。2000 年再次前往意大利，进入了位于米
兰南部帕维亚地区的一星级餐厅"Locanda Vecchia
Pavia"工作，并担任了 5 年的厨师长。2006 年回日本
后，于东京开设"Volo cosi"餐厅。

余的玉米糊，便诞生了"玉米奶酪意饺"这道料理。在意大利，像这样诞
生的料理可以说不胜枚举。

正因为意面料理可以利用手边的食材、用最简单的方法烹制而成，所
以它才一直与人们的生活贴得那么近。我想，无论是意大利人还是其他国
家的人，都希望能品尝到可以让自己身心放松的味道。而这也正是我一直
坚持烹制简单意面料理的原因所在。

●铭记"对意大利人而言的意面"这点

我曾向许多意大利友人提过这样的一个问题——"何为意大利面？"
以下是我得到的回答：

——"人生的根基。"（东京在住厨师）

——"意大利的象征。"（米兰一星级餐厅的主厨）

——"每日的喜悦。"（意大利在住建筑师）

——"不间断的发现，能展现出地域风情的东西。"（位于特雷维索地
区的高级餐厅的店主兼主厨）

通过他们的回答，我们可以看出意面在意大利人心目中的地位，它是
意大利的象征，是意大利的根基。此外，这 4 位的回答中还有一个共通点，
那就是"每日必食""如果不吃意面，就会浑身无力"。

因此，我想烹制的是"想每天都能吃到的意面"。一提到高级餐厅，
给人的印象往往是使用高级食材做出的豪华料理（尤其是松露，最显高
档）。其实，在意大利并不是这样的，而且意面本身的价值也并非如此。
而我所追求的也正是顾客可以在高级餐厅中用餐时感受到的如家常菜般的
亲切感。

充满浪漫色彩的乡土料理——意面料理

小池教之

●小小意面中蕴含的浪漫气息

提到风靡全球的意式料理，任何人首先浮现在脑海中的一定都是"意面"吧。

意式料理有"乡土料理集合体"之称，因为每道意式料理都建立在从南意到北意各式各样的风土气候以及地理差异的基础上的。其中的意面料理更是如它众多纷繁复杂的种类一般，最能反映当地的地域特色。而且，从最初诞生时开始算起，意面已拥有几千年的历史，且至今仍有许多带有远古气息的意面以及意面料理，更为其增添了一抹浓浓的浪漫色彩。

在我担任主厨的餐厅里，几乎可以品尝到整个意大利所有的意面料理。至于为什么可以提供这么多种样式的意面料理，源于我最初学艺时所在餐厅中品尝到的"青酱意大利扁面条""沙丁鱼茴香意面""辣味番茄肉酱意面"这几道意面料理。这些汇聚了各地特色（利古里亚、西西里岛、罗马）的意面料理给了我莫名的感动与震撼，从而使我深深地陷入到意面的世界中无法自拔。随着对意面了解的加深，慢慢了解了意大利乡土料理其实是多民族以及多城邦相互融合的产物，这使得我对意面料理更有兴趣，然后这种强烈的好奇心又促使我对其不断进行深入地探究与挖掘。

"这个地方有什么样的特色料理？""这种风味指的是哪里的风味呢？""这道料理的诞生背景是什么呢？"头脑中诸如此类的疑问越来越多，而其中出现次数最多的问题当属意面的地域特色。带着这些问题，我从西意走到东意，又从北意走到南意，足迹几乎踏遍了整个意大利。而这也成就了今日本店的特色。因为来本店就餐的顾客中有很大一部分是对本店能提供如此之全的意面料理感兴趣。

●在意大利感受到的"宽松"与"严格"

在开始制作意面以来，我一直有一点很深的感悟，那就是在日本，人们会严格按照面粉、水、鸡蛋的比例分量以及操作步骤来制作意面，而在意大利却并没有这么严格。只有在刚开始接触意面制作时才会用工具去称量该使用多少配料，等熟悉了之后，大多都凭着自己的手感来制作，因此每个人做出的意面都有自己独特的风格。也可以说是自然而然形成了自己的风格。虽然有些让人难以置信，但这也正是意面的魅力所在。

此外，对某个城镇来说，当地的传统意面其实就是每个人小时候就很熟悉的"妈妈的味道"。当然，每位妈妈的做法也许并不完全相同，比

小池教之

1972 年 出 生 于 琦 玉 县。1993 年 开 始 在 "LA COMETA"（东京、麻布十番）学艺，5 年后进入 "Partenope"（东京、南麻布、惠比寿）工作了 3 年。在积累了一定经验后于 2003 年奔赴意大利学艺。分别在北部的特伦蒂诺 – 上阿迪杰大区、皮埃蒙特大区，中部的翁布里亚大区，南部的普利亚大区、西西里岛、坎帕尼亚大区的共计 6 家餐馆以及高级餐厅中锻炼手艺。期间还辗转各地学习了许多技能，比如在肉店学习肉类加工技术，并了解了各式各样的乡土料理以及传统饮食文化。2006 年回日本，于 2007 年创立了 "incanto" 餐厅，并担任主厨一职。

如在食材的选择上就普遍存在差异。但是，品尝过后你会发现，它们其实都有着同一张面孔——"传统的面孔"，也有着相同的味道——"传统的味道"。

学艺时所在的地方，无论是高级餐厅还是小餐馆，负责意面料理的都是主厨。如果是典型的家庭经营的饭店，则由那家的母亲或是祖母负责。看着他们以飞快的速度制作大量的填塞意面、用比我还要粗的手腕和手指制作小巧的耳朵面，真是由衷地感到敬佩。同时也深切地感受到意面已深深地融入到意大利人的骨血中，并已成为他们血肉中的一部分。

但是，"意面操作间"虽然可以说是家人以及厨师们的"羁绊之地"，但一旦开始营业，那里也充斥着各种大声的斥责与争吵，所以也可以说是一个"战场"。而这种犹如电影画面一般的场景，也只有在意大利才能看到。

●不断与意面磨合，更接近意大利传统

店里每天都要制作各种各样的手工意面，自然也要与各种类型的意大利面粉打交道。由于每次购买的面粉分量不同，而且其保存状态、保存时长、季节气候等因素都有所差异，导致每次和面时面粉的状态也不尽相同，因此和面时需要放入的水量、和面的力度、和制的时长等也不得不随之调整，也就很难完全按照某一固定的标准来制作意面。

以前的我完全无法接受这种不定性，也非常不适应。不过，最近我有些想通了，因为"真正的意大利料理"正是如此。虽然看起来杂乱无章，但其实无论是面坯质地的可浮动范围还是可与其搭配的沙司都是有章可循的。如果什么时候能仅凭感觉就烹制出"熟悉的味道"或是"某个城镇风味的料理"，那么就是向意大利传统料理迈进了一大步。

而这种感觉并不是仅靠简单的数字或是操作步骤说明就可以获得的，而是需要长期不断地与意面进行磨合，并且要用心领悟。

21

杉原一祯

意面是我的灵魂食量

●经验积累得来的"感觉"

对于以意料厨师为职业的我来说，意面是一个很大的课题，也是我非常着迷的一个领域。有一段时间，"意面是什么"这个问题一直困扰着我。带着这个问题，我思考了许多，也深入研究了许多意面方面的相关知识。最后我得出一个结论，即在意面的制作过程中，虽然所有的细节都很重要，而且需要思考的东西、需要学习的东西也很多，但有一点最重要，那就是不要一味追求"什么是对的"，而是要在主观上掌握意面的整体状态。

就拿"al dente"（意大利语，意思是"to the tooth"，保留嚼劲的弹牙的程度）来说，对于一个一生中只吃过一次意面的人来说，那次的体验就是全部，所以那时吃到的意面的软硬程度是什么样，"al dente"就是什么样。但是，随着次数的不断增加，你会知道"al dente"也是有程度区别的，既有"近似于生面的很硬的al dente"，也有"比较柔软的al dente"，以及在两者之间浮动的各种"al dente"。如果一个人不断游走于各种"al dente"之间，慢慢的也就能从主观上整体把握"al dente"了。

其实，即使是在意大利，也并不是所有人都喜欢将意面煮得很硬，一般来说，越往南，人们越是喜欢食用硬芯意面，但实际上许多南部地区也会将意面煮得很软。由此可见，与其讨论将意面煮至哪种程度才是正确的，还不如充分掌握其可变的幅度，从而可以根据具体情况作出相应的调整。

●关注意大利的变化趋势、顾客的要求以及各种实际情况

如果将现在意大利境内10岁左右儿童食用的日常料理与20年前相比，便会发现意大利料理在整体上呈现出同一化的倾向。就拿最能反映各地不同饮食文化传统差异的以意面为主角的头盘来说，现如今，连北意地区也多为"番茄沙司斜管面"，而且比萨也十分受欢迎。也就是说，本应为南意典型代表的一些意面以及料理现已普及到北意，而且已深入人们的日常。除此之外，为了保护传统饮食以及食材而兴起的"slow food"运动，也是传统正在不断消失的有力证据。在事事都很保守的意大利，就在这短短的10~15年，偏偏却是最应该保守的饮食领域发生了巨大的变化。这虽然谈不上是一个令人欣喜的变化，但事实确实如此。

那么，我又可以通过那十余年前的意大利学艺经验做些什么呢？通过意面我能做到什么？我又想做到些什么呢？我一直在思考着这些问题。如

杉原一祯

1974 年生于兵库县。最初在西宫市的 "PePe" 开始意大利料理的学习。5 年后远赴意大利学艺。先后在坎帕尼亚大区那不勒斯的 "La Cantina di Triunfo" 餐厅以及同大区苏莲托附近的 "Torre del Saracino" 餐厅工作了 4 年。此外，还学习了如何制作 Pasticceria，并且精通各种南意的小点心。回日本后，于 2002 年在芦屋内市开设了 "OSTERIA O'GIRASOLE" 餐厅，2014 年 7 月店铺迁至同室宫塚街，现作为酒吧兼糕点屋重新营业。主要著作有《那不勒斯蔬菜料理》(柴田书店) 等。

果想让顾客了解一个真实的意大利，那么是应该将这十余年间的变化传达给他们呢？还是应该将传统的美好的意大利传达给他们呢？

在现实生活中，一些顾客在点餐时，比起一些连见也没见过，甚至连听也没听说过的南意手工通心粉，他们会更倾向于自己所熟识的意大利细面条。但也有一些顾客会觉得好不容易到外边吃饭，当然要点一些比较稀奇的意面。因为顾客的要求不一样，自然也不能一概而论。否则可能任何一方的需求都无法得到满足。

●意面是将顾客引进意料世界的重要工具

虽然也有过动摇，不过最后终究确定了方向。对于在以那不勒斯为中心的南意学艺的我来说，意面正是我的灵魂食粮。我对它有着不想输于任何人的热情与执着，同时，它也是我最大的武器。

但是，我并不想把我所学到的东西强行塞给我的顾客，我希望能在与他们接触的过程中慢慢地将他们引入我的世界中来。对于更钟情于干面，且在众多干面中偏爱意大利细面条的顾客，我会很高兴地为他们呈上意大利细面条料理。但与此同时，我也会向他们提议一种比较特别的沙司与之搭配。如果他们对这次的体验比较满意，下次我会向他们提议 "其实这道沙司与手工意面搭配食用会更加美味"。这样一点点地将他们引入意料的世界。

我在开篇中提到的 "比起思考什么是正确的而言，更重要的是感觉" 这种观点的真正目的也正在于此。意料是一个十分广阔且十分精彩的世界。如果一味纠结于入口是否正确的问题，很可能最终也无法引导顾客体会到前方那奇妙又多姿的世界。而引导的方式其实也是多种多样的。

毫无疑问，意料的魅力之处就在于其各具特色的地方料理以及传统料理。地方特色料理是过去的产物，传统料理也是在不断制作的过程中自然而然演变而来。现在出现在我们面前的这些意料都是经过各种变化演变而来的。而且，它们并不是经过一次 "改变" 就形成的，而是经过无数次 "改变" 后最终 "演变" 而来。让我们一起期待着下一个 "演变" 的到来。

意面分论

1. 对配料的要求。

小麦粉

●根据意面的起源地以及材料的地域性选用不同的面粉（小池）

在和面时，应结合意面的起源地以及材料的地域性选用不同的面粉。例如，如果要制作的意面为北意地区或是托斯卡纳大区等中北部地区的意面，基本使用的是00粉、0粉等软质小麦粉；如果是拉齐奥一带的中南部地区的意面，要在使用软质小麦粉的同时再加入一些硬质小麦粉（粗面粉）；如果是南意地区的意面，则应该选用硬质小麦粉。

最开始使用的都是国内厂家生产的高筋面粉、低筋面粉和全麦粉，自从可以购买到意大利产的面粉后，有时会将两者混合到一起使用，有时也会单独使用某一种，不过现在基本以意大利产的面粉为主。

本书意面的配料中所列的各种意大利产的面粉，都是在结合地域性的基础上，且充分考虑了面粉的精度以及蛋白质的含量等因素和试过了许多厂家的制品后，最终选择出来的。其中，厂家的所在地是决定最终选择的一个很重要的因素。例如，如果要制作坎帕尼亚大区的意面，就会使用那不勒斯的卡普托（caputo）公司生产的面粉。生产厂商越是靠近某地，其生产出来的面粉的香气、口感、风味等也越是贴近当地，那么由其烹制而成的意面料理的地域特色也会更加浓厚。

虽说选好了要使用哪家的面粉，但是偶尔会在购买面粉时遇到各种各样的问题，比如某些面粉在国内根本买不到、该家厂商生产的面粉存在缺货现象或是面粉的质量存在参差不齐等问题。此外，规模小一些的餐厅，面粉的用量不是很大，可能1袋25kg的面粉还没等用完就已经过期了。因此，在决定购买哪家的面粉时，还要综合考虑其他多种因素。例如，对于一个规模小一些的餐厅来说，可以先筛选出制品重量为每袋1kg左右的面粉生产商，然后再从中挑选出质量以及库存都有保证的商家。以本店来说，粗面粉以卡普托（Caputo）公司或是得科（De Cecco）公司的制品为主，00粉则基本为马里诺（Marino）公司、莫里尼（Morini）公司、卡普托（Caputo）公司的制品。

在所有面粉中，我最喜爱的是马里诺公司（皮埃蒙特大区）的石磨面粉。虽说要比普通的精制粉更难操作，但是香味很浓郁，十分受顾客的欢迎。

此外，日本国内厂商的制品总体来说精度很高，颗粒也要更细一些。不仅品质有保障，还能保证供应。还有一些面粉只有经过长期使用后才能充分了解它的特性，也只有在了解了它的特性后才可以更加容易地再现出意大利的味道。东京制粉产的高筋面粉就是这样的面粉。

●留有小麦清香的石磨小麦粉（西口）

本人在和面时，00粉和粗面粉使用的都是皮埃蒙特州马里诺公司的制品。因为偏爱石磨小麦粉的清香，所以回国后一直使用石磨小麦粉。

此外，在制作某些意面〔卡瓦特利面（cavatelli）、意式薄饼（crespelle）、面包糠面团等〕时也会使用日清制粉公司生产的"LYSDOR"面粉。第一次从意大利回日本时，国内还买不到意大利面粉，所以当时一直使用的是这种最接近意大利面粉的制品。现在，大部分的手工意面都是由上述马里诺公司生产的面粉制作而成。不过，如果还需要辅助添加一些小麦粉的时候，还是会选用"LYSDOR"面粉。

●根据是否是蛋和面选用不同的面粉（杉原）

蛋和面使用00粉，非蛋和面使用粗面粉。大部分的意面都是根据这种标准选用面粉。此外，可以将高筋面粉和低筋面粉作为补充面粉使用。此时可以不受上述规则束缚。

00粉和粗面粉使用的都是那不勒斯卡普托公司的制品。该公司成立于1924年，据说该公司还有以意大利产的小麦（翁布里亚大区、马尔凯大区为主产区）为主，又掺入了其他意大利地区精选的小麦或是欧洲产的高品质小麦磨制而成的面粉制品。在意大利学艺期间用的一直就是该公司生产的面粉，现在在日本所能买到的众多意大利产的面粉中，仍然对该公司的面粉品质最为满意。

> 鸡蛋

●重视蛋黄的黏性与蛋清的弹力（西口）

从4年前开始，一直使用产自青森县的一款名为"绿之第一颗星"的鸡蛋品种。蛋壳呈浅绿色，据说这是位于该县的畜产品实验基地新培育出的蛋鸡品种（原产于南美智利的Araucana鸡与Rhode Island Red鸡的杂交品种）产的蛋。据说，饲料以富含a-亚麻酸的紫苏为主，而且不使用任何抗生素。

之所以对此品种的鸡蛋情有独钟，是因为它的蛋黄香甜、黏稠，同时蛋清很有弹性。特别适合制作意式面饺等填塞意面。使用这种鸡蛋的蛋清做出的意面口感弹嫩爽滑。由于本店经常制作蛋和面，所以对鸡蛋品质的要求非常严格。

揉面的时候，如果过度揉搓面坯，面坯的温度会变高，从而破坏鸡蛋的特性，所以不要过度揉搓。无论是由哪些配料和成的面坯，都可以通过将面坯放入真空包装袋中的方法醒面。揉一段时间后，将面坯放入真空包装袋中，再抽净空气，这样面粉就可以与水分充分地融合到一起，所以只需稍稍揉搓即可，无需揉至面坯光滑。

●放入鸡蛋是为了提香（小池）

对鸡蛋的品牌没有特别的要求。最近日本有一种倾向，认为蛋黄呈明亮的橙色、蛋香浓郁的鸡蛋是品质上佳的鸡蛋。其实我一直以来使用的都是这种鸡蛋。但是，在意大利，大部分鸡蛋的蛋黄都是淡黄色，所以我又重新对各种鸡蛋做了对比。

通过对比，我得出一个结论，即意面归根结底品尝的是面粉的味道，其他材料所起到的都应该是衬托的作用，所以最好以"加入蛋香是为了突出面粉的香味"为初衷来使用鸡蛋。

不过也有例外，比如塔佳琳意面（tajarin）这种只使用蛋黄和面的意面。这种情况下，为了突出意面的个性，应该选用蛋黄浓度较高且风味较浓的鸡蛋。

●选用土鸡蛋（杉原）

本店很少使用鸡蛋和面，基本也就只有在和制意大利宽面（tagliolini）、意大利千层面以及小意式千层面（lasagnette）时才会使用全蛋或是蛋黄。

以前，在和制意大利千层面时，为了突显出和面时放入了大量的蛋黄，会选用蛋黄颜色较深的鸡蛋。但自从开始使用土鸡蛋后，我才了解到原来蛋黄的颜色与饲料有很大的关系，所以之后就不那么在意蛋黄的颜色了，而且对用于和面的鸡蛋的品质也没有特别的要求。顺便提一下，本店使用的土鸡蛋都是来源于九州地区一家种植意大利蔬菜的意大利农户用绿色蔬菜饲养的土鸡。

水

●最具普适性的水是纯净水（小池）

使用的基本为纯净水（用净水器处理过的自来水）。意面的种类成百上千，许多形状各异的意面都是由同一种面坯制作而成，所以要想和出具有普适性的面坯，最好使用纯净水。日本的饮用水硬度低，可以与面粉的味道很好地融合到一起，这是它的优势所在。

而意大利的矿泉水总体来说水硬度高，用其和出的面给人以口感很硬的感觉，面坯的质地看起来也稍显紧绷。不过，吃到嘴里后就会发现它的弹度适宜，与沙司的一体感很强，而且面粉的香味也很浓郁，非常适合烹制第一道菜。接下来我打算试一试意大利产的各种矿泉水，然后结合意面的地域特性选择适宜的水来和面。

●注意水温及用量（杉原）

使用纯净水，我认为最重要的是水的温度以及用量，所以和面时会根据当时的季节以及意面的种类进行适当的调整。

首先，冬季和夏季两个不同时期，管道中的水温也是完全不同的。冬季的水温大约为6~7℃，温度如此低的水很难与面粉融合到一起，而且面粉本身的温度也低（大概为零下1℃），所以最好使用37℃左右的温水和面。除此之外，使用常温下的水即可。不过，在盛夏时节，由于水温和面粉的温度都很高，所以有的时候也会往水里放一些冰块降温。

此外，面坯中的含水量即使稍稍有一点儿差异都会影响到意面成型时的效率以及意面的口味和口感。一般来说，我们会先想好需要做出什么类型的意面，再决定水的用量。因为含水量的差异直接关系着之后煮意面的时间以及意面与沙司的融合程度。

具体来说，如果面坯中的含水量高，煮的时间就要长一些，而且与沙司的融合度也要低一些。反之，如果含水量低，做出的意面也会稍微干一些，所以很快就可以煮好。又由于其吸收水分的能力比较强，可以很好地吸附沙司。这样一来，最后的口感反而变得绵软爽滑，与混饨和挂面的口感相似。所以，虽然含水量低的意面看起来会硬一些，但其实煮后反而会变软。

总体看来，似乎含水量低一些的意面比较有优势，但是万事均是有利也有弊。含水量低的意面有很强的手擀面的风味，所以很快就会产生饱腹感，而且很容易粘连到一起。不过，也正因为很少的量就可以得到满足，所以比较适合用于套餐中。

反之，含水量高的意面不容易产生饱腹感，所以可以一次性食用很多，而且不容易粘连到一起，非常适合用于各种宴会派对中。

●不可或缺的补充材料（西口）

本店一般采用蛋和面的方法制作意面，所以水基本都是作为补充材料使用的。因此，除了需要使用纯净水之外，没有其他特别注意的地方。

不过，在我看来，水是调整面坯含水量必不可少的材料，所以我每次揉面的时候都会在旁边放上一些水备用。虽然没有将"水"列入面坯的基本配料表中，不过由于每次和面时面粉的干度、每个鸡蛋的重量以及厨房空气的湿度都会有些许差异，所以大多数情况下都会用到水。用手感受面坯的含水量，必要的时候就添加适量水。

盐

●与意大利用法相同的天然海盐（小池）

本店使用的是位于西西里岛的SOSALT公司出品的MOTHIA产"SALE FINO"天然海盐（细粒）。我尝试使用过意大利各地的盐，结果发现"SALE FINO"海盐的味道最佳。在意大利，使用海盐是主流，所以我们在烹制料理时也可以直接使用天然海盐。

●回味无穷的天然海盐（西口）

由于其富含多种矿物质且令人回味无穷，所以本店一般使用位于西西里岛的SOSALT公司出品的MOTHIA产"SALE FINO"天然海盐（细粒）。和面以及煮面时放的都是这种盐。和面时加点儿盐有助于生成谷蛋白。对于蛋白质含量较高的高筋面粉和粗面粉来说，加些盐可以使其更加筋道。而对于蛋白质含量较少的00粉而言，放些盐可以增加其柔软度。

●根据面粉的特性决定是否放盐（杉原）

有一段时间我热衷于将数种不同的盐分开使用，但是现在只使用位于西西里岛的SOSALT公司出品的MOTHIA产"SALE FINO"天然海盐（细粒）。意面是否筋道主要取决于由蛋白质演变而来的谷蛋白。放些盐后可以起到提高谷蛋白"伸展性"功能的效果。但是，如果不放盐，和好的面坯容易松弛，容易风干，还需要煮很长的时间。在由00粉以及低筋面粉和制而成的面坯中，放盐的好处尤为突出。比如本书中的意大利千层面以及意式扁平面（sciaratielli）。

但是，也有无需放盐的意面，例如只用蛋黄和面的塔佳琳意面（tajarin）。这种意面的嚼劲儿主要来于受热后凝固的蛋黄，而不是谷蛋白，所以也就没有了放盐的意义。

又如粗面粉，虽然其蛋白质含量很高，但是用水和面时产生的谷蛋白虽然有弹性，却没有"伸展性"，所以也就失去了放盐的意义。由于粗面粉本身就是没有伸展性的面粉，用粗面粉和面时，如果揉搓过度，面坯很容易开裂，所以需要在很短的时间内找到弹力的最高点。

橄榄油

●目的是为了使面坯有光泽（西口）

本店在烹制料理时，如果最后需要淋入橄榄油，大多都是西西里岛产的特级初榨橄榄油，而在和面以及加热过程中使用的一般为产自托斯卡纳大区卢卡地区的纯橄榄油。虽说被归为纯橄榄油，但是其中混有大量特级初榨橄榄油，气味和口味都很香甜，非常好用。

在和面时倒入少量橄榄油，可以使面坯有光泽，所以本人在和面的时候基本都会倒入一些橄榄油。但是，如果倒的量过多，会削弱谷蛋白的作用，所以最好少倒一些。

●想要突出意面的个性时可以使用橄榄油（小池）

我在和面时，有时会使用橄榄油，有时不会。比如用"粗面粉、00粉、水和盐"

和面的时候就不会使用橄榄油，因为这种面坯是一种很基本的面坯，可以由它制作出各式各样的意面，再搭配上不同的沙司，就可以得到更多种样式的意面料理。所以，需要此面坯性质比较中性，这样才具有普适性，当然也就不能使用橄榄油了。

反之，如果这个面坯只用来制作某一种意面，就可以往里放入橄榄油。猪油也是一样，如果在某个地区，油脂是面坯配料中重要的一部分，在和面的时候就可以往里放入橄榄油或是猪油。综上所述，我认为是否要放橄榄油取决于是否想突出该意面的个性。当然，提香也是使用橄榄油的一个很重要的理由，这就要求橄榄油的品质一定要优良，因此我会从当地众多的产品中选用色香俱佳的特级初榨橄榄油。

●想要和出质地绵软的面坯时可以放入橄榄油（杉原）

本店在烹制料理时使用的橄榄油是由那不勒斯的厂商出品的巴西利卡塔州产的特级初榨橄榄油。而对于和面时使用的橄榄油的品质则没有太多的要求。

一般说来，如果和面时放了橄榄油，和出的面坯质地就会比较柔软且不容易收缩。因此，各位可根据自己的需求决定是否要放橄榄油。

2.煮面时盐水的浓度。

● 1%（小池）

浓度以1%为宜。使用的盐为西西里岛产的"SALE GROSO"（大粒盐）或是"SALE FINO"（细粒）。

营业期间会事先在圆柱形锅中煮一大锅沸盐水，使其保持稍稍沸腾的状态，一直用到营业高峰时段。高峰时段过后再换成小一些的锅，重新准备盐水。此外，在煮填塞意面等质地脆弱的意面时偶尔也会另置一锅单独慢慢煮。

●大约1.3%（杉原）

浓度在1.3%上下浮动。在日本，大部分的餐厅都将浓度设定为1%，但其实在意大利要比1%稍稍高一些，我个人也认为1%的浓度不太够，所以就提到了1.3%。

使用的盐为西西里岛产的"SALE GROSO"（大粒盐）。可以在适当的时机添水或换水。开始营业后，一旦开始使用盐水煮面，就不能再根据水的多少调节浓度了，而要根据正在煮着的意面的味道来决定。

保持水温在100℃。不过，不能将水烧至咕嘟咕嘟冒泡的滚开状态，因为这样会使意面在水中翻滚的幅度较大，影响意面的口感。此外，虽说也可以用大量的盐水煮很少的面，但是这样煮出的意面会给人以水水的感觉。

●低于1%（西口）

虽然根据意面的种类以及要烹制料理的不同可能也会稍微做些调整，不过本店一般都是以21L水放200g盐的比例来调配煮面的盐水，也就是说盐水浓度不足1%。在我看来，面汤也是调味料的一种，所以在将沙司和意面搅拌到一起时也一定会倒入少量面汤，因此面汤的浓度不宜过高。面汤中不仅溶有意面的面粉，还可以起到为料理提味的作用。如果面汤的量变得很少，应随时添水调整面汤的浓度。

煮面时放的盐与和面时放的盐一样，均为西西里岛的"SALE FINO"天然海盐（细粒）。火候以能保持水面处于稍稍沸腾的状态为宜，下入意面后，意面可以在水中慢慢地翻滚。如果煮的是干面，下入锅后的前2分钟不要搅动，2分钟后搅动一次，之后就无需再搅动了。如果是手工意面，也是很容易煮散的，所以也无需过分搅动。一定要注意一点，无论哪种意面都不要过度搅动。

3.什么是"al dente"？

●意面软硬适中，仿佛有硬芯一般很有嚼劲（小池）

"al dente"指的并不是面粉半生、没有煮熟的状态。而是要将其充分煮熟，但是同时还具有"仿佛有硬芯一般很有嚼劲儿"的口感。为了能充分煮出面粉的香味，一定要将意面煮熟。

●每种意面的"al dente"都是不同的（西口）

"al dente"就是"有嚼劲儿"的意思。只不过严格说来，根据意面的种类（干面还是手工意面）、意面的形状以及厚度等的不同，适合该意面的"嚼劲儿"程度也有所不同。因此，煮的时间也应因面而异。此外，捞起后的余温也可以起到加热的效果，因此要想吃到"嚼劲儿"适宜的意面，还必须在考虑到余温的基础上，决定出锅时的软硬程度。

在我看来，日本人比意大利人对硬度更加敏感。如果过分注重"有嚼劲儿"，而将意面煮硬了，反而会起到相反的效果。所以，最重要的是要充分掌握每种意面最适宜的"嚼劲儿"程度。

●"al dente"是防止"吃腻"的窍门，程度与装盘的分量成正比（杉原）

如果是干面，包装上一般会标有建议煮制的时长，所以许多人会误以为煮面应该是所有意面料理操作过程中最简单的一个步骤了，但实际上并非如此。

首先，就拿本店一直使用的一款由传统制法做出的干面举例来说，通过本人常年的观察发现，实际煮的时长与包装袋上的标注时长之间常有2分钟左右的误差。具体原因并不是很清楚，不过冬季煮的时间要稍稍长一些，而其他时候偶尔也会提前就煮软了。当然也有可能跟批次不同有关。

现在，因为我既负责前菜的烹制，同时也负责第一道菜和第二道菜的烹制，所以在煮面的时候会设置一个定时器，不过并不会完全依赖定时器，我一定会尝一尝来确定意面是否煮好。在意大利，操作间里是没有定时器的。无论是在家庭经营的小饭馆中还是在高级餐厅里，都找不到通过设置定时器来判断意面是否煮熟的厨师。习惯后，即使不用尝，只用手捏一捏就知道是否可以出锅。

我认为大体可以从2个方面来思考煮面的方法。首先要掌握什么时候是最佳的出锅时机，同时还要掌握其可浮动的范围，从而根据实际情况临机应变地进行调整。

关于"al dente"的解释有许多，也有人认为"al dente"="意面的硬度"，但如果将其仅仅理解为"硬"就大错特错了。并不是"硬"，而是有弹性。此外还有一点很重要，那就是"al dente"的强弱程度还应与装盘的分量成正比。煮的过软的意面很容易会让人产生吃腻的感觉，而"al dente"正是可以不让食客产生吃腻感觉的窍门。所以，如果是提供的意面分量很大，"al dente"的程度就可以强一些，这样食客才可以多吃一些，而像高级餐厅那样本来提供的分量就很少的话，"al dente"的程度弱一些也没有关系。这也是为什么正在长身体的意大利男孩子们一般都偏爱超硬意面的原因所在，因为这样他们就可以一下子吃很多很多的意面，直至吃撑了。

4.意面和沙司拌制时的要领

●将准备好的意面与沙司快速搅拌，重要的是速度（小池）

简单来说，就是将烹制好的沙司加热一下，然后倒入刚刚煮好的意面，快速拌匀。虽然也有将意面和沙司一起煮制片刻后使两者的味道更好地融合到一起的方法，不过总体来说这种情况还是属于少数。

如果搅拌的时间过长，沙司的浓度也会过浓，这时就需要添加多余的水分来稀释沙司的浓度，从而影响整道料理的口感，因此最好是保证沙司和意面都已经烹制好后，再将两者混合到一起，然后快速搅拌均匀（重点是速度一定要快）。加热时的火候可以大一些，将锅离火后温度自然会降下来，所以也不要过度颠勺。在最后淋入橄榄油以及撒上奶酪的时候，要关火快速搅拌。

关于"乳化"，我认为没有必要在平底锅中拼命地搅动而使水和油融合到一起。只要浓度够了，沙司完全可以挂在意面上，就没有必要再进行乳化了。

●用面汤补充盐分和水分，在意面与沙司达到一体化的瞬间装盘（西口）

将意面和沙司混合到一起搅拌的时候，需要注意的事项很多。比如意面煮好时沙司也必须做好；意面的温度与沙司的温度要尽可能的接近（生海胆这样的沙司除外）；拌制的时候一定要用面汤来补充盐分和水分。一道意面料理是否美味，与面粉的香味、浓醇的沙司以及意面与沙司的一体感有很大关系。而通过意面与沙司的充分搅拌，可以使两者的味道等很多东西都融合成为一体，从而使整道料理有一种回味无穷的风味。

在意大利，将吸附着沙司的意面称为"pastasciutta"，意为"干燥的意面"，指的就是沙司没有过多的水分，浓度刚刚好。也就是说，意面和沙司之间很好地吸附在了一起，达到了一体化的状态，而且吃完后盘中没有沙司残留。

具体说明一下这个过程的话，就是拌的时候要将意面倒入沙司中拌制。搅拌的过程中不要放盐，只通过沙司、面汤、奶酪调出咸味。此外，无需特意进行乳化。因为沙司本来就有一定的浓度，而且大部分还会拌上奶酪或是黄油，因此自然而然就可以吸附到意面上了。

在意大利，任何厨师都不会提供给顾客一道"很烫"的意面料理，端到顾客面前的意面料理应该处于"温热"的状态。因此，搅拌意面和沙司的时候，要将锅端至一边搅拌。待两者达到一体化的状态时，要立即装盘。然后在固定位置摆上叉子和长柄勺，一秒钟都不能浪费。

●如果是乳化系沙司，应该将意面倒入沙司中，反之则应该将沙司倒入意面中（杉原）

我认为拌制的方法应该根据沙司的不同而不同。而沙司可以分为乳化状态的沙司以及油脂分离的非乳化系沙司。很难系统化的将所有沙司按照此种方法进行分类，举例来说，乳化沙司主要有油系沙司（菲律宾蛤仔意大利细面条、海鲜沙司等）以及由鲜奶油或奶酪、黄油拌制而成的奶油沙司、黄油沙司，而非乳化类型主要有油系沙司（青酱、芜菁叶沙司等）、以油脂分离的烧汁为基础烹制而成的浓汤以及炖菜类。

　　如果是乳化系沙司，就将意面倒入沙司中拌制，反之，如果是非乳化系的沙司，大部分都是先将煮好的意面倒入锅中，然后再浇上沙司，搅拌均匀。一般来说，大部分乳化系的沙司都是一次烹制1人份的量，所以沙司的分量是确定的。而非乳化系的沙司却是一次性烹制出很多，从而很难确定1人份的分量，因此才要根据实际情况，在综合考虑食材、汤汁、分离的油脂等各种要素的基础上，一点点加入到意面中。

　　一般来说，如果是乳化沙司，在放入意面后还会继续加热片刻，但这样做并不是为了让意面能更好地吸收沙司的味道。其实只要让沙司能够吸附在意面上就可以了。而且，意面也并不具有那么强的吸收味道的能力。其实是因为通过在液体中长时间的加热，意面上的散粉会融入沙司中，可以起到勾芡的作用，从而使沙司更加黏稠，其浓度甚至可以超过将油脂和水分乳化后的效果，这样更能给人一种仿佛意面充分吸收了沙司味道的感觉。

　　我认为最重要的是不能过度"搅拌"。即使是乳化沙司，也不能过度搅拌，否则会影响沙司的风味。虽说一般只有没有经验的人才容易搅拌过度，但有些很有经验的厨师也往往会多做一些无谓的搅拌，其实只要进行最低限度的搅拌就可以了。

　　不过，虽说有以上的各种条条框框，但有时还需要根据想要做出的味道来调整拌制的方法。拿菲律宾蛤仔拌意大利细面条来说，放入意面前，如果将沙司中的含水量减少一些，其味道也会变得稍辣。反之，如果增加沙司中的含水量，使沙司呈很稀的状态，那么味道也会更清新一些。再例如奶油系沙司，如果将沙司烧至水油分离的状态，虽然口感会更浓醇一些，但是也少了一些香甜味道。

　　综上所述，在拌制意面和沙司时，既要立足于最后想得到的味道，还要充分考虑到各种可变的因素。

5.我所钟爱的干面

●重点是面粉的香味以及质地要厚实（小池）

　　我个人比较喜欢质地厚实的通心粉以及粗一些的长意面，因此烹制出的意面料理大多口味也比较浓郁。

　　我最常使用的是Pastai Gragnanesi、Afeltra、Vicidomini 3家公司生产的产品。虽说每家公司都有各式各样的产品，但总体来说，这3家的意面大多质地都比较厚实，煮熟后面粉的风味以及口感也很棒，而且用其烹制出的意面料理颇有意大利当地的风情。所以，一直以来我都比较钟爱这3家公司的产品。此外，每款意面的适用性都很广，从小岛菜系（南意菜系）到中意菜系都能对应得了。

　　本店实际上会用到的干面种类有鱿鱼圈意面（calamari）、S形意面（casareccie）、斜管面（penne，没有刻纹的那种）、新郎面（zite）、意大利细面条、意大利扁面条（linguine）等。

　　当然，有时也会用到其他公司的产品。例如，会使用AGNESI公司生产的意大利扁面条搭配青酱，也会使用得科（De Cecco）公司生产的粗通心粉（rigatoni）来烹制辣味番茄肉酱风味的意面料理。但是，在选择使用哪种意面时并不会特别在意其生产公司的规模大小。

虽然很多人认为干面的价值不如手工意面，但是干面仍然是意大利饮食文化中无法避开的一部分。烹制干面料理时，要在充分考虑每种干面特性的基础上选择适宜的干面，也要对烹制步骤等方面进行适当的调整。

●偏爱有面粉香气以及口感筋道的干面（西口）

我所在的餐厅以手工制作意面为主，很少使用干面。不过，为了满足那些十分喜爱品尝干面料理的顾客，店里也一直备有意大利细面条等干面。本书中使用的意大利细面条干面是莫利塞州的Molisana公司以及坎帕尼亚大区的LIGUORI公司的制品。

两家公司的意大利细面条都很筋道，"al dente"持续的时间也很长，而且两家意面的面粉香味也很浓郁。在烹制意面料理时，会充分结合意面厂商所在地的地域特色来区分使用，比如莫利塞州的Molisana公司产的意面就常与肉类炖菜以及油系沙司搭配使用，而靠近那不勒斯地区的LIGUORI公司产的意面则常与海鲜沙司一起烹制。我在意大利学艺时吃的大多为干面料理，其中最常食用的干面就是Molisana公司产的干面。

●选择最合适的干面（杉原）

最近一段时间只使用位于坎帕尼亚大区的厂商生产的制品，但这并不是因为我有地域情结，其实只不过是碰巧而已。主要为Afeltra公司、Pastai Gragnanesi公司以及La Fabbrica Della Pasta公司这3家公司。

我一直认为没有哪个厂家的某种干面可以百分之百以最佳的选择适用于所有料理，所以也不会只局限于某一个厂家。就拿意大利细面条来说，90%的情况下都会选用Afeltra公司的制品，他家的制品虽然比较粗，但是确实比较万能。不过，如果是烹制意大利培根鸡蛋面（spaghetti alla carbonara）或香辣玉筋鱼意大利细面条，还是使用La Fabbrica Della Pasta公司的意大利细面条干面最佳。而Pastai Gragnanesi公司生产的通心粉不仅种类丰富，还十分美味。

此外，在烹制帕克里面料理时，根据料理的具体要求，这3家公司的制品也都有使用。Afeltra公司的制品虽然味道很好，但是需要煮23分钟之久，所以口感会稍微绵软一些，比较适于与炖菜或香浓梭子蟹沙司拌制，并不宜与番茄沙司搭配使用。在各种炖菜沙司中，与炖至油脂分离的那种沙司搭配尤其美味。

与Afeltra公司相反，Pastai Gragnanesi公司生产的帕克里面的煮制时间比较短，所以比较筋道，适合与海鲜风味浓郁的海鲜沙司或样式简单的番茄沙司搭配使用。口味与传统宽面（pappardelle）有些相似。而La Fabbrica Della Pasta公司的帕克里面则介于另两个公司之间，也可以说是比较万能。

综上所述，在选用某种干面时，应该充分分析每家厂商的此种制品的特性，再做出最佳的选择。

在我看来，干面是一种已经完成了的食材，而手工意面是具有可变性的，比如我们可以通过想要与之搭配的沙司来逆推出需要作出怎样的意面成品，也可以在制作的过程中随时作出调整，但是干面却做不到这点。不过两种意面有一个共性，那就是可以通过调节煮制的时长来得到软硬程度不同的意面。

第二章

制作意面的
基本技巧

● 面坯的基本组合方式

本书中介绍了种类繁多的各式面坯，3位主厨从中分别整理出了最常用的几种面坯，并按照面粉（粗面粉、00粉）和水分（鸡蛋、水）的不同组合方式，以简单明了的方式进行了分类。

西 口

由于本店以北意料理为主，所以面坯都多由00粉与鸡蛋和制而成。如果想要意面更有弹性，可以再稍加些粗面粉（A）。除此之外，基本上每种意面的面坯配料都不一样，在这里向各位介绍3种比较常用的面坯配料（B、C、D）。

A
00粉 + 粗面粉 + 鸡蛋

●代表意面
意式面饺、意大利千层面等填塞意大利面，意大利细宽面等长意面。

【配料】
00粉 ……………………800g
粗面粉 …………………200g
蛋黄 …………………… 8个
全蛋 …………………… 5个
纯橄榄油 ………………… 少量
（水 适量）

※ 这是店里最常用到的蛋和面的配料。在和面的过程中要一点点地加水（本书中没有特别标注加水的步骤）。

B
00粉 + 粗面粉 + 鸡蛋

●代表意面
用小型压面机压制而成的意面，如意大利水管面。

【配料】
00粉 ……………………400g
粗面粉 …………………100g
蛋黄 …………………… 8个
全蛋 …………………… 2个
纯橄榄油 ………………… 少量
盐 ………………………… 少量

※ 由A配料演变而来，蛋黄的占比更重，只用于制作用小型压面机压制的意大利水管面和马克龙其尼面（maccheroncini）。

C
00粉 + 蛋黄

●代表意面
塔佳琳意面（tajarin）。

【配料】
00粉 ……………………200g
蛋黄 …………………… 6个
水 ………………………… 少量

※ 用此配料和制而成的面坯只用于制作塔佳琳意面。

D
00粉 + 全麦面粉 + 鸡蛋 + 水

●代表意面
意大利扁平细面（bigoli）。

【配料】
全麦面粉 …………………300g
00粉 ……………………200g
蛋黄 …………………… 8个
全蛋 …………………… 1个
纯橄榄油 ………………… 5g
温水 …………………… 50g

※ 如果没有全麦面粉，可以用500g的00粉。
※ 面团会比较硬，在和面的时候可以用水将手掌沾湿，这样和起来会比较容易。和好的面坯可能会有裂纹。

小 池

本店每种意面面坯的配料及其分量都有所不同，有时还会加入一些调味的辅料，所以面坯的种类可谓繁多。以下是本人从中选出的3种最基本的面坯，即使用粗面粉和制而成的面坯（A）、以00粉为主的面坯（B）、用鸡蛋和制而成的面坯（C）。

A
粗面粉 + 00粉 + 水

●代表意面
耳朵面等通心粉。

【配料】
粗面粉 …………………250g
00粉 ……………………250g
温水 …………………230g
盐 ………………………5g

※ 有些意面一般仅用粗面粉加水和制，但本店在和制时还会加入和粗面粉同等比例的00粉。加入了00粉之后的意面不仅有嚼劲儿，而且还很有弹性。

B
00粉 + 水

●代表意面
尖头梭面、鸡肠面等长意面。

【配料】
00粉 ……………………500g
水 ………………………230g
盐 ………………………5g

※ 在制作类似于乌冬面的意面时（多为意大利中部的意面），常使用这种仅用00粉加水和制而成的面坯。

C
00粉 + 鸡蛋（+ 水）

●代表意面
意式馄饨、意式饺子等填塞意大利面。

【配料】
00粉 ……………………500g
蛋黄 …………………… 5个
全蛋 …………………… 25个
盐 ………………………3g

※ 加入了鸡蛋的面坯质地柔软，可以将其压成薄片后填入馅料做成填塞意面。

杉 原

本店最常用的是南意典型面坯（A），以粗面粉和水为主要材料和制而成。可以通过卷、按窝、切细条等方式制成意面。除此之外，还有以00粉和鸡蛋为主要材料和制而成的面坯（B、C），主要用于制作薄片状意面。

A
粗面粉 + 水

●代表意面
意大利水管面和帕克里面（paccheri）等通心粉、长螺旋形意面和意大利宽面（fettucce）等长意面。

【配料】
粗面粉 …………………200g
水 ………………………100g

※ 和质地紧实的蛋和面不同，这种面坯很有弹性，做成的意面也很有嚼劲儿。

B
00粉 + 鸡蛋

●代表意面
意式面饺等薄片状意面。

【配料】
00粉 ……………………100g
全蛋 …………………… 1个
特级初榨橄榄油 ……… 少量
盐 ………………………… 少量

※ 由于放入了鸡蛋，所以制成的意面不仅很有嚼劲儿，而且弹性十足。
※ 如果这种用于制作薄片状意面的面坯醒5~6个小时后还没有放入压面机中进行压制，那么再用压面机压制的时候会很费力。但是，如果将刚和好的面坯直接放入压面机中反复压制，又很容易将面筋拉断，口感也会被破坏。

C
00粉 + 蛋黄

●代表意面
意大利千层面、意大利细宽面。

【配料】
00粉 …………………… 1kg
蛋黄 ……………………29~30个

※ 一般的意大利细宽面面团是按照上述配料和制而成，而本书所述的加入了藏红花的意大利细宽面的面坯配料比较特殊，是由高筋面粉和粗面粉混合制成。

● 面坯的基本和法

3位主厨分别以上页各自所述的"面坯A"为例，向我们介绍了面坯的几种基本和法。包括真空包装醒面的方法、边醒面边揉面的方法、直接揉成面团的方法。

西口

面坯A

将揉好的面坯（A~D中的任何一种）真空包装好，放入冰箱中醒一晚。揉面无需花太长时间，因为真空包装后可以使水分和面粉充分融合。

1 将材料（粗面粉、00粉、蛋黄、全蛋、纯橄榄油）全部放入面盆中。

2 用手将所有材料抓匀。

3 待抓成肉松状时，一点点加水，将松散的面慢慢和到一起。

4 将面粉慢慢揉成面团，揉到面盆中没有多余的面。

5 将面团从面盆中取出，放在撒了干面粉的面板上，再揉几分钟。然后放入真空包装袋中，抽出袋中空气后放入冰箱中醒一晚。

※ 面坯要在第二天全部用完。此面坯可以用于制作意大利粗管面或意大利千层面等无需精细加工的薄片状意面，最好一次性将面坯都用完，不要有剩余。

小池

面坯A

将和好的面坯在常温下醒1小时后再开始揉，揉一段时间后再常温醒1小时，如此反复，这样水和面粉就能充分融合。揉好之后醒一晚上，第二天使用。

 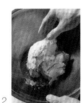   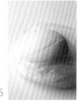

1 将粗面粉和00粉倒入面盆中，混合到一起。温水中放少许盐，倒入面盆。用塑料勺将面搅成疙瘩状。

2 用手指搅和碗中的材料，让水分和面粉充分融合。然后改用手掌反复揉按。揉至三光，"面光、盆光、手光"。

3 将揉好的面团装入塑料袋中挤净空气，常温下醒1小时左右（夏天的话可以放到15℃左右的葡萄酒窖中）。

4 将面坯从塑料袋中取出，在面板上充分揉和。

5 将步骤3和步骤4重复操作3~4次，待面坯表面揉光滑了，用保鲜膜包好，放入冰箱中醒1晚。

※ 由于气温和面粉的干度不定，开始揉的时候可以先少加些水，然后视面和制的程度用喷壶一点点加水。

杉原

面坯A

在使用这种面坯时，应在谷蛋白的弹性还很强的时候直接将其制成意面。如果醒一段时候后再用，面的弹力反而会减弱，便不容易成型了。

1 将粗面粉和水倒入面盆中。

2 用手掌或抓或按，使面粉和水充分融合。

3 不断按揉，使面粉和水完全融合，揉成面团。

4 将揉好的面团放到面板上，按固定方向从上面用手腕力按揉面团。要利用手腕的力道按压面团，而不是抻拉面团。

5 揉5~6分钟，至面团表面光滑。如果揉的时间过长，容易将面揉得过软。

※ 如果揉面的时候不断转变方向，做出的意面就比较容易咬断（比如在揉意大利宽面等意面的面坯时就应该转变方向）。水不够的话可以用喷壶加些水分。

● 用面条机压面

在制作意式面饺或意大利千层面等填塞式意面的薄片状面皮、意大利细宽面或意式干面等带状宽面时，最适合使用压面机压面，因为压面机可以压出厚度均等的超薄面片。 （杉原）

1 同一方向压面（意大利细宽面）

1　将揉好的面团用手按平，按至可以放入压面机的厚度。然后在面坯表面撒上适量干粉（高筋面粉）。

2　将压面机压面皮的挡位调至最厚挡，先将面片压一遍，使面片厚薄均匀。

3　然后将挡位调高一挡，按同方向放入面片再压一遍。如此反复后慢慢将挡位调成薄挡。

4　如果面片过长，可以将其切成几部分，再按照同方向进行压制。将面片压到厚度为1mm左右即可。

※ 在压制用于制作意大利细宽面这种面身较窄的长意面的面坯时，如果压制的过程中改变方向，面坯质地会变软，所以要按照一个方向压制。

2 中途改变方向压制（宽意面、意大利千层面等）

1　以图中所示的意式扁平面（sciaratielli）为例。先将揉好的面团压平，用面条机压一遍，使面片厚薄均匀。

2　反复压制2次后，将面片两端叠在一起，将整个面片叠成3层。

3　将叠好的面片以和之前压制方向呈90°的方向放入机器中再压一遍，原来不规整的面片边缘也变整规了，可以得到规则的长方形面片。

4　然后按照同一方向继续反复压制，直到压成想要的厚度（1~3mm）。

※ 在压制用于制作面身稍宽的长意面或薄片状意面的面坯时，可以改变一回压制的方向，这样压出来的面会比较滑软。但如果多次改变方向又会使面变得过软，所以只需改变一次方向即可。

● 用擀面杖擀面

在本书中，此方法多用于制作特粗通心粉、意大利粗管面、意大利水管面、顶针儿面等管状意面。使用擀面杖擀出来的面更有韧劲儿，适于制作管状意面。而用机器压出来的面相比较而言会稍稍软一些。 （杉原）

1　将面坯揉成圆形。这样做是为了使接下来的步骤更容易操作。

2　然后用手腕将面团压成圆饼状。

3　前后滚动擀面杖，将圆饼擀薄。然后将面皮旋转90°后再接着擀。不断重复这两个步骤。

4　看到没有擀开的地方要随时用擀面杖将其擀薄。

5　一只手扯着面皮的一边，另一只手擀皮，擀出4条棱边，最终擀成四边形。

● 储存方法

根据意面的形状、配料、需要的口感以及每次烹饪时用量的不同，意面的储存方式也是不同的。接下来给大家介绍 3 位主厨常用的储存方法。

西口

上午做好的意面在傍晚开始营业之前都放在冰箱中。如果是通心管面（garganelli）这种需要保持形状的意面，常温放置即可，而其他的面都可以放到冰箱中冷藏。和 00 粉等软质面粉相比，干粉可以选用不易粘手的粗面粉。

1　冰箱冷藏法

无论是用鸡蛋和制而成面坯还是用水和制而成的面坯，都要在切好的意面上撒上些粗面粉。取一大方盘，盘中铺上布，撒一层粗面粉，将切好的意面放置其上，然后再撒一层粗面粉，上面盖上布，放入冰箱中。像意大利细宽面（tagliolini）这种稍细一些的意面（上方左图），可以将其按照每人一餐的分量分成小捆后分开放置，而像尖头梭面这种稍粗一些的意面（上方右图），在放置时应将其抖散，使每根都不相粘连。

储存填塞意面时，同样是先在大方盘中铺上布、撒上粗面粉，然后将意面一个个摆好，再在摆好的意面上面撒一层粗面粉，盖上布后放入冰箱储存。如果是储存整片的面片，可以用保鲜膜分别将每片面片包好后直接放入冰箱中冷藏。

小池

意面料理的菜单上通常都会有 10 道以上的菜品，为了保证意面供应充足，可以采用冷冻法储存意面。

1　冷冻法

塔佳琳意面（tajarin）下锅后很容易散开，所以可以将其按照每人一餐的分量分成小捆放置。储存方式有 2 种，如果想要意面口感软糯，应立即将其冷冻起来；如果想要品尝酥脆口感的意面，就无需冷冻了，直接在室温下放置半日，让其自然风干即可。

在放置塔佳琳意面（tajarin）之外的长意面时，应将其一根根分开放置。它们中大部分可以直接冷冻起来。但吉他面（chitarra）和特洛克里面（troccoli）等切口较湿润的意面应先在室温下搁置 30 分钟左右，待其稍稍变干后再冷冻起来。

大部分的通心粉和填塞意面都是采取直接冷冻的方式。而卷边薄片面（strascinati）等需要定型的意面应先在室温下搁置 30 分钟左右，待其稍稍变干后再冷冻起来。

如左图所示，应先将意面摆在铺有石蜡纸的大方盘中，盖上盖子或者包上保鲜膜后进行冷冻。为了节省空间，待意面冻好之后，可以将其倒入塑料袋中密封好，放在冷冻库中冷冻起来。

※ 本书中凡是小池主厨部分介绍的煮意面的时间都是煮冷冻意面的时间。如果是新鲜意面，煮的时间要稍稍短一些。

※ 煮冷冻过了的意面时，要将其慢慢下入锅中，请当心不要将意面碰裂或磕破。

杉原 不同的意面有不同的储存方法。以粗面粉和水为主料的面坯最常使用，所以可以在开始营业前的一段时间内和好备用。其他配料的面坯可以根据想要制成的意面种类采用风干、过水、冷冻等方式。此外，每天限定仅制作 2 种手擀面。

1　直接冷藏法

大方盘中撒上粗面粉，将做好的意面放于盘中，盖上布后放入冰箱中。由于是开始营业前不久才做好的，使用时意面的表面刚好稍稍风干。

长意面和通心粉都可以利用此种方法储存。直接将意面平铺在大方盘中即可，若想烹饪时意面能和沙司更充分的融合，也可以将意面卷成卷放置。

2　3 日干燥法

除去水分后的意大利宽面无论是味道还是口感都更佳，所以可以采用搁置 3~5 日使其干燥的方法。具体步骤如下：将意面整齐摆在铺好布的大方盘上，上面再盖上布，放入冰箱中。冷藏过程中要不时地对意面翻个或者换布。待意面变干后，将其放入密闭容器中（上方右图），仍旧置于冰箱中储存。将变干的意面放入密闭容器时，一定注意要将意面平放于容器中，否则底部的面条极容易被压坏。

3　过水法

意式扁平面（sciaratielli，见上图）和皮萨雷伊面团中所含的水分较多，如果直接储存，面会粘到一块儿。此外，这两种意面本身讲究的就是绵软口感，所以也不适宜采用干燥法。因此，对于不急于烹饪的部分，可以采用过水法来储存。用清水（不放盐）先焯一遍，稍稍浮起即可捞出，倒入大方盘中，用特级初榨橄榄油拌匀，使意面不至于干燥或粘连。放凉之后盖上布，放入冰箱中冷藏。

4　冷冻法

如果是墨鱼汁意面做得多了，为了保持意面的口感，可以采取冷冻法。待意面表面稍稍变干，不会和其他意面粘连到一起时冷冻起来即可。干燥方法同方法 1。

38

● 各式各样的意面成型方法

笔者从本书中所述众多手工意面中选取了比较有代表性的 43 种意面，以图文并茂的方式向大家介绍其成型方法。

长面

右边介绍的是利用传统工具制作的方法，也可以使用面条机压制而成。切好意面为宽度和厚度相同的长条，切口为正方形。

料理 P61、63

吉他面
（小池）

1 制作吉他面时需要用到一种叫做 "chitarra"（意为吉他）的工具。这是一种木质小箱，上面绑有多根细丝。
2 将揉好的面坯擀成面片，厚度比工具上的细丝之间的间隔（图片中的间隔约为 2.5mm）稍厚一些（3mm）。
3 将擀好的面片切成长方形，大小比工具稍小一圈，然后将长方形面片放到工具上。往擀面杖上搓些粗面粉，放到面片上用力滚动。
4、5 被细丝割断的面条便会落到下面的木板上。
6 意面的切口容易粘在一起，可以撒些粗面粉，常温下搁置 30 分钟左右，使其干燥。

※ 如果细丝松动就无法将面片割断，需要拧动螺丝，使细丝绷紧。此工具的两面都装有铁丝，两面细丝之间的宽度不同，可以根据需要选择适合的宽度。

长卷意面
（小池）

长卷意面的做法是将带状面坯卷到长棍上搓成卷。由于面坯质地柔软且有韧性，很容易用长棍搓成卷。

料理 P88、89

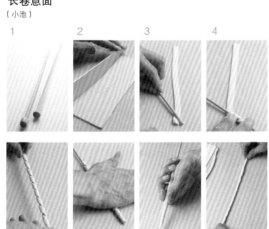

1 准备一根直径约为 4mm 左右的长棍。搓上一层干粉，以防止面坯粘在上面。
2 将揉好的面坯擀成厚约 3mm 的面皮，切成长 18cm、宽 1.5cm 的带状面片。
3 切好的带状面片横放于面板上，将长棍的顶端斜置于面片的右端。
4、5 将面片右端多出来的部分卷到长棍上，接着滚动长棍，使面片成螺旋状均匀卷到长棍上。
6 卷的时候可以轻轻压一压面片，这样卷起来会更容易。
7 面片全部卷完后，慢慢转动长棍，从卷好的意面中抽出长棍。
8 将做好的意面稍稍晾一会儿，使其变干，可以起到使意面定型的作用，这样煮的时候形状就不会垮掉。

手卷意粉
（小池）

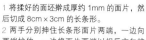

手卷意粉的做法是将长条形的面坯拧成纸捻状。拧的时候可以只拧几下，也可以拧捻多次（如图所示）。

料理 P84、86

1 将揉好的面坯擀成厚约 1mm 的面片，然后切成 8cm×3cm 的长条形。
2 两手分别抻住长条形面片两端，一边向两端拉伸，一边将面片两端以相反方向拧 3~4 次，将面片拧成纸捻状。
3、4 将拧好的面片放到案板上，继续用两手边抻边捻面片。
5 捻到面片变为原来的 2 倍长时即可。

※ 将面片放到案板上后，先充分捻面的两端，慢慢再移向面的中间部分。注意要一边拉伸面片一边拧捻。

意大利特细面条
（杉原）

意大利特细面条的做法是将小剂子用手掌搓成长条。该意面的长条不是拧出来的，而是搓出来的。

料理 P80、82

1 取少量揉好的面坯，用手掌搓成直径约 1cm 的长条。
2 用刀将其切成宽约 2cm 的小剂子。
3、4、5 取一个小剂子，双手将其揉搓成长条，揉至长约 25cm、宽约 3cm 即可。

※ 搓的时候速度一定要快，否则容易将面搓断。不必将每根都搓成一样的长度，搓成长短不一更好。
※ 用手掌搓意面时，两手可以稍用些力道，这样搓出来的意面更有韧劲儿，烹饪后的口感和干面一样很有嚼劲儿。此外，也可以采取在案板上滚动揉搓的方法，这样即使无需太用力也可以将剂子搓成长条，此种方法做出的意面口感绵软。

特洛克里面
（小池）

这是一种用带有刻槽的擀面杖压制而成的传统意面。

料理 P76、78

1 准备好带有刻槽的擀面杖 "torrocolaturo"，刻槽的宽度从 3mm~1.4cm 不等。将擀面杖表面裹上一层干面粉备用。
2 将揉好的面坯压成厚 5mm 的面片，然后将其切成长 30cm、宽 20cm 的长方形面片。
3、4、5 将长方形面片纵向放置于案板上，然后将 torrocolaturo 放在面片靠近自己方向的一端，一边用力按压一边滚动工具。
6 用擀面杖压完后，意面的上半部分已经成型，但下面可能还连在面片上，需要用手将其一根根撕下来。

※ 用这种带刻槽的擀面杖压制意面的时候很容易将面片卷起来，所以压制意面之前需在面片和擀面杖上撒上足够多的粗面粉。此外，压制好的意面的切口也很容易粘在一起，为了便于储存，应在上面撒上一层干面粉。
※ 用擀面杖压面片的时候，面片会被稍稍压长一些。考虑到这点，在步骤 2 中切面的时候最好不要将面片切得过长。而且，最后用手将压好的意面一根根撕下来的时候意面也会被稍稍拉长一些。

意大利扁平细面
（西口）

这是一种用手摇压面机 bigolaro 压制出来的细长意面。图片中是用全麦面粉和 00 粉制成的成品。

料理 P77、79

1 准备一台 bigolaro 压面机。将其固定到木板上。压面机本身配有多个型号的模板，在这里我们选用意大利扁平细面（bigoli）专用模板。
2 将和好的面坯揉成粗条状，大小粗细以能放入压面机中为宜。
3 旋转摇把，压制意面。
4 准备一个装有适量粗面粉的盆，将其置于压面机正下方。
5 往压出来的意面上拍打粗面粉。
6、7 将意面在长约 25cm 的地方用刀切断，往掉到盆中的意面上再拍上一层粗面粉，防止意面粘连到一起。

尖头梭面
（A 小池、B 西口）

A
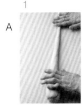

B

这是一种将面坯直接搓成细条状后制成的意面。可以由面团直接搓成（A），也可以从面团上取下一小块搓制而成（B）。

料理 P81、83

A　1、2 两手来回揉搓面坯的一端，将其搓成和扁豆一样粗细的长条。
3 用刀将搓好的部分切成小段，约和扁豆一般长短即可。取一小段，两手来回揉搓，将其搓成细长条。如此反复至所有小段都被搓完。

※ 由于意面容易粘在一块，所以意面做好后应置于布上或撒上干面粉，也可以将其一根根摆在石蜡纸上直接晾干或冷藏。但是，如果想要冷冻保存就无需撒干面粉了，否则煮的时候干面粉融入面汤中会使面汤变浑浊。

B　4 将揉好的面坯揪成拇指大小的剂子。
5 将剂子置于案板上，用手来回揉搓，将其搓成细长条。
6 搓的过程中时不时检查一下是否有粗细不均匀的地方，有的话将手放在较粗一些的地方来回搓几下，使整根面条粗细均匀。待将剂子搓成长约 25cm 左右的长条即可。

奇伦托螺旋面
（杉原）

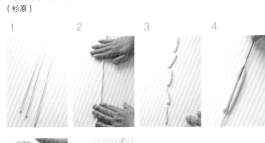

这是一种将细扦子插入面坯中搓制而成的空心意面。根据搓的长度不同、搓的力道不同、搓的厚度不同，做出的意面的口感也有所差别，可以根据搭配的沙司自行调整。

料理 P85、87

1 准备一根细扦子。图片中使用的是直径约为 1.2mm 的铁扦。
2 取少量揉好的面坯，用手掌搓成铅笔粗细的长条。
3 将搓好的长条切成长 6~7cm 的小段。
4 取一小段，将铁扦压入面内。
5 轻轻滚动面坯，让其完全包裹住铁扦。然后再来回揉搓几次，将面搓长。
6 边转动铁扦边将其从意面中取出。

这是一种将细长条状面坯一圈圈缠绕到细扦子上制作而成的螺旋状意面。做出的意面长短不一最好。

料理 P88、89

长螺旋形意面
（杉原）

1 | 2 | 3 | 4

5 | 6 | 7

1 准备一根细扦子。图片中使用的是直径为1.2mm的铁扦。如果想做出长长的意面，扦子的长度最好在30cm以上。
2 取少量揉好的面坯，用手掌搓成直径2mm左右、长35cm左右的长条形。
3 将搓好的长条面坯的一端缠绕到铁扦顶端，为了防止面坯滑落，用力将其粘到铁扦上。
4、5 慢慢转动铁扦，使面坯以螺旋状卷到铁扦上。
6 卷完后，用手轻轻按压铁扦上的螺旋状意面。然后反方向转动铁扦，将铁扦抽出。
7 最后成型的意面长约25cm左右。

※ 在将面坯卷到铁扦上时，如果力度过大，可能导致后面铁扦无法被抽出，所以卷的时候力道要轻。

※ 在将面坯卷到铁扦上时，如果两个螺旋之间贴得过近或间隔过大，都会影响成品的美观度。因此在卷的时候应使两个螺旋之间保持稍稍碰触的间距为佳。

通心粉

只要形状是耳垂状即可，其他方面如成品的大小、厚度以及凹窝的深浅等都可以随个人喜好而定。图片中所示的是个头偏小、凹窝较深的成品。

料理 P108、110

耳朵面
（杉原）

1 | 2 | 3 | 4

5 | 6 | 7

1 取少量揉好的面坯，搓成直径为1cm的长条。
2 用刀将搓好的长条切成一个个宽1cm的小剂子。
3、4 将小剂子的一个切口朝下摆到案板上，食指放在剂子朝上的切口上并用力按下去。然后向自己方向一捻，捻出凹窝。
5、6、7 直接将捻出小窝的剂子拿起来，顶在另一只手的拇指上，并用剂子反向包住拇指，成型。

卷边海螺面
（小池）

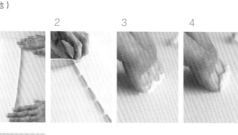

1 | 2 | 3 | 4

5

1 取少量和好的面坯，搓成直径8mm的长条。
2 将搓好的长条切成一个个长约4cm左右的剂子。
3、4、5 将3根手指放到剂子上用力按住，并慢慢拉向自己的方向，将剂子搓成卷儿。

※ 卷边手搓面（cortecce, P44）的做法同上。

此意面形状并不单一，也有如贝壳状（见下页）的只有一个凹窝的样式。这里先给大家介绍有3个凹窝样式的做法。

料理 P105、107

卡瓦特利面
（西口）

 1
 2
3
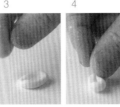 4

 5

是一种带窝儿的小型意面，它的个头在同类意面中可以说是最小的。也有人将它叫做 cavatielli 或是 cavateddi。

料理 P104、106

1 取少量揉好的面坯，将其搓成直径 1cm 的长条。然后再切成约 1cm 多一点儿的小剂子。

2、3 将小剂子的一个切口朝下摆到案板上，拇指放在剂子的另一个切口上，用力按下去，将剂子压平。

4、5 将剂子两边对折，用手稍稍搓一下，将其搓成卷。

※ 虽然和切卡鲁克里面（cecaruccoli，P45）的叫法不同，但两者其实可以算是同一种意面。本书在描述两者最后搓卷的方式上稍稍有些差异，但在实际制作过程中，用这两种方法中的哪种都可以。

通心管面
（A 西口、B 小池）

A
 1 2
 3
 4

B
 5 6
 7 8

将面坯在一种名为 Pettine 的模具上滚动一圈后得到的表面印有条纹的意面卷。此模具有新旧两种样式。（本书中所用的是新型模具）

料理 P116、118

A 1 备好新型木质模具。模具的表面有刻槽，中间有两个小洞，用于收纳卷棒。

2 将揉好的面坯压成厚 1mm 的面片，然后将其切割成一个个边长为 3cm 的正方形。图中所用的是一种可以自动调节宽度的切割工具，利用此工具可以一次性切割出来许多面片，既方便又快捷。

3 将正方形面片置于模具上，使它的对角线和模具刻槽方向保持平行。

4 用模具自带卷棒卷住面片的一角，边用力按压卷棒边转动它，在将面片卷成卷的同时，使面片印上模具的条纹。

B 5 图中所示的就是老式模具，我们可以看到，用树皮做成的丝线如梳子齿一般排列在长方形框内。

6、7 和 A 一样，将正方形面片置于模具上，使它的对角线和模具上的丝线方向保持平行，然后用细棍将面皮卷成卷，同时使其印上纹路。

8 与新型模具相比，用老式模具做出来的意面上，条纹之间的间距要稍窄一些。

轧花圆面片（印章型）
（小池）

 1 2
 3
 4

 5 6 7

用印章型模具压制而成的带有花纹的薄片意面。花纹的种类各式各样，有宗教风格的，还有家徽、花草、几何图形等。模具的直径约为 5.5cm。

料理 P124、126

1 图中所示的就是制作轧花圆面片的印章型模具。由底座和把手上下两部分构成。两部分的截面上雕刻有不同的图案。底座有一面是中空的，边缘很锋利，可以用于压出圆形面片。

2、3 将揉好的面坯抻成厚 2mm 的面片，将模具底座没有花纹的一面置于面片上，压出一个圆形面片。

4 将压出来的圆形面片放在模具底座有花纹的一面上。

5 然后将模具的另一部分（带有把手的部分）用力按在圆形面片上。

6、7 两面带有不同花纹的轧花圆面片即制作成功。

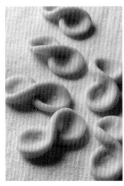

和 P43 介绍的轧花圆面片同名不同型。这是一种用手指捏成的 8 字形意面。各位可以自由选择 8 字形的捏法和拧法。

料理 P125、127

轧花圆面片（8 字形）
（小池）

5　6

1 取少量揉好的面坯，搓成直径 1cm 的长条。

2 将搓好的长条切成一个个长 2cm 的小剂子。

3、4 用两手的拇指和食指分别捏住剂子上下切口的两端，使剂子的两个切口一个朝上一个朝下，并向左右两方向拉伸剂子。

5、6 保持一手捏着剂子的一端不动，将另一手捏着的那端向相反方向拧一下，拧成 8 字形。

※ 该意面的 8 字形状并不固定，有只捏不拧的，有深窝儿的也有浅窝儿的。

和卷边海螺面（Cavatieddi, P42）做法相同。用 3 根手指在细长条的剂子上按出小窝制作而成。

料理 P105、107

卷边手搓面
（杉原）

1 取少量和好的面团，搓成比铅笔稍粗的长条。

2 将其切成一个个长 4cm 的剂子。

3、4 将 3 根手指放到剂子上用力按住剂子，先向前推一下，再慢慢向自己的方向拉回来，搓成卷儿。

5　6　7

比耳朵面（P42）大一圈，通过将面坯压薄制作而成。这里给大家介绍一种以刀为工具制作的方法，包括粗意面和细意面两种类型。

料理 P109、111、112、114

卷边薄片面（用刀制作）
（杉原）

1 准备一把像餐刀一样细长型的刀具。

2 取少量揉好的面坯，搓成直径 1cm 左右的长条。

3 切成 4cm 的小剂子。

4 将剂子竖直置于案板上，将刀刃和剂子的右端对齐。

5 用力按住并将刀刃慢慢向左移。

6 待刀刃移到剂子中间位置时，用另一只手将剂子卷起的右半部分展开后平压到案板上，接着继续移动刀刃至剂子左端。

7 图中是用直径为 7mm 稍细一些的剂子做出的瘦版卷边意面。由于和橄榄叶的形状相似，该意面也被大家称作橄榄叶意面。

卷边薄片面（用手指成型）
（小池）

  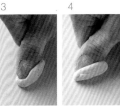 

1　2　3　4

通过用手指将面坯按薄的方式制作而成。切好的剂子根据切口朝向不同，制作出的成品形状也有所差异。上图所示的是用二粒小麦面粉（Farro Flour）制作而成的卷边薄片面。

料理　P112、114

1 取少量揉好的面坯，搓成直径 1cm 的长条。

2 将搓好的长条切成 2cm 的剂子。

3 将剂子竖着立在案板上，使它的一个切口朝上，另一个切口向下。将拇指放在剂子上用力向下按，按出一个小窝。

4 拇指保持按压的状态分别向面坯的两侧移动，扩大小窝的面积。

5 压窝的时候面坯会卷起卷儿，将窝压好后可以用手指捏住卷起来的两边向两侧拉伸，将卷曲的意面展开，这样，卷边薄片面就做好了。

※ 为了防止已经成型的意面再次卷曲，可以将其摆在大方盘中于室温下搁置 30 分钟左右，让其表面稍稍变干。

斯特力格力意面
（小池）

1　2　3

4　5　6

"特飞面"（P46）的一种，将短条状面坯搓成螺旋状制作而成。使用抹刀做出的成品螺旋比较多。

料理　P132、133

1 准备一把刀身较宽的抹刀。为了便于操作，最好选择平头且刀身为长方形的那种。

2 取少量揉好的面坯，搓成直径 5mm 的长条。再将其切成长 6cm 左右的小段。取一小段，用手将两端轻轻来回搓几下，使两端更细些。

3 将搓好的小段面坯横着摆在案板上，将抹刀斜着放到面坯上，使刀的右侧和面坯的右端对齐。

4、5、6 用力向左前方推动刀身，将面坯搓成螺旋状。

切卡鲁克里面
（小池）

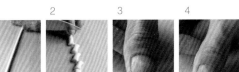

1　2　3　4

5　6

和卡瓦特利面（cavatelli，P43）的做法基本相同。通过用手指在小剂子上按出小窝的方式制作而成。

料理　P104、106

1 取少量揉好的面坯，搓成直径 1cm 的长条。

2 切成 2.5cm 的小剂子。

3 将剂子摆好，使剂子的切口一面在前、一面在后。

4、5、6 用大拇指按住剂子，从靠近自己的一端沿对角线方向向前捻下去，将剂子捻成卷，做成贝壳状的意面。

※ 在摆剂子的时候也可以让剂子的切口一面朝左、一面朝右。这样做出来的意面会稍稍带有一些棱角。

特飞面
（小池）

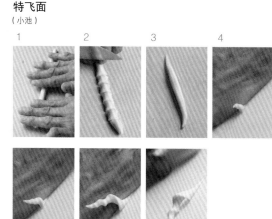

1 取少量揉好的面坯，搓成直径 1cm 的长条。
2 切成 1cm 的小剂子。
3 将每个剂子搓成两头稍尖的细长型的银鱼状。
4 将搓好的剂子横着放好，将手掌外侧放在剂子的右端。
5、6 向左前方揉动剂子，将剂子搓成螺旋状。

※ 为了便于操作，案板可以选用摩擦力较大的木质案板。此外，待搓到剂子中间部位的时候，可以变换一下搓的方向，这样制成的意面形状更富于变化。

一种呈银鱼形状的短意面。此意面的样式多种多样，有条状的、表面带有指印凹凸不平的，也有如图所示螺旋状的。

料理 P132、133

领结面
（杉原）

和蝴蝶面（见下页）一样，都是呈蝴蝶形状的意面，用圆形面片制作而成。上方图片中的是加入了墨鱼汁制作而成的成品，直径3cm。意面的大小可以随个人喜好自由决定。

料理 P129、131

1 将面坯压成后 1.5~2mm 的面片，用直径3cm 的圆形模具压出圆形面片。
2 将圆形面片相对着的两端捏到一起。
3 将另一只手放在面片下面，从底部向上托一托，将圆形的底部按平，使成品可以在平面上立住。

※ 由于面质比较柔软，为了便于烹制、存放，可以先将做好的意面摆到大方盘中，待稍稍风干后再使用，摆的时候注意两个意面之间要留有一定空隙，以防粘到一起。

帕克里面
（杉原）

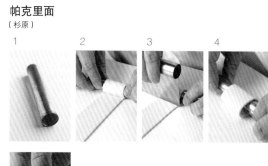

为了便于一口吞下，这里手工做出的成品要比干制品小一圈。此处成品的直径为2cm左右，长4cm左右。

料理 P100、102、101、103

1 准备一个直径 2cm 左右的筒状工具。图片中使用的是制作意式香炸奶酪卷（cannolo，西西里岛传统糕点）时用的金属工具。
2 将揉好的面压成厚 2mm 的面片，然后将其切成宽 4cm 的长条。取一长条将其纵向放好，将工具置于面片底端，开始卷卷儿。卷的时候可以将筒状工具前后滚动一下，将面皮稍稍压薄一些。
3 卷好一圈儿后用刀将剩余的面皮切掉。
4 用工具将面皮的接口处压实。
5 将工具取出，再用手指按压接口处，调整一下接口处的厚度。

蝴蝶面

（西口）

一般的做法是一手捏住四边形的中心，另一手将面片整理出蝴蝶的形状。这里给大家介绍一种更简单的方法，即将面片两侧反方向拧成蝴蝶形的方法。

料理 P128、130

1   2   3   4

5   6

1、2 将揉好的面坯压成厚 1mm 的面片，用意大利面食砂轮刀（如图）将其切成边长为 3cm 左右的四边形。

3、4 左右手各持四边形两边，一手保持不动，另一手将同侧面皮向下拧一圈，使该侧面坯上下面翻个，拧出蝴蝶形。

5、6 接着将手指移向面片中间部位，稍稍按压几下，将中间部位按薄一些。

※ 图片中使用的切割工具的轮子边缘为锯齿形，所以做出的意面边缘有波纹。也可以使用轮子边缘圆滑的工具。

※ 拧完后不要从正上方将意面按平。为了保持意面的弯曲形状，只稍稍按压一下中间部位就可以了。

费力亚面

（小池）

水管面的一种，一般的做法是用细木棍将面坯捻成管状，这里给大家介绍一种更便于操作的利用抹刀制作的方法。

料理 P97、99

1   2   3   4

5   6

1 准备一把刀身较宽、刀尖为平头的抹刀。

2 取少量揉好的面坯，搓成直径 6mm 的长条。

3 再将其切成 8~9cm 的小段。

4 将切好的面坯横着摆好，将抹刀斜着放到面坯上，让刀身向右下角倾斜，刀身右侧稍露出一点面坯。

5、6 慢慢将刀向左前方搓动，将意面搓成卷。

※ 制成的意面并不是一个封闭的管状，而是半开口的管状。

水管卷面

（小池）

将毛线针压入面坯中揉搓而成的管状意面。一般长 7~8cm，但本书中做出的成品要稍短一些，为 5cm，主要是为了能更好地和其他食材搭配。

料理 P97、99

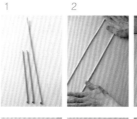 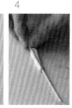

1   2   3   4

5   6   7

1 准备一根直径为 5mm 左右的毛线针。

2 取少量揉好的面坯，搓成 5~6mm 的长条。

3 再将其切成 5cm 左右的小段。

4 将切好的面坯横着摆好，然后将毛线针轻轻压入面坯中。

5、6 来回滚动毛线针，使面坯卷在毛线针上。

7 为了防止抽出毛线针时破坏意面的形状，要一手轻轻握住面坯，另一手转动毛线针将其抽出。

※ 在将毛线针压入面坯中的时候，如果将毛线针以和面坯平行的方向横着压入，那么做出的就是封闭的管状意面。如果将毛线针以稍稍倾斜的角度压进面坯，就可以得到半开口意面。各位在制作的时候可以随心选择任何一种方法。

意大利水管面
（杉原）

通过将薄片状面皮卷在毛线针上，然后来回滚动毛线针的方式成型的意面，这是比较常见的一种手工水管意面。上图所示的是直径稍大一些的成品。

料理　P96、98

1 准备一根直径 5mm 的毛线针。可根据想要做的意面的直径大小选用不同粗细的毛线针。
2 将揉好的面坯压成厚 2mm 的面片，然后切成 6cm×3cm 的长方形。
3 将切好的面片横向摆好，将毛线针放在面片下端。
4、5 将面片全部卷到毛线针上。
6 来回滚动毛线针，将面片压薄，特别是面片重合的部位，同时也可以增大卷儿的直径。

※ 图中所示的成品直径为 1cm 多，长7~8cm。面皮的厚度、长度以及卷儿的直径大小都没有固定的标准，各位可以根据需要自由决定。这样，即使是用同一张面皮，做出来的意面的口感也是不一样的，但最好是将卷儿做得大一些。

撒丁岛螺纹贝壳粉
（小池）

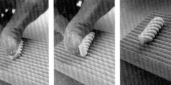

一种表面印有花纹的贝壳形意面。做法是用手指在剂子上按出小窝的同时让剂子表面印上花纹。和撒丁岛手工面团（gnochetti sardi）是同一种意面。

料理　P113、115

1 准备好模具 Pettine，我们在做通心管面（Garganelli）时也有用到这个模具。
2 取少量揉好的面坯，搓成直径 1cm 的长条。
3 将其切成长 2cm 多一点的剂子。
4 将剂子斜着放到模具的刻槽上，使切口朝向两端。
5、6、7 将拇指放在剂子上用力按下去，按出小窝，接着向前捻一下，使整个剂子表面都印上纹路。

※ 也可以使用笊篱和叉子等工具代替Pettine。本书中做的是斜纹样式的意面，如果将剂子和刻槽平行放置，印出的就是另一种模样的纹路。

戒指面
（小池）

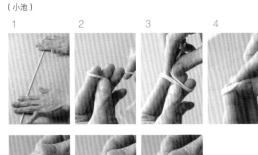

用面圈拧成的意面。

料理　P129、131

1 取少量揉好的面坯，搓成直径 3mm 的长条。
2、3 将搓好的面坯围着 3 根手指绕两圈。
4 将多余的面坯揪掉，将两端捏到一起（手上的面坯总长度约为 22cm）。
5、6、7 双手分别握住面圈的两边，向相同方向拧 5 次左右。

边长为 3cm 的小型填塞意面。意面两边是用手捏出的褶子。

料理 P144、146

意大利手工饺子
（西口）

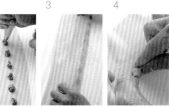

1　将揉好的面坯压成厚 0.5mm 的超薄面片，并将其切成适当大小的长方形（本书中的大小是 40cm×20cm）。将长方形面片横着摆在案板上，将靠近自己的一侧用水沾湿。

2　将馅料装入裱花袋中，在离面坯底边（离操作者较近的一边）约 2cm 的位置，从左至右依次挤出馅料，馅料之间间隔 1cm。

3　用下面留出来的部分面皮盖在馅料上。

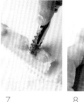

4、5　用双手揪起馅料两侧的面皮，同时向馅料的方向挤一下，使面皮和馅料贴合到一起。

6　用刀将前面多余部分的面皮切掉。

7　沿着从下（离操作者较近的那边）至上的方向用切割工具将做好的填塞意面一个一个切下来。

8　用力按压面皮重叠的部位，调整一下面皮的厚度。

※　在将做好的意式饺子一个个切下来的时候，应沿着从下（有馅料的一边）到上的方向切割，这样意面两边的褶子会呈稍稍倾斜状，成品比较美观。

三角帽面饺
（西口）

1　将揉好的面坯压成超薄面片，厚度在 1mm 以下。切成边长为 5cm 的正方形。将 4 边都用水沾湿。馅料装入裱花袋中，挤在正方形面坯的中间。

2　将面坯的对角线对折，折成三角形。将面皮的边缘压实。

3、4　用拇指抵住包有食材的三角形底部，按出小窝，同时将底边的两角向自己方向拉伸后捏到一起。

环形填塞意面。与肚脐意饺、小帽意饺、元宝形意饺、小元宝意饺等意面的做法相同。

料理 P153、155

意大利粗管面
（杉原）

1　将揉好的面坯压成薄面片。然后将其切成 7~10cm 的长方形。面片表面刷上一层鸡蛋液。

2　将馅料均匀摊在面片上。

3、4　先将面皮的一侧向里卷，接着像做紫菜寿司卷那样将整张面皮卷成管状。卷完之后将面皮的接口处按实。

5　做完之后我们可以看到成品的横截面是呈日语"の"的形状。

用细长面片包裹馅料制作而成的意式面卷。

料理 P160、162

※　按照上述步骤做出来的意面个头稍大，如果直接用来做汤，吃起来不是很容易。可以先用肉汤将面煮熟，将其切成两段后再放入汤中。

麦穗意饺
（小池）

A
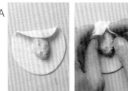 

B

5   6

通过将圆形面片编成麦穗的形状制作而成。这里给大家介绍两种方法，一种是在案板上操作的方法（A），一种是在手掌上操作的方法（B）。

料理　P149、151

A 1 先向大家介绍比较容易的案板操作法。将揉好的面坯压成薄面皮，用工具压出直径约为9cm的圆形面片。将馅料置于面片中央，把面皮一端稍向自己方向折起来。

2、3 将折起部分的两侧的面皮分别捏出褶子，然后将两个褶子捏到一起，接着用两指将其中一侧的面皮捏出一个褶子后压在前一个褶子上，同样在另一侧的面坯也捏出一个褶子后压在前一个褶子上，如此反复，直到用面皮将馅料包裹起来，操作的时候一定要将两侧的褶子捏紧实。

4 操作到底部的时候要慢慢将口收紧，将底部捏出一个尖儿，然后将封口部分按实。

B 5、6 熟练之后，可以采用在手掌上操作的方法，速度会更快一些。开始捏的几个褶子需要两手一同操作，之后的部分可以一侧用拇指另一侧用食指进行操作。

※ 在捏的时候，注意一定要将接口处压实，要使面皮紧紧包裹住馅料，两者之间也不能有空气。此外，如果接口处面皮过厚，煮的时候容易夹生，影响口感，所以要将其捏薄一些。

半月形意饺
（小池）

1   2   3   4

5

通过将圆形面片对折制作而成。和中国的饺子样式大体相同。

料理　P148、150

1 将揉好的面坯压成薄面皮，用工具压出直径为7cm的圆形面片。

2 用裱花袋将馅料挤到面片中央。

3 用水将面片四周沾湿，并将面片对折。

4 用手将面片的边缘按实，使馅料和面皮紧贴在一起。

5 这样半月形意饺就做好了。也可以从右端开始，一点点将意饺的边缘向内侧卷一下，得到带花纹的半月形意饺。

意式馄饨
（小池）

1   2   3   4

5   6

形状呈圆形的填塞意面。和三角帽面饺（cappellacci，P49）的做法基本相同，只不过这里是用圆形面片做成的，个头也稍稍大了一些。

料理　P152、154

1 将揉好的面坯压成超薄的面片，厚度在1mm以下。用直径为8cm的模具压出圆形面片。将馅料放到面片中央，面片周围用水沾湿。

2、3 将面片对折，沿着馅料将重叠的面片压实，使馅料和面片紧贴在一起。

4、5 两手分别握住面坯的两端，稍稍向下拉一下，将左手食指放在面坯鼓起的地方（有馅料的一边），然后绕着食指将面坯的两端拉向一起。

6 食指抽出，并将两端捏牢。

包袱皮意饺
（西口）

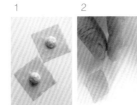

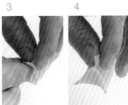

1 将揉好的面坯压成超薄的面片，厚度在1mm以下。切成边长为5cm的正方形面片。将面片四周用水沾湿，在面片中间挤上馅料。

2 将面坯相对的两角捏到一起。

3、4 将另外两侧的面皮抬起来，和中间部分的面皮捏到一起。

5 将四角的捏合处以及四边捏实、捏薄。

一种在面坯上方收口、整体呈包袱皮形状的意面。制作方法有茶巾包裹法，也有如上图所示的将面坯四角捏在一起制作而成的方法。

料理　P156、157

意式面卷
（西口）

将馅料放在薄面坯上卷制而成。和粗卷寿司一样，较粗且较长。

料理　P164、166

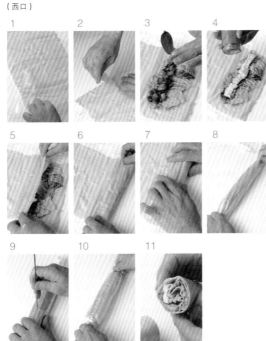

【准备工作】将揉好的面坯压成超薄的面片，厚度在1mm以下。切成22cm×45cm的面片。用盐水煮2~3分钟，将面片煮软，捞出后过一遍凉水。用布将面片的水分吸净，每张面片之间夹一层保鲜膜，放入冰箱中冷藏起来。

1 撕几张保鲜膜，整齐铺在案板上，拼成边长约50cm的正方形。将准备好的面坯从原来的保鲜膜上撕下来，竖着放在案板的保鲜膜上。

2 从面坯最前端（远离自己的一端）切下5cm宽左右的一小条儿备用。

3 在靠近自己一端的面坯上涂上一层4~5cm宽的沙司。然后放上皱叶甘蓝等食材。

4 撒上乳酪和黑胡椒粉。

5 用步骤2中切下来的面片盖住食材的前半部分（远离自己的那边）。

6、7 卷起靠近自己一侧的保鲜膜，按照做紫菜寿司卷的方法将面坯卷成卷儿。

8 用保鲜膜将卷好的面卷包起来，用手抓紧保鲜膜两端多出来的部分，来回滚动面卷，让面卷更加紧实。

9 用铁扦在保鲜膜上开3个左右的口子，将里面的空气挤出。

10 再用保鲜膜将其包起来，以同样的方法来回滚动面卷。再重复一遍以上步骤（在保鲜膜上开口子挤出空气→用保鲜膜包起来→来回滚动），使面卷更加紧实。将保鲜膜两端拧紧或者打个结，使面卷固定住，放入冰箱中冷藏1小时左右。

11 成品以食材中间夹有一片面片为佳（如图11）。

面团、疙瘩面

用水和粗面粉制作而成的小颗粒意面。具体步骤为：先用喷壶往面粉里喷些水。然后用手将面粉和水搅匀，不断重复以上步骤。

料理　P188、189

古斯古斯面
（杉原）

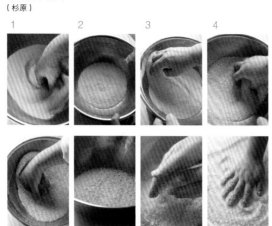

1　准备一个大口径面盆。倒入粗面粉、撒些盐，将面粉和盐搅匀。

2　将装有水的喷壶对着面粉喷5下。

3　将5根手指张开，在面盆中来回大幅度搅动。待面粉和水充分融合并带有湿气之后，再喷几下水，继续搅动。

4、5　如果出现大颗粒，可以通过用手揉搓的方式搓开大颗粒，或是将5指并拢后用手背碾压面粉，将大颗粒碾开。

6、7　慢慢增加每次喷的水量，后面可以增到每次喷10下左右。待搓到面粉如奶酪一般有油滑的手感即可。

8　将搓好的意面倒到布上并将其摊开，干燥30分钟左右。

※　如果直接用手去刮粘在面盆上的面，刮下来的就是一个面疙瘩。应该先撒上些面粉，然后用指甲一点点将其刮掉，这样就可以刮成一个个小颗粒。

面团
（杉原）

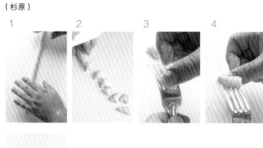

1　将揉好的面坯用手掌搓成直径1cm多一点的长条。

2　切成宽1cm多一点的小剂子。

3　将剂子放在叉子背面，使一个切口向上另一个切口朝下。

4、5　将拇指放在剂子上，将剂子转个圈，让剂子表面印上纹路。

※　季节不同、大小不同，马铃薯中所含水分也是不同的，因此和面时土豆和面粉的配比以及制作的面团的大小都要做相应的调整。如果马铃薯中的含水量少，那么和面时所需的小麦粉的量也要相应减少，这时就应将面团做得大一些，这样更能凸显马铃薯的味道。

制作面团的方法各式各样。上方图片中所示的就是用最简单的方法制作而成的土豆面团。主要做法是将以马铃薯为主要原料的面坯放在叉子上，将其搓成面团并让其印上纹路。

料理　P172、174

意面碎
（小池）

用奶酪刨丝器做出的小颗粒意面。为了便于操作，可以将面坯和的硬一些。

料理　P184、186

1　准备一台奶酪刨丝器。刨孔的大小决定着做出来的意面的大小以及形状，各位可以根据需要选择刨孔大小合适的工具。这里我们选用的是刨孔直径为8mm的工具，做出的意面宽8mm、长3cm左右。

2、3　将揉好的面坯用刨丝器擦成小块。如果想用意面来做肉汤，可以边擦边将擦好的意面下入锅中。

皮萨雷伊面团
（小池）

以面包糠为主要原料做成的面团，做法和卡瓦特利面（P43）以及切卡鲁克里面（P45）相同。

料理　P181、183

1 取适量揉好的面坯，搓成直径 1cm 的长条。
2 切成 1.5cm 的剂子。
3、4、5 将剂子摆好，让剂子的切口仍旧朝向两侧。将拇指放在剂子上用力按下去，接着向前捻一下，将剂子捻成卷儿。

比措琪里面（基亚文纳风味）
（西口）

利用擦板儿将面坯直接擦入锅中煮制而成的颗粒状意面。也可以用手指、汤勺、塑料铲等其他方法使面疙瘩下入锅中。

料理　P185、187

1 准备一个用于制作德式面疙瘩（Spaetzle）的滑动式擦板儿（德式面疙瘩的做法同下）。
2 将工具置于烧有沸水的锅上，将面坯放入四方形小盒中。
3、4 左右来回滑动四方形小盒，让面坯透过擦板下面的擦孔落入锅中。
5 煮至面疙瘩浮起来。
6 面疙瘩浮起来后再等一小会儿，然后用长把漏勺将其捞起，放入冰水中冰一下。将水分沥净后倒入容器中，用特级初榨橄榄油拌匀备用。

※ 如果面疙瘩的长度过长，煮完之后可以用刀将其切一下。面疙瘩的长度以 5mm~2cm 为宜。

疙瘩面
（小池）

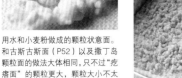

用水和小麦粉做成的颗粒状意面。和古斯古斯面（P52）以及撒丁岛颗粒面的做法大体相同，只不过"疙瘩面"的颗粒更大，颗粒大小不太均匀。

料理　P188、189

1 将 0 粉倒入一大方盘中。将刷子的前端用水沾湿，然后将水掸到面粉上（也可以用喷壶将水喷到面粉上）。
2 立即前后晃动大方盘，使水和面粉融合到一起形成面疙瘩。
3、4 重复步骤 1~2，大方盘中的面疙瘩越来越多。
5 最开始做出的那些面疙瘩变得越来越大。
6、7 用笊篱筛掉多余的面粉，可以得到大小不一的面疙瘩。将面疙瘩摊开在大方盘中，在室温下搁置一段时间，让其表面变干。

※ 形状大小不一正是这种疙瘩面的特色所在，所以可以将颗粒大小不同的面疙瘩一同烹饪。

LE PASTE FRESCHE LUNGHE

第三章

手工长意面

意大利细宽面

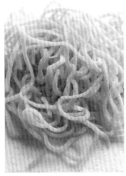

宽 2mm、长 18cm

意大利细宽面

来源于意大利语中的"切细"一词，有些地区也称其为 taglierini。该意面的横截面呈长方形，而不是正方形。最基本的做法是将 00 粉与鸡蛋和制而成的面坯切成宽 2~3mm 的细长条，除此之外，可以再放入一些粗面粉，还可以加些水或油，图中所示的意大利细宽面就是在基本配料的基础上又放入了粗面粉和纯橄榄油制作而成的成品。宽一些的意大利细宽面（tagliolini）被称作意式干面（tagliatelle），两者都发源于艾米利亚－罗马涅大区，现在已普及到全境。

炖肉和应季蔬菜拌意大利细宽面

这道意面料理的沙司由白酒炖小牛腿肉和炒洋蓟烹制而成。意大利细宽面的面身纤细且口感细腻，意大利的传统吃法是拌上口味浓郁且没有大块食材的酱汁食用。而这道料理中将其与炖小牛肉片和应季蔬菜拌到一起，使整道料理看起来分量十足，也十分美味。

#001
Tagliolini al sugo di vitello e carciofi
小牛腿肉洋蓟意大利细宽面

西口大辅

#002
Tagliolini allo zafferano con abalone
鲍鱼沙司番红花意大利细宽面

宽 5mm、长 19cm

番红花意大利细宽面

在和面的时候加入各式各样的食材，就可以制作出风味各异、色彩缤纷的意面。例如，番红花意大利细宽面就是在面坯中加入了泡番红花的温水制作而成的。面坯主要是用蛋黄、粗面粉以及高筋面粉和成，比起一般的意大利细宽面更有弹性，口感也更好。

充满浓郁海鲜味的番红花和鲍鱼

鲍鱼有一股浓郁的腥鲜味，烹饪后的番红花也有一种海带的香味。因为两者都有海的味道，所以想到了这道将二者搭配食用的料理。但是，如果搭配番红花沙司，番红花的味道又过于强烈，为了抑制番红花浓郁的味道，才选择将其和入面中制成番红花意大利细宽面，这样才可以凸出主角蒸鲍鱼的味道。此外，搭配意大利细宽面等细面条也可以突出鲍鱼的存在感。

杉原一祯

宽 2mm、长 25cm

红菊苣意大利细宽面

将威内托大区的特雷维索地区特有的红菊苣 "radicchio、rosso、di、treviso" 打成糊和入面坯中制作而成。面坯的主要成分是粗面粉、00 粉以及蛋黄。在日本，红菊苣主要是用来制作沙拉直接食用的，而在意大利，它的食用方法则要多得多，可以用来烧烤、煎炒以及制作沙司，还有一种流行的食用方法是用来制作意面。做出来的意面带有红菊苣微苦的味道。

特雷维索风味红菊苣意面

用红菊苣意大利细宽面拌上红菊苣酱做成的一道简单的红菊苣料理。酱汁是由香肠丁和红菊苣、松子、橄榄油拌成，质地浓稠。拌的时候再放入少量的鲜红菊苣。

＃003
Tagliolini scuri al pesto di radicchio rosso

红菊苣酱拌红菊苣意大利细宽面

西口大辅

马克龙其尼面

宽 1.5cm 左右、长 30cm

手切马克龙其尼面

意为"小（细）水管面"，虽然该意面并不是管状，但由于意面刚产生时，无论是不是中空的，面身是长是短，所有的意面都被叫作水管面，所以名字就这么流传下来了。这里给大家介绍的这种 "maccheroncini" 意面，它的历史可以追溯到中世纪时期，起源于马尔凯大区坎波菲洛内地区的一所修道院内，由于和挂面一样细，所以也被称为 "capelli d'angelo"（天使的头发）。制作该意面的精髓就在于用刀将鸡蛋和制的面坯切得尽可能的细。

"入口即化"的细面

在中世纪的某次教会会议上，该意面细腻的口感被盛赞为"入口即化一般的美味"。拌上黑橄榄和松露做成的黄油沙司，再摆上切成薄片的松露。由于面身极细，越是简单的烹饪方法越能凸显出该面的口感，所以直接拌上口感浓郁的酱汁食用是该意面最美味的吃法。该意面产自马尔什地区，而马尔什以阿夸拉尼亚为中心的地区还是松露（黑、白）的主产区，所以可以说这是一道颇具当地特色的料理。

＃004
Maccheroncini di campofilone al tartufo nero

坎波菲洛内风味手切马克龙其尼面

小池教之

意大利细宽面

● 意大利细宽面的配料

【1 人份 80g】

00 粉（马里诺 Marino 公司）………	800g
粗面粉（马里诺 Marino 公司）……	200g
蛋黄……………………………………	8 个
全蛋……………………………………	5 个
纯橄榄油………………………………	少量

#001
小牛腿肉洋蓟意大利细宽面
西口大辅

● 制作意大利细宽面

1. 将揉好的面坯用面条机压成厚 1mm、宽 2mm、长 18cm 的面条。

● 小牛肉汤

1. 将小牛腿肉（1kg）切成边长 2cm 左右的小块。锅中热纯橄榄油，然后将调味酱（P245，1 人份约 120g）、月桂、小牛肉放入锅中翻炒。

2. 待小牛肉表面着色后倒入白酒翻炒，使白酒中的酒精蒸发，接着倒入适量番茄酱和鸡汤，盖上锅盖焖将近 1 小时。

3. 将炖好的汤放置一晚。第二天，将汤表面凝固的脂肪撇净。

● 炒洋蓟

1. 将洋蓟（叶片上有尖刺的洋蓟，1 人份约 1/2 个）处理好，切成边长为 1.5cm 的小块。锅中热纯橄榄油，倒入洋蓟块翻炒，加盐调味，最后淋上一些白酒。

● 最后工序

1. 将意大利细宽面用盐水煮 1~2 分钟。

2. 将小牛肉汁（1 人份 100ml）倒入锅中加热，再倒入炒好的洋蓟。接着放入 1 块黄油，可以用煮意面的面汤来调肉汁的浓度。

3. 用调好的小牛肉汁拌意大利细宽面，撒上黑胡椒和帕达诺（Grana Padano）奶酪充分搅拌。装盘，再撒上些帕达诺奶酪。

◆ 重要事项

不要将小牛肉切成肉末，而是切成小块。这样通过咀嚼可以品出牛肉的香味。带些肥肉的小牛和洋蓟都是春天的象征，所以将两者搭配在一起食用。如果要选用其他食材，最好也选择应季的食材。

◆ 小贴士

除了洋蓟，食材还可以选用菊苣（Radicchio）和牛肝菌。

● 红菊苣意大利细宽面的配料

【1 人份 80g】

高筋面粉（日清制粉〈山茶色〉）…	700g
粗面粉（卡普托 Caputo 公司）……	350g
（从上述配好的面粉中取 1kg 使用）	
蛋黄……………………………………	25 个
番红花水	
番红花……………………………	1 撮
温水………………………………	150ml

※ 搭配鲍鱼沙司食用的意面要在压好后直接摆到大方盘中保存，如果先将面卷成卷儿之后再抻直保存就会变成卷面，而由于卷面比直面更容易和沙司味道相融，会导致本来味道就浓郁的沙司吃起来会感觉味道过于浓烈。

#002
鲍鱼沙司番红花意大利细宽面
杉原一祯

● 制作番红花意大利细宽面

1. 准备番红花水。用温水浸泡番红花，待泡出香味、水变颜色后将水滤出。

2. 向 2 种混好的面粉中倒入蛋黄和番红花水。待所有材料充分融合后揉成团，装入塑料袋中在冰箱里醒 5~6 小时。

3. 用面条机将面坯压成厚 1mm、宽 5mm、长 19cm 的面条。

● 鲍鱼沙司

1. 将带壳鲍鱼用水洗净，放在荷兰灶中蒸半小时左右。稍稍晾凉之后剥掉鲍鱼壳。将鲍鱼肉和外套膜切成 1cm 左右的小块，将鲍鱼肝脏用网筛压成泥。

2. 将鲍鱼肉（1 人份不到 100g）、少量鲍鱼膜、青酱（P249，不到 1 大勺）、特级初榨橄榄油、黄油放入碗中，再放入鲍鱼肝脏（1 个）和少量煮面的面汤，充分搅拌所有食材。

● 最后工序

1. 意大利细宽面下入盐水中煮 1 分 20 秒。

2. 将煮好的意面倒入做好的沙司中拌匀、装盘。

◆ 注意事项

鲍鱼是一种高级食材，所以我们在制作鲍鱼沙司的时候将贝柱、鲍鱼膜、肝脏都用上了，这样可以增加鲍鱼的香味。但是，肝脏本身又有一股腥味，所以要再放些青酱来调一下味。

◆ 小贴士

鲍鱼沙司也可以用来搭配意大利细面条（Spaghetti）食用。和番红花意大利细宽面相比，意大利细面条的口味会稍淡一些，这时可以在搭配食用的沙司中多加一些青酱。

红菊苣意大利细宽面的配料

【1人份80g】

00 粉（马里诺 Marino 公司）…… 250g

粗面粉（马里诺 Marino 公司）…… 50g

蛋黄 …… 1 个

红菊苣糊 …… 约150g

红菊苣（radicchio、rosso、di、treviso
<Tardivo>） …… 120g

圆葱炒料头 …… 30g

纯橄榄油 …… 24ml

鸡汤 …… 30g

※Tardivo 选用晚熟品种。

※ 应按照适当比例将红菊苣的外层菜叶和靠近菜芯叶子的搭配使用。外层菜叶更红一些也稍苦一些，靠近菜芯的叶子却有一丝甜甜的味道。按照外层菜叶与靠近菜芯的叶子4:1的比例搭配为宜。红菊苣酱中也按同样比例搭配。

※ 比起生的红菊苣，将加热后的菊苣捣成糊和入面中更易于上色。而且由于红菊苣糊中本身就含有许多水分，为了便于着色又需要倒入大量的红菊苣糊，所以和出来的面坯质地会比较柔软。如果切面的时候切的过细的话面容易断掉，所以最好切得稍宽一些。

马克龙其尼面

马克龙其尼面的配料

【1人份60g】

00 粉（马里诺 Marino 公司）…… 200g

0 粉（马里诺 Marino 公司）…… 200g

粗面粉（得科 De Cecco 公司）…… 100g

全蛋 …… 5 个

特级初榨橄榄油 …… 5ml

盐 …… 5g

※ 与皮埃蒙特州的塔佳琳意面（P60）的形状相似，只不过马克在其尼面（maccheroncini）给人感觉要更细一些。

※ 该意面在一般情况下是现用现擀。但也有如本料理中一般，先将擀好的意面稍稍风干一下再用于烹饪的用法，这样煮出的意面口感细腻又不失韧劲。

#003
红菊苣酱拌红菊苣意大利细宽面

西口大辅

●制作红菊苣意大利细宽面

1. 制作红菊苣糊。锅中热纯橄榄油，将圆葱炒料头、红菊苣碎倒入锅中翻炒，然后倒入鸡汤炖一段时间。待汤汁基本收干时，用手持式搅拌器打成糊。

2. 将粗面粉、00 粉、蛋黄、红菊苣糊倒入面盆中，揉到一起。揉好后装入真空包装袋中，抽出空气，放入冰箱中醒1天。用面条机压成厚 1mm 的面片，然后切成宽2mm、长25cm 的面条。

●红菊苣酱

1. 将香肠（P245,100g）放入煎锅中煎熟，切成小块。

2. 将步骤1中切好的香肠、切碎的红菊苣（150g）、松子（50g）、纯橄榄油（100g）、盐一起放入食物料理机中打成糊，做成红菊苣酱。

●最后工序

1. 红菊苣意大利细宽面下入盐水中煮 2 分钟。

2. 取适量红菊苣酱（1人份60g）倒入锅中加热，再倒入少量面汤和新鲜的红菊苣碎。

3. 然后将煮好的红菊苣意大利细宽面也倒入锅中一起搅拌，再撒上帕达诺奶酪继续搅拌。拌匀后装盘。

◆小贴士

和罗勒相比，红菊苣的味道稍清淡一些，所以，如果想要微苦的口感，可以在做红菊苣酱的时候多放一些红菊苣。

#004
坎波菲洛内风味手切马克龙其尼面

小池教之

●制作马克龙其尼面

1. 用面条机将揉好的面坯压成不到1mm 厚的超薄面片。在距面片底边30cm 处用刀将面片切开，撒上一层 00 粉，散粉后把面皮卷起来，用刀将其切成宽 1~1.5mm 的细意面。

2. 将意面在常温下放置 30 分钟稍稍晾干，使煮出的意面更有嚼劲儿。

●黑橄榄松露沙司

1. 将去了种子的黑橄榄（1人份2个）和秋松露（2g）放到食物料理机中搅碎。

2. 锅中化黄油，放入蒜末和青葱末煸炒，炒出香味后放入少量鳀鱼肉、调味料（百里香、月桂、洋苏草）继续煸炒。煸出香味后将调味料挑出。

3. 将绞碎的黑橄榄和秋松露倒入锅中快速翻炒。倒入少量的鸡汤或面汤调汁。

●最后工序

1. 将马克龙其尼面下入盐水中煮 30 秒钟。

2. 将煮好的意面捞出，沥净水分后倒入沙司中稍稍搅拌一下，再撒上一些帕玛森干酪继续搅拌。

3. 搅拌均匀后装盘，摆上几片切好的松露片。

◆注意事项

由于马克龙其尼面很细，很容易和沙司拌匀，如果搅拌过度容易将面弄断。各位在烹饪此道料理的时候要注意意面以及沙司的搭配列、煮意面的方法以及拌制方法。

◆小贴士

也可以和番茄沙司、洋苏草风味的黄油沙司、波伦亚风味炖菜（牛肉沙司）等简单的沙司搭配食用。

塔佳琳意面

塔佳琳意面

"tajarin"由意大利细宽面的别名"taglierini"演变而来,为皮埃蒙特州的方言。意大利细宽面一般是用整个鸡蛋和面,而塔佳琳意面的特点就是用大量的蛋黄和面。这里要给大家介绍的这道意面就是用蛋黄、00粉以及少量水做成的,面条弹性十足,口感十分筋道。面粉的种类以及和鸡蛋的比例并不唯一,比如可以通过加入粗细粉来增加意面的韧度。此外,该意面比意大利细宽面要稍细一些。

宽1~2mm、长18cm

埃蒙特州传统塔佳琳意面料理

塔佳琳意面料理最典型的吃法就是拌黄油,再配上白松露。黄油和白松露都是埃蒙特州的特产,这种简单的烹饪手法更能凸显出塔佳琳意面的存在感。因为每根面都很有弹性,所以整道菜看起来分量十足,而且很有饱腹感。拌沙司的时候可以参照蛋包饭的制作方法,将意面拌出好看的形状。成型后立即装盘。

塔佳琳意面

与上述塔佳琳意面的做法相同,由00粉、蛋黄和少量水和制而成,很有弹性。比意大利细宽面略细,使用时要注意将两者区分开。

宽1~2mm、长18cm

塔佳琳意面拌细条蔬菜

由塔佳琳意面、白芦笋西葫芦沙司、黄油、奶酪拌制而成的简单料理,为了让沙司和意面更相配,应将白芦笋和西葫芦切成细条。这种白芦笋条拌意面的烹饪方法在意大利是很常见的。如果用味道醇厚浓郁的酱汁来调味,就会掩盖白芦笋本身清淡爽口的风味,所以只用黄油和奶酪来调味即可。

#005
Tajarin con tartufo bianco
白松露塔佳琳意面

西口大辅

#006
Tajarin con asparagi bianchi e zucchine
白芦笋西葫芦塔佳琳意面

西口大辅

吉他面

吉他面

以意面是用一种名叫 chitarra（意为吉他）的绑有多根细丝的木质四边形小箱切割而成，因此就用工具的名字作为意面名。是阿布鲁佐大区久负盛名的长意面，切口呈正方形。本道料理中使用的意面是采用传统的制面方法做出的，即用粗面粉和鸡蛋和制而成，十分筋道，很有嚼劲儿。

长 20cm、宽和厚均为 2~3mm

冠以吉他形工具之名的意面

这道料理是辣味番茄肉酱小水管面（bucatini all'amatriciana，P217）的原型。由于烹饪时没有使用番茄，所以这道料理被称为辣味肉酱吉他面。该料理最开始的名字是 "griscia"（格瑞斯卡诺风味），是根据发源地附近一个村庄的名称命名的。在格瑞斯卡诺地区，烹饪这道料理用的是意大利细面条（spaghetti），但因为该地区原本是归属于阿布鲁佐大区（现在归属拉齐奥区），所以本书中使用的是同样发源于阿布鲁佐大区的吉他面。基本的烹饪方法是用蒜油炒猪脸肉（盐渍腌猪脸肉），再撒上佩科里诺罗马诺奶酪。

意大利细长面

墨鱼汁意大利细长面

形状和吉他面（上述）相同，为横截面呈正方形的长意面。Tonnarelli 本是罗马地区方言，现在这种叫法已经普及到许多其他地区。左边图片中的就是用 00 粉、粗面粉、鸡蛋、墨鱼汁和成面坯，用机器压制的成品。加入了墨鱼汁的意面颜色鲜明、口感绵软。

长 20cm、宽和厚均为 2mm

和吉他面同形的罗马意面

这是一道用金乌贼、番茄块和墨鱼汁意大利细长面拌制而成的清淡爽口的料理。墨鱼汁很早之前就被人们用于烹饪中，例如，威尼斯的"墨鱼汁炖菜"和"墨鱼汁烩饭"都很有名，墨鱼汁制作意面的用法也很普遍。在这道料理中，用蒜香沙司拌墨鱼汁意大利细长面，再放上金乌贼肉，稍稍加热一下，一道鲜美可口的料理就做好了。

007
Chitarra all'amatriciana in bianco
辣味肉酱吉他面

小池教之

008
Tonnarelli neri con seppie e pomodoro fresco
番茄墨鱼沙司意面

西口大辅

塔佳琳意面

●塔佳琳意面配料

【1人份80g】

00粉（马里诺Marino公司）········ 200g

蛋黄·································· 6个

水·································· 少量

松露塔佳琳意面

西口大辅

●制作塔佳琳意面

1.用面条机将揉好的面坯压成薄面片，然后切成宽1~2mm、长18cm左右的意面。

●最后工序

1.将塔佳琳意面下入盐水中煮30秒钟。

2.将在常温下软化的黄油（1人份约35g）放入冷锅中，开火加热，然后倒入面汤（1人份约20ml），待黄油熔化后马上关火，撒上些白松露末。倒入煮好的意面，撒上帕达诺奶酪，将所有食材搅拌均匀。

3.装盘，用切片机将白松露切成超薄的薄片，摆在意面上。

※ 切白松露的时候速度一定要快。尤其是给客人表演切白松露的情况下，由于从意面装盘到顾客开始品尝菜品的中间隔着一段时间，容易使面坨在一起，因此就更需要快速地将白松露切好。

◆小贴士

黄油的熔点很低，所以在熔化黄油的时候温度无需过高。如果温度高到使锅中汤汁沸腾，黄油容易分解为液体和固体两部分，而固体部分不容易吸附在意面上，会影响料理整体的口感，所以加热时温度不要太高。

●塔佳琳意面的配料

【1人份80g】

00粉（马里诺Marino公司）········ 200g

蛋黄·································· 6个

水·································· 少量

白芦笋西葫芦拌塔佳琳意面

西口大辅

●塔佳琳意面

1.用面条机将揉好的面坯压成超薄面片，然后切成宽1~2mm、长18cm左右的意面。

●白芦笋西葫芦沙司

1.将西葫芦切成7~8cm长的小段，放入热盐水中焯软。然后放入冰水中冷却，捞出后用厨房用纸吸净水分。盐水留起备用。

2.用剥皮器将白芦笋的硬皮刮掉，中间切一刀，将其两等分切开，然后再切成细条。用白酒醋和中筋粉调成糊，一边过滤一边倒入焯西葫芦的水中。放入切好的白芦笋，待水再次沸腾后迅速将其捞出，放入冰水中冷却，然后用厨房用纸将水分吸净。

3.锅中熔化黄油，倒入芦笋（1人份约1/3个）、西葫芦（1/4个）翻炒，关火后撒上一些意大利香芹末。

●最后工序

1.将塔佳琳意面下入盐水中煮2分钟左右。

2.煮熟后捞出，倒入做好的白芦笋西葫芦沙司中迅速搅拌，撒上一些帕达诺奶酪，搅匀后装盘。

◆注意事项

一般应将芦笋煮软后食用，但在本道料理中，将煮的时间缩短了一些，这样做出来的芦笋脆嫩爽口，和弹爽的塔佳琳意面搭配食用口感更佳。

吉他面

＃007
＃007
辣味肉酱吉他面

小池教之

● 吉他面的配料

【1 人份 80g】

粗面粉（得科 De Cecco 公司）…… 450g

蛋黄…………………………………… 8 个

全蛋…………………………………… 2 个

盐……………………………………… 4g

特级初榨橄榄油……………………… 适量

● 吉他面

1. 用面条机将揉好的意面压成厚 3mm 的面皮，然后切成比工具小一圈的小长方形面片。

2. 将切好的面片放在工具的细丝上，用擀面杖在面片上滚动，将面片割开（具体方法见 P39）。

3. 在室温下搁置 30 分钟左右，晾至半干。

● 腌猪脸肉沙司

1. 锅中倒入特级初榨橄榄油，倒入拍碎的蒜瓣和红辣椒煸炒，煸出香味后倒入切成条状的腌猪脸肉（1 人份约 30g），炒出油脂。掌握好火候，不要将肉炒焦。

2. 撇出多余的油脂，放入洋葱片（1/6 个）和月桂。待洋葱变软后倒入少量面汤或蔬菜汤，盖上锅盖焖一会儿。

● 最后工序

1. 吉他面下入盐水中煮 12 分钟。

2. 将腌猪脸肉沙司和意面以及佩科里诺罗马诺奶酪（Pecorino Romano）、黑胡椒混合到一起搅拌均匀。盛入盘中，再撒上些佩科里诺罗马诺奶酪。

◆ 注意事项

腌猪脸肉取猪脸部至颈部的肉做成的盐渍腌肉。也可以用肋骨肉做成的腌肋骨肉（Pancetta）来代替，但是腌猪脸肉的味道更加独特醇香。

◆ 小贴士

腌猪脸肉沙司一般是和粗一些的长意面以及细条通心粉（bucatini）搭配食用。和面壁较厚的通心粉、粗通心粉搭配食用味道也很好。

意大利细长面

＃008
番茄墨鱼沙司意面

西口大辅

● 墨鱼汁意大利细长面的配料

【1 人份 70g】

00 粉（马里诺 Marino 公司）……… 400g

粗面粉（马里诺 Marino 公司）…… 100g

蛋黄…………………………………… 4 个

全蛋…………………………………… 1 个

墨鱼汁………………………………… 80ml

水……………………………………… 40ml

※ 虽然墨鱼汁做成的沙司味道比较浓郁，但是将其和入意面中后味道会淡很多。因此，在充分考虑水分和味道平衡的前提下，可以稍稍多加入一些墨鱼汁。

● 制作意大利细长面

1. 从金乌贼的墨袋中挤出墨鱼汁（如果需要的量比较少，可以直接买现成的冷冻成品）。

2. 将所有的配料混到一起，揉成面团。装入专用真空包装袋中抽出空气，放入冰箱中醒 1 天。用面条机压成厚 2mm 的面片，然后切成宽 2mm、长 20cm 的意面。

● 处理金乌贼

1. 将金乌贼的皮剥掉，将墨鱼清洗干净、切成长 4~5cm、宽 1cm 的长条（1 人份约 30g）。

● 沙司底料

1. 锅中倒入纯橄榄油，放入拍碎的蒜瓣和红辣椒煸炒，煸至蒜瓣稍稍变色，然后将其和辣椒捞出。

2. 放入番茄块（1 人份约 40g）、面汤、意大利香芹末。

● 最后工序

1. 意大利细长面下盐水中煮 6 分钟左右。

2. 将煮好的意面捞出，倒入沙司底料中搅拌均匀，接着倒入撒了盐的墨鱼肉，快速搅拌加热一下。

3. 装盘，淋上特级初榨橄榄油。

◆ 注意事项

为了搭配意大利细长面，最好将墨鱼切成长条状，可以提升料理整体的美观度。如果加热的时间过长，墨鱼肉就会变柴，所以最后再放入墨鱼。

◆ 小贴士

意大利细长面和味道浓郁的鱼贝类炖菜搭配食用味道也颇佳。

鞋带面

长 20cm，厚和宽均为 2mm

牛肝菌鞋带面

该意面和吉他面、意大利细长面（均见 P61）的形状相同，横截面呈正方形，多见于翁布里亚大区。一般要比吉他面以及意大利细长面稍细一些，而左图中是和意大利细长面一样粗细的成品。面坯基本由 00 粉和水和制而成，但这里我们选用的配料是粗面粉、00 粉以及蛋黄。因为要和牛肝菌沙司拌制食用，所以和面的时候还可以再加入一些干牛肝菌末以及泡发干牛肝菌的水。

翁布里亚大区的菌类和意面

这道料理由同属于翁布里亚大区特产的鞋带面以及牛肝菌烹饪而成，可以说充满了地域特色。为了充分发挥牛肝菌的香味，做沙司的时候要将干牛肝菌切碎使用，而且只能用泡发干牛肝菌的水以及奶酪来调汁。这种酱汁最好和细面搭配食用，更能充分发挥出酱汁的味道。

＃009
Stringozzi di funghi secchi al burro e formaggio
牛肝菌沙司鞋带面

西口大辅

＃010
Tagliatelle di farina di semola al ragù
肉糜沙司粗面粉意式干面

意式干面

长 23cm 左右、宽 6mm

粗面粉意式干面

典型的手擀长意面，主要见于以发源地艾米利亚－罗马涅大区为中心的北意大利。将软质小麦和鸡蛋和好的面坯压成薄面片，然后将面片卷或层叠起来，用刀切成厚 6~8mm 的长宽面。Tagliatelle 正是"切"的意思。最近，也有了将粗面粉加入配料列表的倾向，加了粗面粉的面坯做成的意面，口感细腻中又多了丝嚼劲儿。这道料理中使用的正是这种意面。

弹性十足的粗面粉意式干面

这是一道和肉糜沙司（博洛尼亚风味）搭配做成的料理，肉糜沙司被称作是意大利料理的招牌，和意式干面更是绝配。在博格尼亚当地，肉糜沙司的使用非常频繁，人们直接将其称作炖肉。本书中要向各位介绍的是我在学艺的时候学到的意大利传统的烹饪方法，这里原封不动的描述给各位。和入了粗面粉的意式干面和肉糜沙司一起食用口感更佳。

小池教之

意式扁平面

罗勒意式扁平面

该意面产自坎帕尼亚州阿玛尔菲地区，宽度和意式干面（tagliatelle）一样，但是要更短、更厚一些。此外，它的另一个特色是面坯中加入了牛奶和奶酪，左图中就是以00粉、鸡蛋、牛奶、橄榄油、奶酪罗勒叶末为配料做出的成品。面不要和得太硬，该意面讲求的是质地柔软、口感绵软。

宽 8mm、长 15cm

口感绵软的面团风味宽扁面

这道料理是将4类蒸熟的贝类海鲜和意面搭配食用。质地柔软的意面可以充分吸收贝类海鲜的精华，是一道具有浓郁海鲜味的料理。在盛产海鲜的那不勒斯（Napoli）地区，当地人们会在料理中放入各式各样的贝类海鲜，这道料理就是其中一例。由于贝类的鲜味都浓缩在了贝壳之中，所以最好带壳直接烹饪。

红辣椒意式扁平面

由卡拉布里亚州红辣椒意式扁平面演变而来，加入了朝天椒末和红灯笼辣椒粉制成的意面。该意面质地柔软、比较厚实，既有辣椒的辣味又带有一丝甜味。由阿玛尔菲地区的一位叫恩里科、科斯托诺（EnricoCosentino）的厨师于1960年制成，据说还在烹饪大赛中获了奖。现在，制作者可以根据个人喜好做出或绵软或筋道的口感各异的红辣椒意式扁平面。

宽 8mm、长 11cm

卡拉布里亚风味红辣椒扁平面

用卡拉布里亚州的特产——肉末红辣椒酱（NDUJA）调制的墨鱼汁沙司、切成条状的金乌贼拌上意式短面做成的一道料理。坎帕尼亚州的意面搭配上卡拉布里亚州的红辣椒，可以说是十分有创意的一道料理。整道料理中，无论是红辣椒意面配同样用红辣椒调制沙司，还是墨鱼汁配墨鱼，抑或形状相似的意面配墨鱼条，都使整道料理的色、香、味达到极致。

011
Scialatielli ai frutti di mare
贝类海鲜意式扁平面

杉原一祯

012
Scialatielli al peperoncino e nero di seppia
墨鱼汁沙司意式扁平面

小池教之

鞋带面

● 牛肝菌鞋带面的配料

【1 人份 80g】

00 粉（马里诺 Marino 公司）	400g
粗面粉（马里诺 Marino 公司）	100g
蛋黄	4 个
泡发干牛肝菌的水	60ml
干牛肝菌末	10g
水	适量

＃009

牛肝菌沙司鞋带面

西口大辅

● 制作鞋带面

1. 干牛肝菌在水中泡 1 晚。用滤勺将泡好的牛肝菌捞出备用（牛肝菌用来制作沙司），泡牛肝菌的水也留起备用。

2. 另取适量干牛肝菌放入搅拌机中打成粉末，过一遍筛子筛出细末，取 10g 细末备用。

3. 将除了水之外的所有配料倒入面盆中，一点点加水，慢慢将所有配料揉成 1 个面团，放入专用真空包装袋中抽净空气，放入冰箱中醒 1 天。

4. 用面条机压成厚 2mm 的面片，切成宽 2mm、长 20cm 的面条。

● 烹制牛肝菌沙司

1. 将泡好的牛肝菌的水分挤净，然后将其切碎，取 15g（1 人份）用黄油煸炒。

2. 另取一锅，放入黄油、煮面汤和泡干牛肝菌水各少量、步骤 1 中炒好的牛肝菌末、意大利香芹末以及帕达诺奶酪

拌匀。

● 最后工序

1. 鞋带面下入盐水中煮 3~4 分钟。

2. 将煮好的面拌入沙司中，搅拌均匀后装盘。

◆ 注意事项

泡发干牛肝菌的水也有很浓郁的香味，和面的时候加入一些，可以增加整道料理的风味。本店还会加入适量炖肉和小牛骨汤（fondo Bruno，褐色的汤汁）来调味。

◆ 小贴士

鞋带面和松露风味的沙司搭配也很美味。

意式干面

● 粗面粉意式干面的配料

【1 人份 60g】

00 粉（马里诺 Marino 公司）	250g
粗面粉（得科 De Cecco 公司）	250g
蛋黄	8.5 个
水	100ml
特级初榨橄榄油	10ml
盐	5g

※ 粗面粉的量不要太多，否则和出的意面质地会比较硬。占比最多不能超过 00 粉。考虑到软质小麦和粗面粉的吸水性不同，和面的时候要多和一会儿。

＃010

肉糜沙司粗面粉意式干面

小池教之

● 意式干面

1. 用面条机将和好的面坯压成厚 1mm 的薄面片，然后切宽 6mm、长 23cm 左右的面条。

● 博洛尼亚风味炖肉（肉糜沙司）

1. 用绞肉机将牛小腿肉（2kg）搅成小颗粒。撒上盐、胡椒、肉桂末抓匀。放入冰箱搁置 1 晚。

2. 平底锅化黄油（也可以用处理下来的牛肉的脂肪），倒入搅好的肉粒煸炒。

3. 另起 1 个锅，放入蒜香调味酱（Sofrito，P249，2 长柄勺），将步骤 2 中炒好的牛肉粒、红酒（1L）、番茄沙司（3 长柄勺）、适量小牛肉汤、香料束（月桂、百里香、迷迭香、洋苏草）倒入锅中。待汤汁沸腾后转小火，煮 2 小时（无需盖锅盖）。汤汁变少了的话，可以适当添些水。

● 最后工序

1. 意式干面下入盐水中煮 5~6 分钟。

2. 煮熟后捞出，拌上博洛尼亚风味肉（1 人份 1 汤勺），拌匀后装盘，撒上帕玛森干酪。

◆ 注意事项

牛肉粒是买了成块的牛肉自己绞的，煸炒时间不宜过长，炒至变色即可。然后按照"红酒炖牛肉"的烹饪方式煮熟。

◆ 小贴士

意式干面和炖鱼肉以及牛肝菌沙司等菇类沙司搭配食用也很美味。

意式扁平面

●意式扁平面的配料

【1人份90g】

00粉（卡普托Caputo公司）	1kg
全蛋	3个
牛奶	300ml
特级初榨橄榄油	约30ml
佩科里诺罗马诺奶酪	50g
盐	1撮
罗勒叶（撕成大片）	适量

※ 做好的意面如果不马上用来烹饪，应该采用过水冷藏法保存，先在热水（不加盐）中煮10秒钟左右，沥净水分后用特级初榨橄榄油拌匀冷藏，否则容易粘到一起（P38）。

●红辣椒意式扁平面的配料

【1人份40g】

高筋面粉（东京制粉 <Super Manaslu>)	400g
红灯笼辣椒末（加本 GABAN 公司）	20g
红辣椒末（纳伊尔 NAIR 公司 <南蛮粉>）	5g
全蛋	1.7个（100g）
牛奶	100ml
佩科里诺罗马诺奶酪	100g
猪油（化开）	20g

#011
贝类海鲜意式扁平面

杉原一祯

●意式扁平面

1. 将和面需要的所有材料倒入面盆中和成面团。用保鲜膜将面团包好后放入冰箱中醒2小时。

2. 用面条机将面坯压成厚约2mm的面片，再切成宽8mm、长15cm的面条。

●贝壳海鲜沙司

1. 用水将带壳的贻贝、菲律宾哈仔、江户布目蛤、竹蛏4种贝类（约200g，1人份）冲洗干净，将除贻贝之外的所有贝类浸泡在盐水中吐净泥沙。

2. 锅中热特级初榨橄榄油，倒入拍碎的蒜瓣煸炒，待蒜瓣稍稍变色后倒入意大利香芹末、3种贝类（贻贝、菲律宾哈仔、江户布目蛤）、自己做的瓶装小番茄（P249，2个）、少量面汤、黑胡椒，盖上锅盖煮至贝壳张开。按照贝壳张开的先后顺序依次将其捞出。另起1个锅，用同样方法烹制竹蛏。

3. 将锅中的汤汁过滤出来，重新倒回平底锅中，倒入贝类海鲜。

●最后工序

1. 意式扁平面下盐水中煮3分钟（如

果煮的是过水保存的意面，至意面浮起来即可）。

2. 煮好的意面倒入平底锅中，淋上特级初榨橄榄油，搅拌。由于意式扁平面会在某一瞬间将汤汁全部吸收，所以在此之前要先将火关掉，留出1~2分钟使汤汁和意面充分融合。待汤汁被意面完全吸收后装盘。

3. 撒上意大利香芹末。

※ 竹蛏的品质有好有坏，在烹饪之前要确认是否需要单独处理。

◆注意事项
贝类的种类越多，做出的沙司的味道越是特别。贻贝、菲律宾哈仔必须要有，其他还要放哪些可以由各位自主决定。由于贻贝、菲律宾哈仔中的含盐量很高，正好可以通过其他贝类中和一下。

◆小贴士
贝壳海鲜沙司和意大利细面条（spaghetti）以及意大利扁面条（linguine）搭配也很美味。此外，意式扁平面也可以和蔬菜虾肉沙司搭配食用。

#012
墨鱼汁沙司拌意式扁平面

小池教之

●制作红辣椒意式扁平面

1. 先将小麦粉、红灯笼辣椒末、红辣椒末、佩科里诺罗马诺奶酪混合到一起，然后再倒入剩下的配料，揉成面团。将揉好的面团放入保鲜膜中醒30分钟，然后取出继续揉。重复1遍上述步骤，待面团表面变得光滑后用保鲜膜包好，放入冰箱中醒1晚。

2. 用面条机将醒好的面团压成厚4mm的面片，然后用刀切成宽8mm、长11cm的面条。

●墨鱼汁沙司

1. 金乌贼（4条）去皮，将乌贼板与乌贼须切成与意式扁平面同样长短的长条。

2. 墨囊置于网筛上，挤出墨汁。

3. 锅中热特级初榨橄榄油，放入蒜末（1g）和洋葱末（1个）翻炒，炒出甜味。放入肉末红辣椒酱（Nduja，1汤勺）翻炒，炒出香味和油脂。倒入墨鱼汁（4

条墨鱼的分量）、红酒（1杯）、番茄沙司（1长柄勺），焖2小时左右。

●最后工序

1. 意式扁平面入盐水煮10分钟。

2. 锅中热特级初榨橄榄油，倒入拍碎的蒜瓣煸炒，煸出香味。放入抹了盐的金乌贼肉快速翻炒。翻炒一会儿后挑出金乌贼肉，倒入煮好的意面，添加少量的面汤，调成浓稠的汤汁。将金乌贼肉重新倒回锅中。

3. 装盘。淋上肉末红辣椒酱调制的墨鱼汁沙司（1人份1汤勺），撒上意大利香芹末。

◆注意事项
金乌贼的烹饪时间过长会使肉质变硬，便不适宜和质地比较柔软的意式扁平面搭配食用了，因此翻炒的时间不宜过长。

◆小贴士
红辣椒意式扁平面和猪肉沙司以及羊肉沙司搭配食用也别有一番风味。

意大利宽面片

宽 1cm、长 23cm

意大利宽面片

该意面的形状和意式干面（P64）大体相同，只是稍宽一些，一般为 8~10mm，也有在此基础上再宽 2~3mm 的。此外，意式干面的叫法在发源地艾米利亚－罗马涅大区以及整个意大利都通用，而意大利宽面片（fettuccine）的称法却仅见于罗马一带。而且，意式干面的配料以软质小麦和鸡蛋为主，而意大利宽面片的配料可以是软质小麦或粗面粉，也可以两者混合，可以用水和面，也可以用蛋和面。"fettuccine"有"带子"的意思，是意大利宽面（fettucce，P69）的缩小版。

罗马地区的"带状"长意面

这是每个餐厅必备的一道料理，用鲜奶油、蘑菇、生火腿、青豌豆做成沙司和意大利宽面片拌制而成。日本人对这道料理可以说是十分熟悉，是一种仅仅利用家里的食材就可以做出的沙司，但如果使用的是新鲜的奶油和蘑菇、刚切好的生火腿、当季的青豌豆，那么做出的沙司的味道会更加美味。

#013
Fettuccine ai funghi, prosciutto e piselli
青豆火腿蘑菇沙司拌意大利宽面片

小池教之

意大利长宽面

宽 1.5cm、长 30cm

意大利长宽面

那不勒斯等南部地区的叫法，和罗马地区的意大利宽面片（fettuccine，见上）是同一种意面。是意大利宽面（fettucce，P69）的缩小版（如图所示）。面坯配料有着典型的南部特色，以粗面粉和水为主。但由于只用水和的面坯质地比较绵软，意面之间容易粘连到一块儿，所以本店一般都是将做好的意面先晾 2~3 天，之后再烹饪。这样意面既有手擀面的弹力，又有干面的嚼劲儿。

那不勒斯版意大利宽面片

这是本人在那不勒斯学艺时学到的一道料理，以沙丁鱼、青椒、腌小番茄为主料做成的沙司和意大利长宽面拌制而成。沙丁鱼和微辣的青椒很搭，在当地也常将两者放在一起烹饪。沙丁鱼下锅后要快速翻炒，这样才不会将鱼肉炒碎。而且，由于沙司是由水和油调制而成，鱼肉表面会裹上一层油亮的汤汁，使鱼肉看起来更加美味可口。

#014
Fettuccelle con alici e peperoncini verdi
青椒沙丁鱼沙司拌意大利长宽面

杉原一祯

意大利宽面

意大利宽面

该 面 和 传 统 宽 面 (pappardelle) 的 形 状 相 同 ， 是 最 宽 的 一 种 意 面 。 Fettucce 是 那 不 勒 斯 等 南 部 地 区 的 叫 法 ， 也 可 以 算 是 Fettuccine 和 Fettuccelle 的 语 源 。 和 Fettuccelle 一 样 晾 干 后 食 用 比 较 有 嚼 劲 儿 ， 但 是 如 果 也 是 晾 2~3 天 ， 意 面 会 变 得 更 宽 ， 且 质 地 会 变 硬 ， 所 以 晾 的 天 数 要 短 一 些 。 此 外 ， 为 了 便 于 食 用 ， 这 里 我 们 将 意 面 切 得 短 了 一 些 （ 长 16~18cm ） 。

宽 2cm、长 16~18cm

那不勒斯版传统宽面

在那不勒斯，经常能在餐桌上见到带鱼的身影。将焖熟的带鱼捻成泥做成沙司后和意面拌制而成的这道料理海鲜味十足。传统做法是用带鱼泥拌意大利细面，本店对其进行了改良，用半干的意大利宽面代替意大利细面条，再搭配上带鱼块，使整道料理的口感更浓郁、更富于变化。

带鱼沙司拌意大利宽面

杉原一祯

意大利宽面

做法同上。由于这道料理的沙司风味浓郁，意面可以再稍稍宽一些。

宽 2cm、长 16~18cm

搭配风味浓郁沙司的意大利宽面

这道料理由那不勒斯著名的海鲜料理"金乌贼炖青豌豆"和意面拌制而成。由于乌贼和豌豆两种食材都稍稍带点甜味，所以两者做成的沙司常常给人以口味较清淡的感觉。但实际上通过慢慢炖的烹饪方式做成的沙司，可以使两种食材的味道充分融合在一起，口感香浓。在当地，此沙司可以和许多意面搭配食用，但本人认为半干的意大利宽面无疑是最佳选择。

金乌贼豌豆沙司拌意大利宽面

杉原一祯

意大利宽面片

● 意大利宽面片的配料

【1人份60g】

00 粉（马里诺 Marino 公司）	400g
全蛋	3 个
蛋黄	2 个
水	50ml
盐	4g
特级初榨橄榄油	5ml

#013

青豆火腿蘑菇沙司拌意大利宽面片

● 制作意大利宽面片

1. 用面条机将揉好的面坯压成厚 2mm 的面片，然后用刀切成宽 1cm、长 23cm 的面条。

● 鲜奶油沙司

1. 锅中热等比例的特级初榨橄榄油和黄油，倒入拍碎的蒜瓣煸炒，煸出香味后倒入切碎的生火腿（1 人份为 1/2 根）翻炒片刻，接着放入切成厚片的蘑菇（2 个）继续翻炒。

2. 待所有食材炒熟后倒入鲜奶油（30ml），还可视情况倒入适量面汤或小牛肉汤调整汤汁浓度。

● 最后工序

1. 将意大利宽面片和剥好的青豌豆（1 人份 10 粒）下入盐水中煮 2 分钟。

2. 将煮好的意面和青豌豆捞出后倒入鲜奶油沙司中拌匀，撒上帕玛森干酪，将所有食材拌匀。

3. 装盘，再撒上一层帕玛森干酪。

◆ 注意事项

在制作沙司的时候，放入鲜奶油后不宜用大火。

◆ 小贴士

这道由阿尔弗雷多餐厅（Ristorante Alfredo）发明的黄油奶酪拌面在全世界都很有名。

意大利长宽面

● 意大利长宽面的配料

【1人份90g】

粗面粉（卡普托 Caputo 公司）	200g
水	100ml

※ 在那不勒斯地区可以直接买到干的意大利长宽面。

※ 同样宽的长宽面，如果是用鸡蛋和制的，就无需晾干保存了。因为用蛋和的面比较有韧性，而且煮熟后也很有嚼劲儿。

#014

青椒沙丁鱼沙司拌意大利长宽面

杉原一祯

● 制作意大利长宽面

1. 用面条机将揉好的意面压成厚 3mm 的面片，再用刀将其切成宽 1.5cm、长 30cm 的面条。

2. 将切好的意面置于冰箱的排风口处或葡萄酒窖中 2~3 天，将其晾成半干状态，中间要时不时地将意面翻一下。

● 处理沙丁鱼

1. 将远东拟沙丁鱼（中等大小，1 人份为 3 条）处理好，去掉内脏、鱼头、鱼鳍。用盐腌 2 小时左右。

● 青椒沙司

1. 锅中倒特级初榨橄榄油，放入拍碎的蒜瓣和整个青椒（5 个），用小火煸炒。待炒出香味、青椒变软时，放入对半切开的小番茄（2 个），添少量面汤烧一段时间，至所有食材的味道充分融合。

2. 取出青椒，用厨房专用剪刀将其 2~3 等分剪开，重新放回锅中。

● 最后工序

1. 意大利长宽面下盐水中煮 4~5 分钟。

2. 在面快要煮好之前，将腌制的沙丁鱼倒入调制沙司的锅中，快速翻炒，将鱼肉搅碎。

3. 待沙丁鱼肉炒熟后，倒入煮好的意面、意大利香芹末，将所有食材拌匀。

4. 装盘，再撒上少量意大利香芹末。

◆ 注意事项

在烹制青椒时，最开始要整个烹制，熟了之后再用剪刀剪开。这样青椒籽部分就不会和沙司直接接触，可以充分保留住青椒独特的味道和口感。此外，请各位注意，炒青椒的时候一定要用小火。

◆ 小贴士

意大利长宽面和黑橄榄核桃沙司搭配食用也很美味。

意大利宽面

●意大利宽面的配料

【1 人份 90g】

粗面粉（卡普托 Caputo 公司）…… 200g

水………………………………… 100ml

#015

带鱼沙司拌意大利宽面

杉原一祯

●制作意大利宽面

1. 用面条机将揉好的面坯压成厚 2mm 的面片，再用刀切成宽 2cm、长 16~18cm 的面条。

2. 将切好的意面置于冰箱的排风口处或葡萄酒窖中 36 小时左右，将其晾成半干状态，中间要时不时地将意面翻一下。

●带鱼沙司

1. 将带鱼（1 条，重 700~800g，约 10 人份）切成 3 段，分别为头部、身部、尾部。鱼身部剔掉鱼骨，切成小块。

2. 制作带鱼泥。锅中热特级初榨橄榄油，放入拍碎的蒜瓣煸炒，煸出香味后将头部和尾部直接下入锅中，盖上盖子焖一会儿。待鱼头、鱼尾焖熟之后捞出，剔掉鱼骨，和锅中的汤汁一起用蔬菜过滤

器捻成泥。

3. 锅中热特级初榨橄榄油，放入拍碎的蒜瓣和红辣椒煸炒，煸出香味后放入切成小块的带鱼肉（1 人份约 40g）、番茄沙司（P111，1 汤勺）、少量面汤、意大利香片末、带鱼泥（1 汤勺），将带鱼肉炖熟即可关火。

●最后工序

1. 意大利宽面下盐水中煮 4~6 分钟。

2. 将煮好的意面捞出后倒入制作带鱼沙司的锅中，撒上意大利香芹末，将所有食材搅拌均匀。

3. 装盘，再撒上少量意大利香芹末。

◆小贴士

这道料理中的带鱼沙司的烹饪方法是有所改动的，按照原来的烹饪方法做成的带鱼沙司一般是搭配意大利细面条一起食用的。

●意大利宽面的配料

【1 人份 90g】

粗面粉（卡普托 Caputo 公司）…… 200g

水………………………………… 100ml

#016

金乌贼豌豆沙司拌意大利宽面

杉原一祯

●制作意大利宽面

1. 用面条机将揉好的面坯压成厚 2mm 的面片，再用刀切成宽 2cm、长 16~18cm 的面条。

2. 将切好的意面置于冰箱的排风口处或葡萄酒窖中 36 小时左右，将其晾成半干状态，中间要时不时地将意面翻一下。

●针乌贼豌豆沙司

1. 将金乌贼（1 条 300g 左右的金乌贼够 3 人食用）处理干净。切掉乌贼须，乌贼板切短条形。

2. 青豌豆（意大利产，带豆荚煮，500g）下盐水中煮软，沥净水分。

3. 锅中热特级初榨橄榄油，放入洋葱片（1/4 头）翻炒，待洋葱变软后倒入红酒，翻炒片刻，使酒精挥发。然后倒入切好的金乌贼肉，盖上锅盖焖一会儿，焖至乌贼肉变软。

4. 倒入青豌豆，炖至豌豆熟透酥烂。

●最后工序

1. 意大利宽面下入盐水中煮 4~6 分钟。

2. 另取一锅，倒入煮好的意面、针乌贼豌豆沙司（1 人份 1 汤勺），撒上少量帕玛森干酪，将所有食材搅拌均匀。

3. 装盘，撒上意大利香芹末。

◆注意事项

将青豌豆炖至熟透酥烂，做出的沙司味道才更浓醇，所以一定要多炖一段时间。

◆小贴士

针乌贼豌豆沙司和斜管面（penne）等有嚼劲儿的通心粉搭配食用也十分美味。

拉格耐勒面

宽 2cm、长 22~23cm

拉格耐勒面

将薄片状拉格耐面切成面身稍宽的长面就得到了"拉格耐勒面"，而"laganelle"正为"小拉格耐面（lagane）"之意。意式干面（tagliatelle）就是从"拉格耐勒面"演变而来。顺带提一下，拉格耐面是意大利历史最为悠久的意面之一，在人类饮食文化史上有着举足轻重的地位。因为拉格耐勒面为南意意面，所以面坯原本的配料中只有粗面粉这一种面粉，本人在此基础上加入了同比例的 00 粉，这样做出的意面既软糯又不失弹爽嫩滑。

起源于南意地区的意式干面的原型

即将向各位介绍的这道料理的主要做法是用煮鸡蛋和萨拉米香肠做成番茄沙司，再拌上拉格耐勒面。像是意大利南部嘉年华（Carnevale）时的必备料理千层面（lasagne）的简略版。但是和需要高档的食材以及繁琐的步骤才能做成的千层面不同，烹制这道料理的食材简单易得，仅用普通人家厨房里常备的食材就可以，但是味道却十分可口，又因为放了罗勒等多种调味食材，更是香气扑鼻。

皮卡哥面

宽 2.5cm、长 20cm

板栗粉皮卡哥面

形状和意式干面、传统宽面大体相同，"Picagge"为利古里亚大区的方言，意为"盖家具的布"。因为制作时要先将面坯压成像布一样又大又薄的面片而得名。主要配料为软质小麦粉，也可以加入板栗粉、菠菜等作配料。利古里亚大区和亚平宁山脉相连的山地地区面积广阔，长有大面积的板栗林。在当地，板栗是非常常见的食材，很早以前就被磨成粉用于制作意面和面包。和荞麦粉做出的意面一样，板栗粉做出的意面口感要稍稍粗糙一些。

利古里亚大区特产板栗粉意面

这道料理由板栗粉意面和板栗做成的沙司拌制而成。在利古里亚大区到托斯卡纳大区的广大栗子林中栖息着相当数量的野猪，用野猪肉炖板栗做成沙司搭配板栗粉意面食用，是一道颇具当地特色的料理。世人皆道利古里亚大区有很长的海岸线，海鲜料理的种类很多，殊不知当地亦盛产山珍，用山中食材烹制的料理也不在少数。

#017
Laganelle con uovo sodo e pomodoro
鸡蛋番茄拉格耐勒面

小池教之

#018
Picagge di farina di castagna
al ragù di cinghiale con marroni
野猪肉板栗粉皮卡哥面

小池教之

传统宽面

传统宽面

是最宽的长意面，宽3cm左右。传统做法中面坯的主要配料是软质小麦粉，但最近当地的一些高级餐厅也会掺入少量粗面粉来增加宽面的弹性。这道料理中的意面就是用这种方法制作而成，将高筋面粉和粗面粉以4:1的比例混合，用蛋黄和成面团，有着近似干面的弹性，再用面条机将面坯压得很薄，又增加了面的柔软度。

宽3.5cm、长20cm

#019
Pappardelle al cavolo nero e fagiano
黑甘蓝野鸡肉传统宽面

小池教之

弹性十足的粗面粉传统宽面

这道料理由传统宽面、黑甘蓝、野鸡肉、桑托酒（VIN SANTO，甜酒）以及托斯卡纳州特产的一些食材烹制而成，是一道颇具乡土特色的料理。甜中略苦的黑甘蓝、美味可口的野鸡肉，再配上嚼劲儿十足的传统宽面，整道料理色、香、味俱全，又十分饱腹。

#020
Pappardelle al sugo di cinghiale e funghi porcini
野猪肉牛肝菌传统宽面

传统宽面

将软质小麦粉00粉和粗面粉按4:1的比例混合，用整个鸡蛋和蛋黄一起和制而成。面片比较厚实，也是长意面中最宽的，正因如此，这种面不太便于食用。因此，制作意面的时候，在保证意面宽度和厚度这两大特点的前提下，可以适当缩短意面的长度。

宽2~2.5cm、长18cm

西口大辅

传统宽面与炖肉的结合

托斯卡纳州一道非常常见的意面料理，由传统意面和炖野味拌制而成。当地多丘陵和山地，野味种类十分丰富，味道香浓的炖野味和质地既厚且宽的传统宽面可谓是绝配。这道料理中的沙司就是由托斯卡纳州的野猪肉和红酒、番茄沙司、牛肝菌炖制而成。

拉格耐勒面

●拉格耐勒面的配料

【1 人份 50g】

粗面粉（卡普托 Caputo 公司产）···	250g
00 粉（马里诺 Marino 公司产）······	250g
水············	230ml
盐············	5g

＃017

鸡蛋番茄拉格耐勒面

小池教之

●制作拉格耐勒面

1. 用面条机将揉好的面坯压成厚 3mm 的面片，然后切成宽 2cm、长 22~23cm 的面条。

●鸡蛋番茄沙司

1. 锅中热特级初榨橄榄油，放入拍碎的蒜瓣和红辣椒翻炒。将切成小块的萨拉米香肠（salame di Napoli。那不勒斯地区特产。1 人份 1/2 根）倒入锅中翻炒。然后分别放入番茄沙司（1 长柄勺）、各种调味料末（百里香、迷迭香、马郁兰、洋苏叶、薄荷、月桂）各 1 撮，炒出香味。

2. 放入煮熟的鸡蛋（1/2 个）和罗勒叶（1 片），翻炒所有食材，待将鸡蛋捣碎、炒出罗勒香味后将罗勒叶挑出。

●最后工序

1. 拉格耐勒面下盐水中煮 7~8 分钟。

2. 将煮好的意面倒入做好的鸡蛋番茄沙司中拌匀。

3. 装盘，撒上撕碎的罗勒叶、摆上另一半煮鸡蛋、再撒上南部的佩科里诺奶酪。

◆注意事项

在烹制鸡蛋番茄沙司的时候，蛋黄会吸收一部分水分，所以可以适当增加倒入的番茄沙司的量。

皮卡哥面

●皮卡哥面的配料

【1 人份 50g】

00 粉（马里诺 Marino 公司）········	150g
板栗粉（法国蒂埃瑟兰 France Thiercelin 公司）····················	100g
可可粉············	3g
蛋黄············	3 个
全蛋············	2 个
盐············	3g

※ 板栗粉越细越好。要点是让所有配料充分融合到一起，如果部分面坯上还有花纹样式就要再多揉一会儿，也可以将面坯放入真空包装袋中抽出空气放置一会儿。

※ 由于板栗粉中不含谷蛋白，如果仅用它来和面会面片过薄，给人以软塌塌的感觉，所以最好和小麦粉混合使用。

＃018

野猪肉板栗粉皮卡哥面

小池教之

●制作皮卡哥面

1. 用面条机将揉好的面坯压成厚 2mm 的面片，然后用刀切成宽 2.5cm、长 20cm 的面条。

●炖野猪肉

1. 取野猪肩部到前腿的肉（2kg），切成 2cm 左右的小块，用盐、胡椒、月桂、洋苏叶、迷迭香抓匀腌 1 晚。

2. 煮锅中放入调味蔬菜、月桂、水、猪骨头，煮 3~4 小时后滤出肉汤。

3. 炒锅中热特级初榨橄榄油，倒入野猪肉煎制片刻，待野猪肉表面变为金黄色，倒入蒜香调味酱（Sofrito，P249，2~3 长柄勺）翻炒。然后倒入红酒（1 瓶）、番茄沙司（2 汤勺）、野猪肉汤（2 长柄勺）、黑胡椒碎和杜松子碎。撇净浮沫，盖上锅盖，用小火炖 3 小时左右。

●最后工序

1. 皮卡哥面下盐水中煮 12 分钟。

2. 板栗（1 人份 3 颗）去壳，放入盐水中煮软，捞出沥净水分。

3. 将迷迭香（1 枝）和煮熟的板栗倒入炖野猪肉（1 小长柄勺）的锅中，加热片刻后倒入煮好的意面，搅拌均匀。

4. 装盘，撒上帕玛森干酪。

◆注意事项

由于意面中含有板栗粉，温度降低会使意面变硬，所以要趁热食用。

◆小贴士

在热那亚地区，皮卡哥面最普遍的食用方法是拌上热那亚香蒜酱食用。此外，加入了板栗粉的皮卡哥面拌上核桃松子沙司食用也很美味。

传统宽面

● **传统宽面的配料**

【1 人份 50g】

高筋面粉（东京制粉 <Super Manaslu>）

……………………………………… 300g

粗面粉（得科 De Cecco 公司）……… 75g

蛋黄 …………………………………… 16 个

盐 ……………………………………… 3g

特级初榨橄榄油……………………… 5ml

● **制作传统宽面**

1. 将所有配料都倒入面盆中，和成面团，用擀面杖将其擀成长方形。由于面坯质地比较硬，所以擀的时候要用些力气。

2. 将面片两端重叠压到一起，使整个面片叠成三层，用保鲜膜包上醒 1 小时以上。醒好后将面坯旋转九十度置于面板上摆好（即第一次擀面时为左右的两边，这次朝向前后），再一次将面坯擀成长方形面片，然后再将面坯折成三层放入保鲜膜中醒一段时间。重复 2 次以上步骤，最后用保鲜膜将叠好的面坯包好放入冰箱中醒 1 晚。

3. 用面条机将醒好的面坯压成厚 1mm 的面片，然后用刀切成宽 3.5cm、长 20cm 的面条。

#019
黑甘蓝野鸡肉传统宽面

小池教之

● **黑甘蓝炖野鸡肉**

▽炖黑甘蓝

1. 将黑甘蓝（cavolo nero，500g）横着 4 等分切开。去掉中间的硬芯。

2. 锅中热特级初榨橄榄油，放入蒜末和红辣椒煸炒，煸出香味后放入黑甘蓝（根部的一段）。撒上少量盐翻炒片刻（加盐是为了杀出黑甘蓝中的水分），然后盖上锅盖焖一段时间。待甘蓝变软后倒入剩余的甘蓝，翻炒片刻后同样盖上锅盖焖一段时间。

3. 待后放入的黑甘蓝也变软后，将甘蓝捞出，切成长 3~4cm 的小片，汤汁留起用来制作沙司。

▽炖野鸡肉

1. 取野鸡（1 只）身上的鸡胸肉、鸡翅尖、鸡腿肉部分，剔掉骨头和筋膜，和迷迭香、洋苏叶、百里香、杜松子、蒜瓣、少量桑托酒一起装入真空包装袋中，抽净空气，腌制 1 晚。

2. 红皮洋葱（2 头）、胡萝卜（1/3 个）、香芹（2 根）均切成小块，和蒜末、杜松子、香草束（迷迭香、百里香、洋苏叶）一起倒入锅中，用鸭油或猪肉煸炒，做成调味酱（Sofrito）。

3. 取出腌好的野鸡肉，吸净水分，撒上盐和胡椒粉，切成小块。另起 1 个锅，用鸭油或猪油煸炒野鸡肉，倒入步骤 2 中做好的调味酱（1 长柄勺）翻炒。倒入少量白葡萄酒（1 杯）和野鸡汤（500ml），开锅后撇净浮沫，倒入番茄沙司（长柄勺 1 勺半）和桑托酒（1 杯），小火炖 2 小时左右。如果发现汤汁快要收干了要随时补充水分。

▽制作沙司

1. 将炖熟的黑甘蓝和野鸡搅拌到一起（比例为 4:1）、倒入野鸡汤，稍稍加热一下，使两者味道融合。

2. 放入少量番茄酱以及磨碎的柠檬皮。

● **最后工序**

1. 传统宽面下盐水中煮 3 分钟左右。

2. 将煮好的意面拌上黑甘蓝野鸡肉沙司（1 人份为 1 小长柄勺），撒上佩科里诺罗马诺奶酪、淋上少许特级初榨橄榄油，将所有食材拌匀。

3. 装盘，撒上佩科里诺托斯卡纳羊奶酪（Pecorino Toscano）。

◆ **注意事项**

需要注意的是先将黑甘蓝单独烹饪，这样可以去掉黑甘蓝中的水分，增加甘蓝的风味。焖的时候无需加水，因为甘蓝本身就含有水分。

● **传统宽面的配料**

【1 人份 80g】

00 粉（马里诺 Marino 公司）……… 800g

粗面粉（马里诺 Marino 公司）…… 200g

蛋黄……………………………………… 8 个

全蛋……………………………………… 5 个

纯橄榄油………………………………… 少量

#020
野猪肉牛肝菌传统宽面

西口大辅

● **制作传统宽面**

1. 用面条机将揉好的面坯压成厚 2mm 的面片，再切成宽 2cm、长 18cm 的面条。

● **野猪肉沙司**

1. 取野猪肩胛部到颈部之间的肉（1kg，约 12 人份），切成 1.5cm 的小块，用盐、黑胡椒、中筋面粉拌匀。色拉油煎至金黄色。

2. 锅中放入炒料头（P245,120g）和月桂，开火加热，倒入野猪肉。然后注入红酒（400ml）熬一段时间，将汤汁熬干。然后倒入少量番茄酱、小牛骨汤（500ml）烧开，撇净浮沫。盖上锅盖，小火炖 1 小时 30 分钟。

3. 煮好的肉汤放置一晚，撇掉表面凝固的油脂。

● **处理牛肝菌**

1. 干牛肝菌（15g，约 12 人份）用水泡发，吸净水分后切成碎末，用纯橄榄油炒熟。泡干牛肝菌的水留起备用。

2. 将鲜牛肝菌的菌盖（1 人份约 30g）切成 2cm 的小块，用蒜油炒熟。

● **最后工序**

1. 传统宽面入盐水煮 4~5 分钟。

2. 取适量野猪肉沙司（1 人份约 85g）倒入平底锅中，用鸡汤稀释一下，放入黄油（1 小勺）开火加热片刻。接着倒入处理好的 2 种牛肝菌和少量泡干牛肝菌的水。拌上煮好的传统宽面，撒上意大利香芹、淋上适量特级初榨橄榄油、撒上帕达诺奶酪，将所有食材搅拌均匀。

3. 装盘，撒上黑胡椒和帕达诺奶酪。摆上几片（1 人份 3 片）用削皮器削好的鲜牛肝菌片。

特洛克里面

特洛克里面

用表面带刻槽的擀面杖"torrocolaturo"擀出来的细长意面。这种工具现在多是木质，古代则是用铜和黄铜制作而成。由于刻槽并不是很尖利，所以无法一下子就将面坯直接切开，还需要用手将面条一根根撕下来。和吉他面（P78）的制作原理相似，横截面呈纺锤形。该意面发源于普利亚大区北部的福贾（Foggia）地区，面坯的主要配料为粗面粉和水。

宽 5mm、长 25cm

擀面杖擀出的特洛克里面

这道料理由特洛克里面、芜菁（Cima di rapa）和自家制作的香肠烹制而成。同是普利亚特产的芜菁和特洛克里面无疑非常搭，加上香肠的香味，整道料理虽然菜式简单却美味无比。再配上南部特有的马背奶酪（Caciocavallo），是一道充满南部特色的意面料理。

#021
Troccoli con salsiccia e cime di rapa
香肠芜菁特洛克里面

小池教之

#022
Troccoli con seppie e friarielli di Cercola
金乌贼蔬菜特洛克里面

特洛克里面

用刻槽间距稍窄（约3mm）的"torrocolaturo"（表面带刻槽的擀面杖）在厚1mm的超薄面片上擀制而成的细长型特洛克里面。如果将面片切窄一些（10~15cm），擀的时候力道可以集中一些，能比较容易地将面片切开，但仍不能将其完全切断，所以还是需要用手将面条一根根撕下来。

直径 3mm、长 35cm 左右

金乌贼蔬菜意面

这道料理由金乌贼、西洋菜台（那不勒斯地区的蔬菜）、黑橄榄以及腌刺山柑（盐渍）做成的沙司和特洛克里面拌制而成。发源于普利亚州的特洛克里面最常搭配食用的沙司就是金乌贼番茄沙司，其传统做法是用乌贼肉卷上煮鸡蛋和面包等食材。本人对此进行了小小的改动，将乌贼煮熟，煮汁拌上蔬菜，再搭配绵软可口的特洛克里面食用，3种食材的风味完美融合在一起，口感极佳。

杉原一祯

意大利扁平细面

直径 3mm、长 25cm

全麦面意大利扁平细面

用手摇压面机 bigolaro 压出来长条形意面，面身较粗，很有弹性。此意面为威内托大区特有。面坯的主要配料为全麦面粉、00 粉、鸡蛋，成品参照左图。全麦面粉中包含小麦外层的麸皮，营养价值很高，也有很浓的麦香味。此外，用全麦面粉做出的意面质地比较粗糙，沙司很容易吸附在上面。也有呈白色或黄色的意大利扁平细面，分别是用 00 粉加水或鸡蛋和制而成。

手摇压面机压出的意面

这道料理由毛甲蟹的蟹壳、蟹黄以及内脏烹制而成的汤汁香浓的沙司拌上意大利扁平细面烹制而成。本书中使用的是全麦面意大利扁平面，也可以使用 00 粉和鸡蛋和制而成的意大利扁平面。威尼斯盛产螃蟹，除了毛甲蟹，当地也常使用与毛甲蟹肉质相似的蜘蛛蟹。从某种意义上说，这道由毛甲蟹和意大利扁平面烹制而成的料理颇具威内托大区地域特色。

#023
Bigoli scuri al sugo di granchio
鲜香毛甲蟹全麦面意大利扁平细面

西口大辅

鸡肠面

直径 5mm、长 26cm 左右

鸡肠面

鸡肠面是翁布里亚大区的叫法，和南部地区的（意大利直身面 spaghettoni，P80）、托斯卡纳州的尖头梭面（pici，P81）是同一种意面。面身稍粗，呈圆形、很有嚼劲儿。仿佛为了提醒人们以前生活的艰辛，该意面从不用鸡蛋和面，面坯配料只有软质小麦粉和水，再将和好的面坯在两手中或面板上搓成绳子的形状。左图中所示的就是以 00 粉和水为主材料，用手在面板上揉搓出的成品。

翁布里亚大区手搓面

鸡油菌沙司的烹制方法是先用蒜油煸炒有菌类宝库之称的翁布里亚大区的特产鸡油菌，再放入水果番茄翻炒。鸡油菌在当地是一种非常受欢迎的食材，这次给各位介绍的就是当地传统的烹饪方法。香醇味美的鸡油菌沙司和粗意面搭配食用最佳，这里我们选择搭配同产于翁布里亚大区的鸡肠面，使这道料理充满地域特色。

#024
Strangozzi ai funghi e pomodoro fresco
马郁兰风味香菇番茄鸡肠面

小池教之

特洛克里面

●特洛克里面的配料

【1人份50g】

粗面粉（卡普托 Caputo 公司）…… 300g

盐……………………………………… 3g

水…………………………………140~150ml

※ 工具 "torrocolaturo" 的刻槽宽度从 3mm~1.4cm 不等。本道料理中使用的是宽度为5mm 的型号。

※ 用工具擀面的时候，面片或多或少会被压长一些，考虑到这点，最好不要将面片切得过长。况且，在撕面条的时候面也会被拉长一些。

※ 面坯很容易粘到工具上，所以擀之前最好在面坯上撒上足够多的散面粉。

#021
香肠芜菁特洛克里面

●制作特洛克里面

1. 用擀面杖将揉好的面坯擀成厚 5mm的面片，然后将其切成宽 20cm、长30cm 的长方形。

2. 将长方形面片竖着放置于面板上，工具放在面片底部的边上（靠着操作者的一边），用力向前擀下去。因为工具无法将面片完全切开，面条底部还是连在一起的，所以还需要用手将面条一根根撕下来（具体制作过程参见 P40）。

3. 擀好的意面在室温下放置 30 分钟，晾至半干。

●香肠沙司

1. 锅中热特级初榨橄榄油，放入拍碎的蒜瓣煸炒，煸至蒜瓣变色后将其捞出。倒入自家制作的香肠（P249，1 人份约

50g）翻炒，将香肠搅开。倒入面汤炖一小段时间。

●最后工序

1. 特洛克里面下盐水中煮 10 分钟左右。在捞出前 3~4 分钟放入切好的芜菁叶（1人份 3 根）。

2. 将煮熟的特洛克里面和芜菁叶捞出，拌上香肠沙司、撒上马背奶酪，将所有食材搅拌均匀。

3. 装盘，再撒上一层马背奶酪。

◆注意事项

芜菁叶煮得越软越好，这样才能充分发挥出芜菁叶的香味。

◆小贴士

特洛克里面可以和许多沙司搭配食用，即使是和羊肉番茄沙司搭配食用也很美味。

●特洛克里面的配料

【1人份90g】

粗面粉（卡普托 Caputo 公司）…… 200g

水……………………………………… 100ml

※ 面坯极容易粘在擀面的工具上，所以在擀之前最好在面坯上撒上足够多的干面粉。此外，意面的切口之间也很容易粘到一起，所以保存的时候也要多撒上一些干面粉。

#022
金乌贼蔬菜特洛克里面

杉原一祯

●制作特洛克里面

1. 用擀面杖将揉好的面坯擀成厚 1.5mm的面片，然后将其切成宽 10~15cm、长30cm 的长方形。

2. 将长方形面片竖着放置于面板上，工具放在面片底部的边上（靠着操作者的一边），用力向前擀下去。因为工具无法将面片完全切开，面条底部还是连在一起的，所以还需要用手将面条一根根撕下来（具体制作过程参见 P40）。

●金乌贼西洋菜台沙司

1. 处理食材。将处理好的金乌贼（1 只大约为 4 人份）切成适当大小的块儿，西洋菜台（200g）用盐水焯一下，沥净水分后切段。用水洗净腌刺山柑（盐渍，5g）里的盐分，沥净水分。黑橄榄（12个）去籽。

2. 锅中热特级初榨橄榄油，放入拍碎的蒜瓣煸炒，煸出香味后倒入乌贼肉、意大利香芹末、腌刺山柑，放入少量大粒盐，盖上锅盖焖 10 分钟左右。

3. 乌贼肉变软后倒入西洋菜台和黑橄榄，再焖一段时间。撒上少量盐，将食材搅拌均匀。

●最后工序

1. 特洛克里面下盐水中煮 2 分钟。

2. 另置 1 个锅，分别倒入煮熟的意面、佩科里诺罗马诺奶酪、红辣椒、金乌贼西洋菜台沙司（1 长柄勺为 1 人份），开火加热片刻，并将所有食材搅拌均匀。

3. 装盘，再撒上佩科里诺罗马诺奶酪。

※ 西洋菜台是一种和芜菁属科相近的产自那不勒斯地区的蔬菜。本道料理中使用的西洋菜台是产自九州地区的品种。

◆注意事项

包括特洛克里面在内的一些由粗面粉加水和制而成的意面口感绵软，不宜和细腻的沙司拌制，只有和质地粗糙或本道料理中有许多大块食材的沙司搭配食用才能凸显出意面的风味。

◆小贴士

用花茎甘蓝、鳀鱼、松子做成的沙司拌上特洛克里面，也十分美味可口。

●全麦面意大利扁平面的配料

【1人份80g】

全麦面粉（马里诺 Marino 公司）……	300g
00 粉（马里诺 Marino 公司）………	200g
蛋黄………………………………	8 个
全蛋………………………………	1 个
纯橄榄油…………………………	4ml
温水………………………………	50ml

※ 由于面坯质地比较硬，和面的时候用水将手掌沾湿可以更省劲儿。由于和好的面坯要放入机器中施以强大压力进行压制，所以揉好的面坯即使表面不光滑也没有关系。

#023

鲜香毛甲蟹全麦面意大利扁平细面

西口大辅

●制作意大利扁平面

1. 将面坯揉成筒形，大小粗细以能放入手摇压面机 "bigolaro" 中为宜。取意大利扁平细面专用模具安在压面机上，将筒形面坯装入模具中。

2. 在意面出口下面放 1 个面盆，往里面倒一些粗面粉。转动摇把，压出意面，在 25cm 左右处用刀切断，往落入盆中的意面上扑一些粗面粉（具体操作步骤参见 P41）。

●毛甲蟹沙司

1. 准备 5 只毛甲蟹（约 10 人份）的蟹壳、蟹黄、内脏，将蟹壳敲碎。

2. 锅中热纯橄榄油，放入洋葱末、蒜末、香芹末（各 100g）翻炒，炒出香味后倒入步骤 1 中的食材，用木勺一边敲打一边翻炒。待炒出螃蟹的香味后淋些白酒，放入番茄沙司（150g）、水（7l），将所有食材搅拌均匀，待汤汁沸腾后撇去浮沫，改小火炖近 2 小时。

3. 用滤勺将食材滤出，再炖一小段时间收一收汤汁。

●最后工序

1. 意大利扁平面下盐水中煮 8 分钟。

2. 锅中热纯橄榄油，放入拍碎的蒜瓣煸炒，待蒜瓣变色后将其捞出。倒入毛甲蟹沙司（1 人份约 90g）和少量番茄沙司加热片刻，再倒入少量面汤调节汤汁的浓度。

3. 倒入煮好的意面拌匀，撒上意大利香芹末搅拌均匀。装盘。

※ 冬季可以多做一些毛甲蟹沙司储存起来，用来制作意大利千层面（P156）、带馅煎蛋饼（frittata）、汤料理等。是一种香醇味美、用途广泛的调味佳品。

◆注意事项

烹制毛甲蟹沙司时，如果炖的时间超过 2 小时的话，蟹壳会有苦涩味，所以炖的时间不宜过长。

◆小贴士

全麦面意大利扁平面最常搭配的沙司是鳀鱼洋葱沙司，将油焖洋葱和鳀鱼捣成泥烹制而成。为了突出麦香味，全麦面意大利扁平面和纯酱汁拌制食用最佳。此外，只用 00 粉制成的意大利扁平面适合与鸭肉沙司以及海鲜沙司搭配食用。

●鸡肠面的配料

【1人份50g】

00 粉（莫里尼 Morini 公司）………	500g
水…………………………………	230ml
盐…………………………………	5g

#024

马郁兰风味香菇番茄鸡肠面

小池教之

●制作鸡肠面

1. 取少量面坯置于面板上，用双手搓成直径 5mm、长 26cm 左右的长条。

●鸡油菌沙司

1. 切掉鸡油菌（1 人份 5 个）的菌柄头，用水冲洗干净后置于阳光下晒干，或是用保鲜膜包好置于冰箱排风口处阴干。

2. 锅中热特级初榨橄榄油，放入拍碎的蒜瓣和红辣椒，煸出香味后放入切成条状的腌猪肋条肉（30g）翻炒。

3. 将多余的油倒出去，放入鸡油菌和整枝马郁兰继续翻炒。待所有食材表面都吸附上油脂后淋入少量白酒，锅中汤汁收净后倒入切成大块的水果番茄（2个）继续翻炒。捞出马郁兰。

●最后工序

1. 鸡肠面入盐水煮 10 分钟左右。

2. 将煮好的鸡肠面倒入鸡油菌沙司中，再倒入少量面汤调整汤汁的浓度。

3. 装盘，撒上马郁兰叶和佩科里诺罗马诺奶酪。

◆注意事项

要用水仔细清洗鸡油菌，但是洗完后一定要将其晾干，否则鸡油菌的菌香味就难以充分发挥出来。

◆小贴士

鸡油菌沙司也可以和粗一些的意大利细长面、细条通心粉（bucatini）以及厚一些的意式干面（tagliatelle）搭配食用。

意大利直身面

直径约 3mm、长 25cm 左右

意大利直身面

"大号意大利细面条"之意。干面要比意大利细面条（spaghetti）粗一圈，手擀面要比干面再粗一圈，做法和细乌冬面的做法相同。"spaghettoni"为南部地区的叫法，而和该意面形状相同的鸡肠面（P77）和尖头梭面（pici，P81）均是中部地区的称法。在南部地区，该意面多由粗面粉和水和制而成，成品参见左侧图片。将面坯切成小剂子，双手搓成长条，做成的意面绵软中又带着一股筋道。

蛋黄沙司拌粗意面

撒丁岛有一道非常有特色的料理，先将蛋黄打在面包上，放入烤箱中烤熟，再配上咸鱼子干食用。而即将向各位介绍的这道蛋香海胆咸鱼子干意面料理正是由上述撒丁岛特色料理演变而来，是用蛋黄、咸鱼子干、海胆和意大利直身面烹制而成，有着浓郁的"炭烧海鲜风味"。鸡蛋配上鱼籽，口感浓浓，美味无比，越吃越香，绝对会让你一吃就停不下来。加入海胆主要是为了增加沙司的细滑度，同时也可以提升沙司的海鲜风味。原本是搭配意大利细面条（干面）食用的，但是配上口感绵软的意大利直身面，更能突出蛋黄沙司的美味。

直径约 3mm、长 25cm 左右

意大利直身面

和上述意大利直身面的做法相同。这道料理对意面的粗细要求比较严格，如果太粗，在料理中会过于醒目，降低沙司的存在感；如果太细，意面表面的淀粉会融入沙司中，从而又降低了意面的存在感。本店中使用的是直径为 3mm 的意大利直身面。

意面的粗细需与蘑菇风味相搭

将鲜牛肝菌和蒜末一起炒熟，倒入黄油、帕玛森干酪以及面汤，调成汤汁浓稠的沙司，再拌上意大利直身面，就得到了这道"鲜蘑意大利直身面"。也可以用鲜奶油调制沙司，但是味道过于浓郁，还是用上述食材通过乳化的方式做出的沙司可以更加突出牛肝菌的风味。此外，比起干面，牛肝菌沙司更适宜和手擀面搭配食用。既能充分发挥出牛肝菌的独特的风味，又不失手擀面的存在感。

#025
Spaghettoni alla carbonara di mare
蛋香海胆咸鱼子干意面

杉原一祯

#026
Spaghettoni con porcini freschi
鲜蘑意大利直身面

杉原一祯

尖头梭面

直径 3~5mm、长 30cm

尖头梭面

一种产自托斯卡纳大区锡耶纳的手搓粗意面，来源于方言"appiciare"，意思是"用手搓"。也有的地方把该意面叫做"picci"或"pinci"。尖头梭面的历史可追溯到伊特鲁利亚时代，配料很简单，主要为软质小麦粉、水和盐。由于是用手搓出来的，所以意面的样式也是各样各异，再加上手搓面特有的粗细不均匀以及扭曲的形状，使得尖头梭面有着独特的口感。和意大利直身面（spaghettoni，P81）、鸡肠面（P81）以及翁布里亚大区的新鲜手搓粗面同属一类意面。

"用手搓"出来的意面

尖头梭面的味道比较中性，可以和许多沙司搭配食用，但是味道浓郁一些的沙司更好。即将要向各位介绍的这道料理是先用蒜油炒洋蓟，再撒上大量的托斯卡纳羊奶酪烹制而成。虽然看起来很简单，给人感觉味道清淡，但实际上味道浓郁的洋蓟加上十足的蒜香味，提升了沙司的浓郁风味。

#027
Pici ai carciofi
洋蓟蒜末尖头梭面

小池教之

直径 3~5mm、长 25cm 左右

尖头梭面

本人在意大利学艺时吃过许多次尖头梭面料理，给我留下的一个印象就是，虽然尖头梭面的配料、做法都很简单，但每家店的味道却不尽相同。传统配料中是没有粗面粉的，但最近很多餐厅都会往面坯中加一些粗面粉，使做出来的意面更有嚼劲儿。要向各位介绍的这道料理讲求的是口感绵软，所以就按照原本的做法，只用00粉和面。

蒜香风味的尖头梭面料理

"蒜香味尖头梭面"是尖头梭面料理中比较有代表性的一道料理，在当地的高级餐厅中也经常被顾客点到。虽然在蒜香辣椒沙司（aglio olio e peperoncino）的基础上撒上了一些佩科里诺奶酪，但是"蒜"仍是沙司中的"重头戏"，再拌上番茄酱，这种烹饪方法很受大家欢迎。这里就给大家介绍一下加入了番茄酱的蒜香味尖头梭面的烹饪方法。

#028
Pici all'aglione
蒜香风味尖头梭面

西口大辅

●意大利直身面的配料

【1 人份 100g】

粗面粉（卡普托 Caputo 公司）…… 200g

水…………………………………… 100ml

※ 搓面的时候速度一定要快，否则很容易搓断。无需将面条搓成一样长，有长有短更好。

※ 在面板上搓的话比较容易，无需用太大力气，搓好的意面口感绵软。而用双手手掌搓的话需要稍稍用些力气，但是搓出来的意面很有弹性，口感近似于干面很有嚼劲儿。

♯025

蛋香海胆咸鱼子干意面

杉原一祯

●制作意大利直身面

1. 取少量揉好的面坯放在面板上，用手搓成直径 1cm 左右的长条，用刀切成一段段 2cm 左右的剂子。

2. 将剂子用双手手掌像搓绳子一样搓成直径约 3mm、长 25cm 的长条（具体步骤参见 P40）。

●蛋黄海胆沙司

1. 碗中分别放入蛋黄 1 个（1 人份）、红海胆适量、特级初榨橄榄油 20ml、意大利香芹末、盐、黑胡椒，搅拌均匀。

●最后工序

1. 意大利直身面下盐水中煮 8 分钟。

2. 将煮好的意面捞出，倒入蛋黄海胆沙司中，然后一边往碗里倒入面汤一边搅拌食材，使沙司裹到意面上。因为意面和面汤的温度会使生蛋黄稍稍凝固变得黏稠，这时可以再倒入少量面汤搅拌一下。

3. 装盘，将自己制作的咸鱼子干（P249）刨丝撒在意面上（图片中还摆上了红海胆，起一些装饰作用）。

※ 蛋黄沙司的味道过于浓郁会影响整道料理的风味，所以食材的选择很重要。本店使用的是味道清淡一些的土鸡蛋以及红海胆（濑户内海地区产）。

◆注意事项

不宜直接用火加热蛋黄沙司，利用意大利直身面和面汤的余温即可。搅拌要充分，使沙司和意面充分融合，防止有没熟的蛋黄。

◆小贴士

蛋黄海胆沙司也可以和意大利细面条（干面）拌制食用。但由于意大利细面条的存在感很强，会弱化沙司的存在感，所以可以多吃一些。

●意大利直身面的配料

【1 人份 90g】

粗面粉（卡普托 Caputo 公司）…… 200g

水…………………………………… 100ml

♯026

鲜蘑拌意大利直身面

杉原一祯

●制作意大利直身面

做法同上。

●牛肝菌沙司

1. 将牛肝菌（100g）的菌盖表面冲洗干净，菌柄用水洗净后薄薄地削掉一层外皮。将菌盖和菌柄分别切成拇指大小的块儿。

2. 锅中热特级初榨橄榄油，放入拍碎的蒜瓣煸炒，煸出香味后倒入牛肝菌（1 长柄勺为 1 人份），一边撒盐和黑胡椒一边翻炒。撒上少量意大利香芹末和百里香叶碎末，再倒入少量面汤调节汤汁的浓度。

●最后工序

1. 意大利直身面下盐水中煮 8~9 分钟。

2. 另置 1 个锅，放入煮好的意面、黄油、帕玛森干酪，开火加热，将所有食材搅拌均匀。倒入牛肝菌沙司，边倒入面汤边搅拌食材，搅至汤汁都吸附到意面上。

3. 装盘，撒上少量帕玛森干酪。

◆注意事项

牛肝菌菌盖下面的菌褶中有着很浓的菌香味，清洗菌盖的时候注意不要被水浸湿。夏天刚上市的牛肝菌菌肉紧实，切成小块更容易烹制出香味，再多放一些黄油和沙司来进一步提升菌香味。而入秋后的牛肝菌菌盖完全张开，菌香味更加浓郁的同时也会析出少量黏液，这时候只需简单烹制一下即可。菌盖越大析出的黏液也越多，烹制这样的牛肝菌时最好将其切成大块，否则菌香味会过于浓郁。

◆小贴士

牛肝菌沙司和面身较宽又饱腹的传统宽面搭配食用也很美味。

尖头梭面

●尖头梭面的配料

【1人份 50g】

00 粉（马里诺 Marino 公司）········ 300g

水·················· 140ml

盐·················· 3g

※ 由于意面容易粘在一块，所以意面做好后应将其置于麻布上摆好或撒上干面粉，也可以将其一根根摆到石蜡纸上直接晾干或冷藏。但是，如果想要冷冻保存就无需撒干面粉了，否则煮的时候干面粉会融入面汤中，使面汤变浑浊。

#027

洋蓟蒜末尖头梭面

小池教之

●制作尖头梭面

1. 两手来回揉搓面坯的一端，将其搓成和宽扁豆一样粗细的长条。用刀将其切段，长度和扁豆一样长。

2. 将切好的小段置于面板上，用手来回揉搓，将其搓成细长条（具体步骤参照 P41）。

●洋蓟沙司

1. 处理洋蓟。将洋蓟（1人份1个）上面 1/3~1/2 的部分切掉，剥掉外侧较硬的花萼以及茎部的外皮，然后将其切成两半，并将白色毛絮状物挖掉。放入滴有柠檬汁的水中浸泡一下防止其氧化。沥净水分后，切成半月形。

2. 锅中热特级初榨橄榄油，放入拍碎的蒜瓣（3瓣）和红辣椒（1个）煸炒，煸出浓郁的香味。放入鳀鱼（1片）快速翻炒片刻。

3. 倒入洋蓟快速翻炒，再加入少量面汤调整沙司汤汁的浓度。

●最后工序

1. 尖头梭面下盐水中煮 12 分钟。

2. 煮好的意面捞出倒入洋蓟沙司中，撒上佩科里诺托斯卡纳羊奶酪、淋上少许特级初榨橄榄油，将所有食材搅拌均匀。

3. 装盘，撒上少量佩科里诺托斯卡纳羊奶酪。

◆小贴士

本店也常将猪肉沙司、香肠沙司、蒜香味番茄沙司等其他风味浓郁的沙司和尖头梭面搭配使用。

#028

蒜香风味尖头梭面

西口大辅

●尖头梭面的配料

【1人份 60g】

00 粉（马里诺 Marino 公司）········ 300g

水·················· 120ml

盐·················· 1撮

纯橄榄油·················· 10ml

●制作尖头梭面

1. 将揉好的面坯揪成拇指大小的剂子，放在面板上用手来回揉搓，搓成长条。检查是否有粗细不一的地方，有的话用手在粗的地方来回搓一下，调整意面整体的粗细（具体步骤参照 P41）。

●蒜香味沙司

1. 用特级初榨橄榄油翻炒蒜末（1人份 3g）和红辣椒。待蒜末变色后放入切成块儿的番茄（30g）、番茄沙司（35g），再倒入少量面汤调出汤汁，炖一小会儿，收一收汤汁。

●最后工序

1. 尖头梭面下盐水中煮 8 分钟。

2. 煮好的意面沥净水分后和蒜香味沙司（1人份约 70g）混合搅拌均匀，撒上佩科里诺罗马诺奶酪和盐调味。

3. 装盘。

◆小贴士

"面包粉沙司尖头梭面"也是一道很常见的尖头梭面料理。具体做法是将托斯卡纳面包风干后制成粉，和蒜末以及橄榄油快速翻炒，再拌上尖头梭面。

手卷意粉

直径 7mm、长 16cm 左右

手卷意粉

意为"被卡住喉咙的和尚"。成品面身较粗、质地厚实、又如纸捻般拧在一起，确实给人一种会卡住喉咙的感觉。发源于艾米利亚－罗马涅大区东部的罗马涅地区。当地曾长期处在教皇国的统治下，百姓生活困苦，所以和面时从不使用鸡蛋，配料只有水和面粉，因此"手卷意粉"可以说是"贫困的象征"。虽然艾米利亚－罗马涅大区还有"鸡蛋手擀意面圣地"之称，但指的是处在另一王朝统治下的西部艾米利亚地区，那里的人们生活比较富足，因此会往面坯中加入大量鸡蛋。

纸捻状长意面

内脏沙司的烹制方法是将仔牛的心、牛腰、切成厚片的洋葱以及各种香料一起炒熟，再用腌猪肥肉（lardo）和桑托酒（甜酒）调味。手卷意粉本身口味比较中性，可以和许多沙司搭配食用，但是和风味独特、口感醇香的沙司更搭。

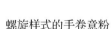

长 16cm 左右

手卷意粉

在上述手卷意粉的基础上再多搓几下，就可以得到我们在高级餐厅中常见的手卷意粉的样式。成品呈螺旋状。

螺旋样式的手卷意粉

罗马地区有一道很有名的意面料理"cacio e pepe"，由佩科里诺奶酪、黑胡椒和意面拌制而成，在此基础上加入蚕豆，就是本人即将要向各位介绍的"奶酪蚕豆手卷意粉"。豆香配上羊奶酪香，做出来的沙司味道醇厚浓香，和嚼劲儿十足的手卷意粉搭配食用十分美味。

#029
Strozzapreti con cuore e rognone di vitello al vin santo
桑托酒风味仔牛内脏手卷意粉

小池教之

#030
Strozzapreti cacio e pepe con fave fresche
奶酪蚕豆手卷意粉

小池教之

奇伦托螺旋面

羊肉豌豆蛋奶奇伦托螺旋面

直径 8mm、长 18~25cm

奇伦托螺旋面

"cellentani"为奇伦托（cilento）风味之意，由于该意面发源于那不勒斯东南部的一个叫奇伦托的地方，遂以"奇伦托"命名。虽然名字中有"螺旋"字眼，但其实该意面并不像长螺旋形意面（fusilli lunghi，P88）以及螺旋通心粉（P238）一般呈螺旋状，只是将毛衣针压入长条形面坯中搓出来的空心筒状。因为产于南部地区，面坯的配料也带有明显的南部特色，只用粗面粉和水和面。成品口感爽滑绵软。

杉原一祯

空心长意面

将小羊肉和青豌豆一起炖熟，再放入蛋液和奶酪拌匀，最后拌上奇伦托螺旋面，这道"小羊肉沙司奇伦托螺旋面"就做好了。这是一道南部地区传统的家庭料理，最初只是将"炖小羊肉"剩余的汤汁拌上意面食用，后来才开始加入其他各式各样的食材。由于青豌豆、鸡蛋、洋葱等食材都带些微甜的味道，容易吃腻，所以这里我们又加入了少量意大利直身面（spaghettoni），使整道料理的口感更富于变化。

●手卷意粉的配料

【1人份50g】

00 粉（莫里尼 Morini 公司）………	300g
盐……………………………………	3g
水…………………………………	135ml

#029

桑托酒风味仔牛内脏手卷意粉

小池教之

●制作手卷意粉

1. 用擀面杖或面条机将揉好的意面擀成或压成厚 1mm 的面片，再切成 8cm×3cm 的长条形。

2. 取 1 片长条形面片置于两手手掌之间，像捻纸捻一样将其搓成细长条。

●仔牛内脏沙司

1. 将仔牛的牛心和牛腰（1人份，各 20g）处理干净。切成适当大小，用盐、胡椒抓匀后腌一段时间。

2. 将自制的腌猪背脂（P249，30g）、迷迭香、洋苏叶、月桂放入研钵中捣成泥。

3. 拍碎的蒜瓣、红辣椒和步骤 2 中捣好的腌猪背脂泥倒入锅中爆炒。炒出香味后倒入切成厚片的洋葱（1/4 个）、月桂、迷迭香，盖上锅盖焖一段时间，焖至食材变色、变软。

4. 锅中热特级初榨橄榄油，开大火快速爆炒牛心和牛肝，然后倒入步骤 3 的锅中，锅边淋上一圈桑托酒，倒入小羊肉汤或面汤调汁，小火将内脏炖熟。

●最后工序

1. 手卷意粉下盐水中煮 10 分钟。

2. 将煮熟的意面沥净水分后倒入内脏沙司中搅拌，撒上帕达诺奶酪，将所有食材搅拌均匀。

3. 装盘，再撒上一层帕达诺奶酪。

◆注意事项

内脏不要炒得过度，否则会有异味，将其快速爆炒一下直接倒入沙司中。

◆小贴士

手卷意粉和传统番茄沙司以及博洛尼亚风味酱（肉糜沙司）搭配食用也很美味。

●手卷意粉的配料

【1人份50g】

00 粉（莫里尼 Morini 公司）………	300g
盐……………………………………	5g
水…………………………………	145~150ml

※ 搓的时候要先从剂子两端搓起，慢慢移向中间部位，这样搓出来的意面不容易变形。
※ 因为手卷意面成螺旋状，煮的时候容易受热不均，最好将面和得软一些。和面的时候可以稍稍多加些水。

#030

奶酪蚕豆手卷意粉

小池教之

●制作手卷意粉

1. 用擀面杖或面条机将揉好的意面擀成或压成厚 1mm 的面片，再切成 8cm×3cm 的长条形。

2. 取 1 片长条形面片，两手分别抻住长条形面片两端，一边向两端拉伸面片一边将面片两端以相反方向拧 2~3 次，将面片放到案板上，双手手掌置于面片上，双手同时用力（一手向上一手向下）再搓几下，搓到面片变为原来的 2 倍长时即可（具体步骤参见 P40）。

●制作沙司

1. 特级初榨橄榄油煸炒拍碎的蒜瓣和马郁兰，煸出香味后将两者捞出。

2. 倒入鸡汤和黄油调成浓稠的汤汁，撒上胡椒。

●最后工序

1. 蚕豆（1人份 8 颗）去壳、剥皮，蚕豆壳可用于提香，留起备用。

2. 手卷意粉下盐水煮 12 分钟左右。煮好前几分钟倒入蚕豆和豆壳，煮好后一起捞出。

3. 将煮好的意面和蚕豆倒入沙司中，依次放入佩科里诺罗马诺奶酪、淋上特级初榨橄榄油，每放入一样食材都要搅拌一次。

4. 装盘。摆上切成薄片的佩科里诺罗马诺奶酪，撒上黑胡椒。

奇伦托螺旋面

●奇伦托螺旋面的配料

【1人份90g】

粗面粉（卡普托 Caputo 公司）…… 200g

水………………………………… 100ml

※ 意面的长度、厚度以及搓卷时的力道都直接影响着意面成品的口感。因此，应当根据沙司的风味做出与其口感相协调的意面。

※ 这道料理中，奇伦托螺旋面和意大利直身面（spaghettoni）的使用比列为 8:2。

＃031
羊肉豌豆蛋奶奇伦托螺旋面

杉原一祯

●制作奇伦托螺旋面

1. 取少量揉好的面坯，用手掌搓成铅笔粗细的长条。然后将其切成长 6~7cm 的小段。

2. 取一小段，将直径 1mm 的铁扦平行放置于面坯上方，用力压入面坯内。轻轻滚动面坯，让其完全包裹住铁扦。然后再来回揉搓几次，将面搓长，取出铁扦（具体操作步骤见 P41）。

●制作意大利直身面

1. 具体操作步骤参考 P82。直径为 3~5mm，为了和奇伦托螺旋面更搭，将其切成 18~25cm 长。

●小羊肉沙司

1. 将小羊肉（带骨羊脖子肉、肋骨肉，1 人份约 120g）切大块，撒上盐、黑胡椒抓匀，腌一段时间。

2. 将特级初榨橄榄油和猪油按 3:1 的比例倒入锅中，开火将猪油化开，倒入小羊肉块，小火翻炒。炒出肉香味后倒入洋葱碎（1 汤勺），盖上锅盖焖一会儿。

3. 将青豌豆（意大利产，分量与小羊肉相同）倒入盐水中煮软，捞出控干。

4. 小羊肉熟的差不多时倒入煮熟的青豌豆，再焖一会儿。焖至青豌豆酥烂时关火，捞出小羊肉，将肉从骨头上剔下来，切成小块，再倒回锅中。

●最后工序

1. 奇伦托螺旋面和意大利直身面下盐水中煮 4 分钟左右。

2. 另起一锅，取适量小羊肉沙司（1 人份 1 长柄勺）倒入锅中加热，接着依次倒入两种意面、黑胡椒、帕玛森干酪、佩科里诺罗马诺奶酪、蛋液（1 人份 4/5 个）。轻轻搅拌所有食材。

3. 装盘，再撒上一层佩科里诺罗马诺奶酪。

◆注意事项

一定要将青豌豆炖至酥烂，可以最大发挥出青豌豆的香味，还可以更好地吸附在意面上。

◆小贴士

奇伦托螺旋面最常搭配的沙司是那不勒斯风味炖肉沙司（P237）。而小羊肉沙司和意大利长宽面（fettuccelle, P68）、细条通心粉（bucatini）、粗通心粉（rigatoni）等质地紧实的意面拌制食用也十分美味。

长螺旋形意面

长螺旋形意面

为"长螺旋"之意。在日本最常见的是短一些的螺旋面，但其实最先出现的是长螺旋意面。做法是将长条形面坯一圈圈缠到细扦上。长螺旋意面在意大利南部非常受欢迎，市面上也可以买到干面。由于该意面呈螺旋状，吃到嘴里后时而绵软时而弹牙，口感富于变化。

直径 3~4mm、长 25cm 左右

细扦子卷出来的长螺旋意面

本道料理中的兔肉沙司是在那不勒斯的海岛城市伊斯基亚当地的主菜——"伊斯基亚风味炖兔肉"的基础上烹制而成。将连骨带头的兔子肉淋上白酒和小番茄一起蒸熟，再把所有肉（包括舌头以及兔脸肉）从骨头上剔下来，撕成条，拌上长螺旋意面。

#032
Fusilli lunghi fatti a mano con coniglio all'ischitana
伊斯基亚风味兔肉长螺旋意面

杉原一祯

长卷意面

长卷意面

"sagne"是南部地区特有的薄片状意面，和"lagane"意思相同。"n'cannulate"是"卷成筒状"的意思，也就是将带状面坯一圈圈缠在细棍上卷成空心的筒形。"sagne n'cannulate"这个名字以及它的做法都是本人在普利亚大区学艺时学到的，其实南部地区还有许多类似样式的意面，只不过在长短以及做法上都有些许差异，所以名字也稍有不同，比如有的就被叫做"busiati"。长卷意面虽然质地厚实，但是口感绵软。

直径 8mm、长 20cm

螺旋状细长意面

将番茄酱和小番茄熬成沙司，再拌上长卷意面，就得到了这道"萨伦托风味番茄芝麻菜长卷意面"。小番茄酸鲜回甜的风味可以更加突出芝麻菜的苦味和奶酪的咸味。长卷意面的烹饪方法各式各样，而这种搭配组合是当地最为常见且最受人们喜爱的。

#033
Sagne n'cannulate ai pomodorini, rucola e cacioricotta
萨伦托风味番茄芝麻菜长卷意面

小池教之

长螺旋意面

●长螺旋意面的配料

【1人份90g】

粗面粉（卡普托 Caputo 公司）…… 200g

水…………………………………… 100ml

※ 在将面坯卷到铁扦上时，如果力度过大，可能导致后面铁扦无法被抽出，所以卷的时候力道要轻。此外，如果两个螺旋之间贴得过近或间隔过大，都会影响成品的美观度。因此在卷的时候应使两个螺旋之间保持稍稍碰触的间距为佳。

意面成品无需长度一致，有长有短最好。

#032

伊斯基亚风味兔肉长螺旋意面

杉原一祯

●制作长螺旋意面

1. 取少量揉好的面坯置于面板上，用手掌搓成直径 2mm 左右、长 35cm 左右的长条形。

2. 将搓好的长条面坯的一端缠到铁扦顶端，为了防止面坯滑落，用力将其粘到铁扦上。慢慢转动铁扦，使面坯以螺旋状卷到铁扦上。

3. 卷完后，反方向转动铁扦，将铁扦抽出。最后成型的意面长约 25cm 左右（具体操作步骤参照 P42）。

●兔肉沙司

1. 将兔肉连头带骨（1 只）剁成 16 大块（约 1.5kg，10 人份）。

2. 炖锅中刷一层特级初榨橄榄油，然后放入兔肉、小番茄（罐装，300g）、拍碎的蒜瓣、红辣椒、罗勒叶、百里香、迷迭香、白酒（80ml）、大粒盐。盖上

锅盖炖 40 分钟左右。炖至能用竹签将兔肉插透即可。

3. 捞出兔肉，将兔肉从骨头上撕下来(包括舌头和兔脸肉)，再将兔肉重新倒回炖锅中。

●最后工序

1. 长螺旋意面下盐水中煮 6 分钟左右。

2. 开火温热一下兔肉沙司，同时将兔肉再煮烂一些。待意面煮好后将其捞出，沥净水分，倒入兔肉沙司中，搅拌均匀。

3. 装盘，撒上一层佩科里诺罗马诺奶酪。

◆注意事项

在密闭状态下炖连骨带头的兔肉可以最大限度地锁住肉香味。但注意不要将肉炖柴。

◆小贴士

长螺旋意面和香肠沙司拌到一起食用也十分美味。

长卷意面

●长卷意面的配料

【1人份50g】

粗面粉（得科 De Cecco 公司）…… 250g

00 粉（卡普托 Caputo 公司）…… 250g

水…………………………………… 230ml

盐…………………………………… 5g

※ 要将面坯和得光滑且有韧性，这样面坯才很好的卷在细棍上。做好后稍稍风干一下，煮出的面才不会变形。

#033

萨伦托风味番茄芝麻菜长卷意面

小池教之

●制作长卷意面

1. 用面条机将揉好的意面压成厚 3mm 的面片。再切成宽 1.5cm、长 18cm 的长条。

2. 取 1 根直径 4mm 的细棍，细棍表面搓上一层干面粉。切好的长条形面坯横放于面板上，将细棍的顶端置于面片的右端，细棍稍稍向右上方倾斜。将面片右端多出来的部分卷到长棍上，接着滚动长棍，使面片成螺旋状均匀卷到长棍上。卷的时候可以轻轻压一压面坯，有利于定型。

3. 面坯全部卷完后，慢慢转动长棍，从卷好的意面中抽出长棍（具体操作步骤参照 P39）。

●小番茄沙司

1. 锅中热特级初榨橄榄油，放入拍碎的蒜瓣煸炒，煸出香味后将蒜瓣捞出。

倒入对半切开的小番茄（1 人份为 8 个）和番茄沙司（1 汤勺）翻炒，撒盐。

●最后工序

1. 长卷意面下盐水煮 5 分钟。

2. 意面煮熟后捞出，倒入小番茄沙司中搅拌，依次放入切成小段的芝麻菜、佩科里诺罗马诺奶酪，将所有食材搅拌均匀。开火稍稍加热一下。

3. 装盘，再撒上切好的芝麻菜、削成细条形的卡丘里科塔奶酪（Cacioricotta，普利亚区产的半硬制牛奶酪）。

◆注意事项

小番茄和芝麻菜的加热时间都不宜过长，这样才可以保住食材的新鲜感。在当地，还有一种烹饪方法也很受欢迎，就是不加热直接和意面拌制。

◆小贴士

长卷意面和海鲜类沙司拌制食用也十分美味。

LE PASTE FRESCHE CORTE

第四章

手工通心粉

意大利水管面

直径 8mm、长 3~4cm

意大利水管面（手动压面器制）
在中世纪以前，"maccheroni"是所有的意面的统称，无论长短、是否空心，而现在则特指空心的短意面。左图中就是利用手摇压面机"bigolaro"（也叫 torchio）做出来的意大利水管面的成品，此手摇压面机也可以用来制作意大利扁平细面（bigoli，P77）。工具配上中间开孔的模具，绞出长条形意面，再用刀将其切成小段即可。用"bigolaro"压出的意面质地紧实、很有弹性，口感也很好。面坯的配料主要为 00 粉、粗面粉、鸡蛋等。

质地厚实且有嚼劲儿的意大利水管面

即将向各位介绍的这道料理由红酒炖野鸭沙司拌上意大利水管面烹制而成。野鸭的鸭血量多，肉质弹嫩，野鸭沙司更是鲜香味美、风味十足，和质地厚实、有嚼劲儿的意大利水管面搭配食用十分美味。这道料理需要食客细品尝，越品越能品出意面和野鸭沙司融合到一起生成的独特美味。

034
Maccheroni al torchio
con sugo di germano reale e tartufo nero

黑松露野鸭肉意大利水管面

西口大辅

珍珠鸡腿肉夹心面饼

西口大辅

直径 5mm、长 3cm

意大利水管面（全自动压面器制）
这道料理中使用的是小型电动压面机绞出来的意大利水管面（通心粉）。将中间开孔的模具安在机器上，将面坯放入模具中绞出长条形空心意面，再用刀将其切成小段，意大利水管面就做好了。模具可以使用制作细条通心粉（bucatini）的模具。由于此意面常用来烹制常温食用以及冷却食用的意面料理，为了防止意面凉后变硬，和面时要多放一些蛋黄。

微波炉烤意大利水管面

夹心圆饼（timballo）是一种将通心粉和米饭夹在面包糠中间烹制而成的圆形料理。由于形状和一种乐器——定音鼓（timpani）十分相似，故得此名。传统做法是将意面拌上肉糜沙司和贝夏美沙司（béchamel）做夹心，而这里我们尝试一种更简单一些的做法，只用黄油和奶酪拌制意大利水管面，将拌好的意面倒入涂了面包糠的模具中压成圆饼，装盘时再浇上珍珠鸡鸡腿肉沙司。这道料理适合常温食用。

马克龙其尼面

#036
Maccheroncini al torchio
con asparagi bianchi e cannolicchi

白芦笋竹蛏马克龙其尼面

西口大辅

马克龙其尼面（torchio，手动压面器制）

短一些的意大利水管面（通心面）。和左页上半部分的意大利水管面一样，面坯主要配料为00粉、粗面粉、鸡蛋，并且是用手摇压面机"bigolaro"压制而成，只是最后切的时候长度要再短一些。

直径 8mm、长 2cm

沙拉风味马克龙其尼面料理

将切成和马克龙其尼面相同大小的白芦笋和竹蛏炒熟，拌上马克龙其尼面，就做成了这道沙拉风味的意面料理。虽然不是传统料理，但是使用了威内托大区特有的食材，也是本店的特色菜。一般来说，沙司中如果有成块的食材便很难吸附在意面上，味道也很难融合到一起，但是我们可以通过调整食材的长短以及在口感搭配上下功夫，烹制出一道别具特色的料理。

#037
Insalata di maccheroncini con petto di faraona

珍珠鸡肉马克龙其尼面沙拉

马克龙其尼面（全自动压面器制）

比左页下半部分的意大利水管面再短一些。由于这道料理也是常温食用，所以面坯配料中蛋黄的比例也要稍多一些。

直径 5mm、长 1.8cm

珍珠鸡蔬菜意面沙拉

将煮熟的珍珠鸡鸡胸脯肉和番茄、小萝卜（Radish）、绿皮西葫芦等蔬菜切成和马克龙其尼面同样长度的小段，拌上冷却了的马克龙其尼面做成的沙拉。和意大利传统料理意大利沙拉米饭（insalata di riso）的性质相同。还可以再淋上少许柠檬汁和橄榄油，来突出肉的清香和蔬菜的新鲜。

西口大辅

● 意大利水管面的配料

【1 人份 70g】

00 粉（马里诺 Marino 公司）……… 400g

粗面粉（马里诺 Marino 公司）…… 100g

蛋黄…………………………………… 4 个

全蛋………………………………… 2.5 个

纯橄榄油………………………………少量

盐………………………………………少量

＃034
黑松露野鸭肉意大利水管面

西口大辅

● 制作意大利水管面

1. 将制作意大利水管面需要用的模具安到手摇压面机 "bigolaro" 上。将揉好的面坯放入模具中，摇动把手绞出意面。用刀将其切成 3~4cm 长的小段。

● 野鸭肉沙司

1. 干牛肝菌（15g）用水泡 1 晚。将泡发的牛肝菌捞出后沥净水分，切成碎末，用黄油炒熟。泡牛肝菌的水留起备用。

2. 将野鸭（1 只，约 1kg）的鸭腿肉和鸭胸脯肉切成小块，撒上盐、黑胡椒、中筋面粉拌匀，用纯橄榄油炒熟。

3. 另置 1 个锅，将炒料头（Sofrito，P245，50g）和野鸭肉倒入锅中，往步骤 2 中的炒锅中倒入少量红酒，开火加热一下，使锅内炒肉时炒出的炒汁融化。

然后将化开的炒汁倒入野鸭肉锅中。再倒入红酒（200ml）翻炒，待红酒中的酒精挥发后，倒入炒好的牛肝菌和泡干牛肝菌的水（150ml）、番茄酱（25g）、鸡汤（500ml），炖近 2 小时。将做好的沙司放入冰箱中搁置 1 晚。

● 最后工序

1. 意大利水管面下盐水中煮 12 分钟左右。

2. 去掉野鸭肉汤表面凝固的油脂，取适量（1 人份约 70g）倒入锅中。再倒入少量鸡汤，开火加热，放入黄油。拌上意大利水管面。

3. 装盘，摆上几片切成薄片的黑松露，撒上意大利香芹末。

● 意大利水管面的配料

【1 人份 50g】

00 粉（马里诺 Marino 公司）……… 400g

粗面粉（马里诺 Marino 公司）…… 100g

蛋黄…………………………………… 8 个

全蛋…………………………………… 2 个

纯橄榄油………………………………少量

盐………………………………………少量

＃035
珍珠鸡腿肉夹心面饼

西口大辅

● 制作意大利水管面

1. 将制作细条通心粉（bucatini）时用的模具（直径 5mm）安在小型压面机上，揉好的面坯放入模具中，压出长条空心意面，用刀将其切成 3cm 的短意面。

● 制作夹心圆饼

1. 意大利水管面（50g）下盐水中煮 10 分钟。

2. 意面煮熟后将其捞出，沥净水分，趁热拌上黄油和奶酪。

3. 圆形模具 "cocotte"（直径 7cm、高 2.5cm）底部涂一层黄油，撒上面包糠，将步骤 2 中拌好的意面塞入模具中压实。放入 180℃ 的微波炉中烤近 20 分钟。

4. 烤好后取出，常温下冷却。

● 珍珠鸡沙司

1. 珍珠鸡鸡腿肉（带骨 200g）切成小块，撒上盐、黑胡椒、中筋面粉拌匀。用纯橄榄油炒熟。

2. 另置 1 个锅，将炒料头（Sofrito，P245，25g）和炒好的珍珠鸡肉倒入锅中，往步骤 1 的炒锅中倒入少量红酒，开火

加热一下，将锅内炒肉时炒出的烧汁融化。化开的烧汁倒入珍珠鸡肉锅中。接着放入月桂（1 枝）、红酒（70ml）翻炒，待红酒中的酒精挥发后，倒入番茄酱（10g）、鸡汤（100ml），煮近 1 小时。中途要不时观察一下锅中的汤汁，快煮干时要及时添加鸡汤。将做好的沙司放入冰箱中搁置 1 晚。

● 最后工序

1. 取适量珍珠鸡沙司（1 人份约 70ml）倒入锅中。加入少量鸡汤和番茄沙司，开火加热，放入黄油。

2. 将夹心圆饼从模具中取出，底面朝上置于餐盘中。浇上珍珠鸡沙司，摆上 1 片意大利香芹叶子起装饰作用。

◆ 小贴士

夹心圆饼中夹的通常是戒指形状的圆圈面（anellini）。此外，如果夹心是由意面和沙司拌制而成，最后装盘的时候就无需再配沙司了。

马克龙其尼面

● 马克龙其尼面的配料

【1 人份 70g】

00 粉（马里诺 Marino 公司）………	400g
粗面粉（马里诺 Marino 公司）………	100g
蛋黄………………………………………	4 个
全蛋………………………………………	2.5 个
纯橄榄油…………………………………	少量
盐…………………………………………	少量

#036

白芦笋竹蛏马克龙其尼面

西口大辅

● 制作马克龙其尼面

1. 将制作意大利水管面需要用的模具安到手摇压面机"bigolaro"上。将揉好的面坯放入模具中，摇动把手绞出意面。用刀将其切成长 2cm 的小段。

● 白芦笋竹蛏沙司

1. 取少量中筋面粉，倒入白酒醋，搅成面糊。用滤勺一边过滤一边倒入沸水中。白芦笋去皮（1 人份 1 根），放入锅中，待水再次沸腾后将其捞出过冰水，然后用厨房专用纸巾吸净水分，切成和马克龙其尼面同样长度（2cm）的小段。

2. 锅中热纯橄榄油，放入带壳竹蛏（2 个）和拍碎的蒜瓣翻炒。淋入少量白酒，盖上锅盖焖一段时间，焖至竹蛏壳张开即可。取出蛏肉，去掉内脏，将其切成和马克龙其尼面同样长度（约 3 等分）的小段。

3. 将煮竹蛏的汤汁和纯橄榄油倒入平底锅中加热片刻，然后依次放入白芦笋、竹蛏肉、马郁兰碎和意大利香芹碎。

● 最后工序

1. 马克龙其尼面下盐水中煮 12 分钟。

2. 将白芦笋竹蛏沙司（1 人份约 80ml）热一热，然后拌上煮好的马克龙其尼面。

3. 装盘，淋上少许特级初榨橄榄油。

● 马克龙其尼面的配料

【1 人份 70g】

00 粉（马里诺 Marino 公司）………	400g
粗面粉（马里诺 Marino 公司）………	100g
蛋黄………………………………………	8 个
全蛋………………………………………	2 个
纯橄榄油…………………………………	少量
盐…………………………………………	少量

#037

珍珠鸡肉马克龙其尼面沙拉

西口大辅

● 制作马克龙其尼面

1. 将制作细条通心粉（bucatini）时用的模具（直径 5mm）安在小型压面机上，揉好的面坯放入模具中，压出长条空心意面，用刀将其切成 1.5cm 左右的短意面。

● 珍珠鸡和蔬菜

1. 将珍珠鸡胸脯部位的肉皮（1 只）剥下来，撒上盐和黑胡椒。平底锅涂一层色拉油，肉皮下锅煎至两面酥脆。然后将其切成小块。

2. 将珍珠鸡胸脯肉（1 只）对半切开。取适量珍珠鸡汤倒入锅中加热，如汤汁没有咸味要放些盐。开锅后关火，将珍珠鸡肉倒入锅中，用汤的余温将珍珠鸡肉焖熟。然后将其捞出冷却，切成 1cm 的小块。

3. 将绿皮西葫芦切成 7mm 的小块和青豌豆一起倒入盐水中煮熟。将香芹、小萝卜、用热水烫后去皮的番茄、腌黄瓜全部切成 7mm 的小块。将所有食材在常温下放置一段时间，使其冷却（蔬菜各适量）。

● 最后工序

1. 马克龙其尼面下盐水中煮 8 分钟左右。用特级初榨橄榄油拌匀，冷却到常温。

2. 拌上珍珠鸡胸脯肉以及各种蔬菜，撒上盐、黑胡椒，淋上特级初榨橄榄油、柠檬汁，将所有食材搅拌均匀。

3. 装盘，摆上煎好的珍珠鸡鸡皮，撒上意大利香芹碎。

◆ 小贴士

除了马克龙其尼面，还可以使用煮软后切成小块的螺旋面（fusilli）和斜管面（penne）。

小指面

直径 5mm、长 1cm

小指面（全自动压面器制）

"pastina"即"小型意面"，是所有主要用于做汤的小型意面的总称。其中包含的意面样式多种多样，每种意面的名称也各不相同。大多数的"pastina"都很有弹性。这道料理中我们使用的意面是"小指面"，小指面的配方和做法与意大利水管面（maccheroni，P92）以及马克龙其尼面（maccheroncini，P93）基本相同，同样是将蛋黄比例稍大的面坯放入小型压面机中绞出长条形空心意面，再用刀切成小段。

小指面鹰嘴豆汤

这道汤以鹰嘴豆糊为基础烹制而来。鹰嘴豆汤是在过万圣节（Festa dei morti，11 月 2 日，亦称死人节）时必须要吃的一道料理。将煮熟的八带鱼切成和鹰嘴豆同样大小，再拌上同样大小的意面、鹰嘴豆，就做成了这道色、香、味俱佳的"鹰嘴豆八带鱼意面汤"。

038
Zuppa di ceci al rosmarino con pastina e piovra

鹰嘴豆八带鱼意面汤

西口大辅

意大利水管面

直径 1cm 多、长 7~8cm

手工意大利水管面

这是通过将最初的手工意大利水管面（通心粉）的面片卷到毛线针上卷制而成。面片的厚度、长度以及毛线针粗细的不同都会影响意面的口感，操作者可以根据自己的需要做出不同的样式。在我看来，意大利水管面与手工帕克里面（paccheri，P100~101）属于同一类型的中空通心粉，也可以说，将帕克里面做的更细更长一些就是意大利水管面。但是又不能过细，否则很容易吃腻，所以面身要稍粗一些，中空部分也要粗一些。

弹性十足的意大利水管面

这道料理是用乳鸽沙司拌意大利水管面烹制而成。先将乳鸽整只炖熟，再将鸽肉撕下做成沙司。正如意大利水管面干面质地厚实、弹性十足，与其搭配的沙司无需过多的水分和油脂一样，手擀意大利水管面本身也很有弹性，所以乳鸽沙司中最好也不要有太多水分。虽然沙司很难均匀地吸附到意面上，但这样才能使整道料理的口感更富于变化。

039
Maccheroni fatti a mano con piccione al vino rosso e tartufo

红酒焖乳鸽意大利水管面

杉原一祯

水管卷面

直径 7mm、长 5cm

水管卷面

为意大利水管面（通心面）的一种，主要配料为粗面粉，多见于撒丁岛州，是将毛线针压入条状面坯中揉搓而成的管状意面。以前主要用于祭祀，现今已成为每家餐桌上都会出现的意面。市面上也有干面出售，一般长 7~8cm。在本道料理中，为了和金乌贼在长度上更搭，将意面的长度缩短为 5cm。在中南部地区还有一种和水管卷面做法相同，但叫法不同的意面——意大利水管面（maccheroni）。

撒丁岛的意大利水管面

本道料理是由水管卷面、金乌贼、黑橄榄酱、小番茄炒制而成的撒丁岛州料理。黑橄榄酱可以自己做，材料包括黑橄榄、腌刺山柑、牛至、蒜油以及薄荷，风味独特，充满了浓郁的撒丁岛特色。金乌贼切条，再配上长短一致样式相同的水管卷面，整道料理看起来色、香、味俱佳。

040
Maccarrones de busa con le seppie e olive

金乌贼橄榄酱水管卷面

小池教之

费力亚面

长 15cm 左右、宽 0.8~1cm

费力亚面

卡拉布里亚州南部的传统意面，为意大利水管面（通心面）的一种。关于"fileja"这个名字的来源众说纷纭，其中最有说服力的说法是该意面得名于它的制作工具。据说，当地是用一种叫"fileja"的细棍来制作这种意面的。在当地，面坯的主要配料是粗面粉，而本店是将粗面粉和低筋面粉以同等比例混合使用。此外，本店使用的工具也不是细棍，而是抹刀，不仅效率高，而且搓出来的弧度也很自然，绝对不输于用传统做法做出的意面。

卡拉布里亚州南部的意大利水管面

费力亚面可以和许多沙司搭配食用，但是最受欢迎的还是香肠红辣椒番茄沙司。这种沙司发源于卡拉布里亚州南部的一个小村子。沙司中灌肠的做法是将猪肥肉、猪内脏和大量红辣椒拌匀，灌入肠衣中。此外，沙司中还使用了"特罗佩阿"地区的特产红洋葱以及卡拉布里亚州产的奶酪。几乎所有的食材都来自卡拉布里亚州，是一道地域气息浓郁的意面料理。

041
Fileja con cipolle rosse di Tropea e n'duja

特罗佩阿风味洋葱肉末辣酱费力亚面

小池教之

小指面

＃038

鹰嘴豆八带鱼意面汤

西口大辅

● 小指面的配料

【1人份60g】

00粉（马里诺 Marino 公司）········	400g
粗面粉（马里诺 Marino 公司）······	100g
蛋黄··	8个
全蛋··	2个
纯橄榄油·····································	少量
盐···	少量

● 制作小指面

1. 将制作细条通心粉（bucatini）时用的模具（直径5mm）安在小型压面机上，揉好的面坯放入模具中，压出长条空心意面，用刀将其切成1cm左右的短意面。

● 烹制鹰嘴豆泥

1. 提前将鹰嘴豆（300g）在水中泡1晚。

2. 将鹰嘴豆捞出后沥净水分，倒入锅中，注入适量水，放入带皮拍碎的蒜瓣、月桂、大粒盐，煮至沸腾。撇净浮沫，改小火煮40~50分钟，将鹰嘴豆煮软。

3. 用滤勺滤出煮汁，锅中留一半鹰嘴豆，再倒入少量煮汁，用手动搅拌机搅成泥。剩下的一半鹰嘴豆留起备用。

● 八带鱼

1. 八带鱼（1只）入水中煮60~70分钟。

2. 趁热将八带鱼的头部和硬腭部分切掉，用刀将八带鱼爪竖着切成两半，小刀削掉吸盘，然后切成2cm长的小段。

● 迷迭香油

1. 锅中倒入特级初榨橄榄油，然后放入带皮拍碎的蒜瓣、迷迭香，开火翻炒2分钟左右，炒出香味。

2. 将食材滤出，得到迷迭香油。

● 最后工序

1. 小指面下盐水中煮10分钟左右。

2. 取少量鹰嘴豆泥（1人份约200ml）放入锅中，再倒入少量鸡汤搅匀。接着倒入迷迭香油（1小勺）、八带鱼（30g）以及煮熟的鹰嘴豆（10粒）。

3. 拌上煮好的小指面，将所有食材搅拌均匀。

4. 装盘，淋上一圈特级初榨橄榄油。

◆ 小贴士

当然，也可以用从市面上买来的干面（用于做汤的小型意面）做这道料理。

意大利水管面

＃039

红酒焖乳鸽拌意大利水管面

杉原一祯

● 意大利水管面的配料

【1人份80g】

粗面粉（卡普托 Caputo 公司）······	200g
水···	100ml

● 制作意大利水管面

1. 用擀面杖将揉好的面坯擀成厚2mm的面片，然后切成6cm×3cm的长方形。

2. 准备1根直径5mm的毛线针置于长方形面片上，方向和面片平行。将面片卷在毛线针上，来回滚动毛线针，将面片压薄，特别是面片重合的部位（具体操作步骤请参照P48）。

● 红酒炖乳鸽

1. 取出乳鸽（1只约4人份）的内脏，将鸽肝、鸽心、鸽胗处理干净后再放回鸽肚中。乳鸽的整个表面撒上一层盐和黑胡椒。

2. 大葱（1/2棵）切片，用特级初榨橄榄油翻炒，炒至七成熟时放入乳鸽，将鸽皮煎酥、煎出香味后倒入红酒

（700ml），烧10分钟左右。

3. 乳鸽烧软后将其捞出、去骨，鸽肉撕开、内脏切成小块，再放回锅中。

● 最后工序

1. 意大利水管面下盐水中煮2~3分钟。

2. 取适量红酒炖乳鸽（1人份约80g），拌上黄油、帕玛森干酪和煮好的意面，将所有食材搅拌均匀。

3. 装盘，撒上帕玛森干酪和黑松露薄片。

◆ 小贴士

意大利水管面与虾肉豌豆粒沙司以及蘑菇沙司等各式各样的沙司搭配食用都很美味。

● 水管卷面的配料

【1人份50g】

粗面粉（雪和食品公司）	175g
00 粉（马里诺 Marino 公司）	175g
温水	125ml
盐	3g

※ 粗面粉要选用颗粒稍大一些的类型，这样做出来的意面很有嚼劲儿。此外，因为又放入了同等比例的 00 粉，所以还比较有弹性。

※ 在将毛线针压入面坯中的时候，如果将毛线针以和面坯平行的方向横着压入，那么做出的就是封闭的管状意面，如果将毛线针以稍稍倾斜的角度压进面坯，就可以得到半开口意面。各位在制作的时候可以随心选择任何一种方法。

＃040
金乌贼橄榄酱水管卷面

小池教之

● 制作水管卷面

1. 取少量揉好的面坯，搓成 5~6mm 的长条。再将其切成 5cm 左右的小段。

2. 将切好的面坯横着摆好，准备 1 根直径为 5mm 的毛线针置于面坯上，然后将其轻轻压进面坯中。

3. 来回滚动毛线针，使面坯卷在毛线针上。卷成卷儿后将毛线针抽出（具体操作步骤请参照 P47）。

● 黑橄榄酱

1. 黑橄榄（100g）去籽，在水中泡大半日。待盐分泡的差不多后将其捞出，沥净水分。

2. 锅中热特级初榨橄榄油，放入拍碎的蒜瓣煸炒，待煸出香味后依次放入鳀鱼（2 片）、黑橄榄、腌刺山柑碎（1 汤勺）、牛至（干的）翻炒。

3. 挑出蒜瓣，剩下的食材稍稍冷却后用搅拌机中打成泥。

● 金乌贼沙司

1. 金乌贼（1 人份大约为 1/2 个小金乌贼）去皮，切成和水管卷面同样长的长条。

2. 锅中热特级初榨橄榄油，放入拍碎的蒜瓣和红辣椒煸炒，煸出香味后倒入切好的金乌贼快速翻炒。放入黑橄榄酱（1 汤勺）、少量面汤、几片薄荷叶，翻炒片刻后烧一小段时间。

● 最后工序

1. 水管卷面下盐水中煮 5 分钟左右。

2. 煮好的意面捞出，倒入金乌贼沙司中，放入对半切开的小番茄（1 人份 6~7 个），煮一段时间，煮至小番茄中的汁液融入沙司中、吸附到意面里。淋入少量特级初榨橄榄油。

3. 装盘，装饰上薄荷叶。

● 费力亚面的配料

【1人份50g】

粗面粉（卡普托 Caputo 公司）	250g
00 粉（卡普托 Caputo 公司）	250g
水	220~230ml
盐	5g

＃041
特罗佩阿风味洋葱肉末辣酱费力亚面

小池教之

● 制作费力亚面

1. 取少量揉好的面坯，搓成直径 6mm 的长条。再将其切成 8~9cm 的小段。

2. 将切好的面坯横着摆好，将抹刀（也可以利用菜刀刀刃的中间部位）斜着放到面坯上，让刀身向右下角倾斜，刀身右侧稍露出一点面坯。慢慢将刀向左前方搓动，将意面搓成卷（具体步骤请参照 P47）。

● 辣椒番茄沙司

1. 锅中热特级初榨橄榄油，放入拍碎的蒜瓣煸炒，煸出香味后倒入切成细丝（1 人份 20g）的红辣椒腌猪肋条肉（涂满红辣椒末的腌猪肋条肉。市面上可以买到成品）翻炒片刻。将炒出来的多余油脂倒出。

2. 接着放入切薄片的特罗佩阿产的红洋葱（1/6 个）继续翻炒，洋葱变软后倒入肉末红辣椒酱（NDUJA，1/3 汤勺）。

将辣椒酱炒散，炒出辣味和油脂。放入番茄沙司（2 汤勺），烧 2~3 分钟。

● 最后工序

1. 费力亚面下盐水煮 10 分钟。

2. 另置 1 个锅，倒入沙司加热片刻，放入煮好的意面拌匀。

3. 将锅端至一边，放入 1 小块马苏里拉奶酪（1/2 个小型博康其尼 <Bocconcini>），用锅中的余热将奶酪化开，将所有食材搅拌均匀。

4. 装盘，撒上卡拉布里亚州产的佩科里诺奶酪、意大利香芹碎。

◆ 小贴士

除了马苏里拉奶酪，还可以使用熏制的斯卡莫扎奶酪（Scamorza）以及熏制的马背奶酪（Caciocavallo silano），使用产自卡拉布里亚州的马背奶酪的话，可以让整道料理的地域特色更浓厚。

顶针儿面

直径1cm多、长1.5cm

顶针儿面

意大利语为"小管"之意，如字面意思所示，顶针儿面正是通过将长条形管面切成小段制成。产自坎帕尼亚大区，多用于做汤，烹饪时常用干面。如果想自己动手制作顶针儿面，可以用粗面粉加水和面，然后用毛衣针将切好的面坯卷成卷儿，再切成小段成型。

"小管面"蛋花汤

将坎帕尼亚大区三大传统料理牛肚浓汤、沙司蛋花汤、鸡蛋沙司顶针儿面综合到一起就成了这道牛肚蔬菜意面蛋花汤。主要做法是先将牛肚（蜂巢胃）和鸡蛋做成浓汤，再拌上顶针儿面、起司和橄榄油。一般情况下，做意面汤时将意面放入汤中直接煮熟即可，但如果使用的是手工意面，可以先将其单独煮熟，然后用起司调一下味，再倒入汤中，这样可以使整道料理的口感更富有层次。

\#042
Tubetti fatti a mano
in minestra di trippa cacio e uova
牛肚蔬菜意面蛋花汤

杉原一祯

帕克里面

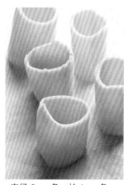

直径2cm多、长4cm多

帕克里面

产自坎帕尼亚大区，是一种中空的管状意面。烹饪时常使用干面，但是对于很多人来说干面太粗，无法一口吞下，"如果能用刀切开就好了"的呼声越来越高，所以就诞生了比干面小一圈的小型帕克里面。帕克里面的精髓就在于一口吞入后那富于变化的口感。主要配料为粗面粉和水，做法是先将面坯擀成薄片，再用粗棒卷成管状。

便于食用的小型帕克里面

这是一道源自坎帕尼亚州山区的意面料理，是由煮熟的野猪肉拌上帕克里面烹制而成。野猪肉最好选用猪腿肉、肋条肉、猪颈肉等肥肉匀称的部位，煮熟后先放置一星期左右再使用，更能发挥出野猪肉的香味，做出的沙司口感也更加浓郁。再加上手工做出的每一个帕克里面的大小以及形状都不完全相同，使得这道料理的口感更加独特且富于变化。

\#043
Paccheri fatti a mano al ragù di cinghiale
浓香野猪肉手工帕克里面

杉原一祯

044

Paccheri fatti a mano al profumo di mare

鲜香海鲜炒帕克里面

直径 2cm 多、长 4cm 多

帕克里面

和左页中的帕克里面一样。干面
质地厚实、口感绵软。手工做出
的帕克里面不仅具有干面的特点，
还有干面所没有的弹性与嚼劲儿。

杉原一祯

蝾螺墨鱼沙司拌手工帕克里面

这道海鲜意面料理是本店的招牌菜。使用的海鲜种类十分丰
富，有蝾螺、墨鱼、牡蛎和海胆。此外，为了更好的凸显出
海鲜的风味，仅用蒜油调味，使这道料理一端上桌就能让人
感觉到一股浓浓的海的味道扑面而来。蝾螺的海鲜味很浓郁，
鲜中又带有一丝苦味，风味很独特，是海鲜沙司中必不可少
的食材。此外，最后拌上的墨鱼可以起到勾芡的作用，不仅
可以使沙司中的食材更好地融合在一起，还可以使沙司更好
地吸附到意面上。

顶针儿面

●顶针儿面的配料

【1人份40g】

粗面粉（卡普托 Caputo 公司）…… 200g

水…………………………………… 100ml

042

牛肚蔬菜意面蛋花汤

杉原一祯

●制作顶针儿面

1. 用擀面杖将揉好的面坯擀成厚 2mm 的面片，然后切成宽 3cm 的长方形。

2. 准备 1 根直径为 5mm 的毛线针，将其放在面坯的 1 条长边上，方向与长边平行，用毛线针将面坯卷成卷儿。来回滚动毛线针，将面皮重合的部位压薄。然后将压好的管状长条切成宽 1.5cm 的小段。

3. 做好的意面在常温下搁置一段时间，让其稍稍风干。

●牛肚（蜂巢胃）汤

1. 牛肚（1kg）过热水焯 3 遍。

2. 将牛肚、香芹适量、洋葱适量、胡萝卜适量、月桂叶 1 片、大蒜 1 头、红辣椒 2~3 个、黑胡椒粒适量、丁香适量、番茄 2 个放入炖锅中，注入足量清水。开锅后转小火，放入适量大粒盐，炖 2~3 小时，期间要不时撇净浮沫。炖至牛肚变软。

3. 沿着和纤维垂直的方向将牛肚切成薄片，炖汁过滤，分开保存。

4. 用时按人数分别取适量牛肚和炖汁（1 人份 60g、180ml），倒入锅中加热。另取 1 个碗，打入鸡蛋（140ml 的煮用 1 个鸡蛋）搅散，依次放入盐、黑胡椒、意大利香芹碎、帕玛森干酪搅匀，倒入热牛肚的锅中，然后迅速地用小勺搅拌滑散。

●最后工序

1. 顶针儿面下盐水中煮 3~4 分钟。

2. 煮好后将其捞出，倒入盘中，撒上帕玛森干酪，淋上少量特级初榨橄榄油，放入 1 小块黄油，搅拌均匀。

3. 牛肚汤倒入瓷碗中，再倒入拌好的意面。可以根据喜好加些黑胡椒碎和帕玛森干酪碎。

※ 这道料理一般都是作为汤品提供给顾客的，但是在本店的套餐中是作为前菜使用。尤其是在 3~4 月（初暖还寒）的时节，这道香喷喷、热腾腾的汤品非常适合作为前菜。

帕克里面

●帕克里面的配料

【1人份80g】

粗面粉（卡普托 Caputo 公司）…… 200g

水…………………………………… 100ml

●制作帕克里面

1. 取少量揉好的面坯，将其擀成厚 2mm 的面片，然后切成宽 4cm 的长条。

2. 准备一个直径 2cm 左右的筒状工具。将面片卷在筒状工具上，一边卷一边前后滚动筒状工具，将面皮稍稍压薄一些。

3. 卷好一圈后用刀将剩余的面皮切下。用工具将面皮的接口处压实。将工具取出，用手指按压接口处，调整一下接口处的厚度（具体操作步骤请参照 P46）。

●野猪肉沙司

1. 将整块的野猪猪腿肉、肋条肉、猪颈肉等（共 3kg 左右）连皮带骨用风筝线绑好。用月桂和红酒（1 瓶）腌 2 天。擦净猪肉表面的水分。腌汁留起备用。

浓香野猪肉手工帕克里面

杉原一祯

2. 锅中热特级初榨橄榄油和少量猪油，煸炒拍碎的蒜瓣，煸出香味后放入腌过的猪肉，将表皮煎熟。由于猪肉中会渗出少量红酒，所以猪肉表面不会变为金黄色，慢慢煎好。

3. 待锅底变色，倒入洋葱粒、胡萝卜粒、香芹粒（共 600g 左右）翻炒，蔬菜中的水分会融化锅底的烧汁。待锅中水分变少一些，放入迷迭香继续翻炒。

4. 蔬菜的香味慢慢变弱后倒入红酒醋（80ml），炒净酸味。然后倒入腌汁和去皮水煮番茄（250g），盖上锅盖炖 2~3 小时。炖至锅中汤汁刚好能没过食材。

5. 取 1 个较深的大方盘，将锅中所有食材倒入大方盘中，盖上盖子，在冰箱中放 1 周左右。

●最后工序

1. 帕克里面（1 人份 10 个）下盐水中煮 5~7 分钟。

2. 按人数取适量炖熟的野猪肉，剔掉骨头，连皮切成小块，大小以能和帕克里面搭配为宜。将切好的野猪肉连同适量肉汤一起倒入锅中加热。

3. 将煮好的意面捞出，沥净水分，拌上黄油和帕玛森干酪，再倒入热好的野猪肉和肉汤（1 人份约 90ml），将所有食材拌匀。

4. 装盘，再撒上一层帕玛森干酪。

※ 在冰箱中放置一段时间后，肉汤表面的油脂会凝固，有利于猪肉更好地吸收肉汤中的香味，所以无需做任何处理。开始用于烹饪时，最好将猪肉和汤汁分别放入真空包装袋中分开保存。

◆注意事项

在坎帕尼亚州山区，为了对抗恶劣的严寒天气，人们在烹饪这道料理时，会选择肥肉较多的部分，并且会放入大量的番茄。而本店在烹制的时候选择尽量少用油脂，通过用红酒腌制猪肉等方式，使做出的沙司肉味鲜美、汤汁香浓。将炖好的肉汤放置 1 周，可以去掉肉汤的涩味、酸味，味道也会变得清淡一些。

鲜香海鲜炒帕克里面

杉原一祯

● 帕克里面的配料

【1 人份 90g】

粗面粉（卡普托 Caputo 公司）…… 200g

水…………………………… 100ml

● 制作帕克里面

1. 取少量揉好的面坯，用擀面杖或面条机将其擀成或压成厚 2mm 的面片，然后切成宽 4cm 的长条。

2. 准备 1 个直径 2cm 左右的筒状工具（制作西西里岛传统糕点——意式香炸奶酪卷时用的金属工具）。将面片卷在筒状工具上，一边卷一边前后滚动筒状工具，将面皮稍稍压薄一些。

3. 卷好一圈儿后用刀将剩余的面皮切下。用工具将面皮的接口处压实。将工具取出，用手指按压接口处，调整一下接口处的厚度（具体操作步骤请参照 P46）。

● 处理各种海鲜

1. 蝾螺（1 人份 1 个）用水冲洗干净，倒入锅中，添水，加盐，水量以刚没过蝾螺为宜，开火将其煮熟。水开后再煮 6~7 分钟即可。从贝壳中取出蝾螺肉，切成薄片，再重新倒入煮汁中。

2. 先将墨鱼的墨鱼板（15g）斜切片，然后切成条，牡蛎（1 个）剥掉外边的膜，切圈。

● 最后工序

1. 帕克里面下盐水中煮 5~7 分钟。

2. 锅中热特级初榨橄榄油，放入拍碎的蒜瓣和红辣椒煸炒，煸出香味后放入意大利香芹碎，倒入少量面汤、鱼汤煮一段时间，待汤汁快要收干时依次放入帕克里面、蝾螺、牡蛎、海胆（1 汤勺）、墨鱼条，一边放一边不断搅动锅中的食材。

3. 装盘，撒上擦碎的咸鱼子干。

◆ 小贴士

在"第八章 干面"部分的帕克里面板块中介绍的梭子蟹沙司（P232），也可以和手工做的帕克里面拌制食用。

卡瓦特利面

卡瓦特利面

是一种带有小窝的意面。样式相似的意面有许多种，卡瓦特利面是其中体型最小的一种。"cavatelli"源于"cavare"（意为挖洞）一词。做法是用手指将小剂子捻成贝壳状，捻出一个小窝。卡瓦特利面发源于普利亚州，现已普及到意大利南部地区，但是在不同的地区，叫法也有所不同，比如它还有"cavatielli""cavateddi""cecaruccoli"等别称。

长 1.3cm

带小窝的贝壳型意面

这道料理是先将贻贝和"cardoncelli"（鸡油菌的一种）炒熟，再拌上卡瓦特利面烹制而成。在卡瓦特利面的发源地普利亚州，鸡油菌（cardoncelli）是最受欢迎的菌类。因为贻贝能和许多食材搭配烹制，所以就想到了将二者组合到一起做成沙司。滑弹爽口的鸡油菌配上肉质鲜嫩的贻贝以及鲜美香浓的汤汁，真是一大舌尖上的诱惑。

#045
Cavatelli con cozze e cardoncelli alla maggiorana
贻贝香菇卡瓦特利面

西口大辅

切卡鲁克里面

切卡鲁克里面

和上面的卡瓦特利面一样，也是呈贝壳形状。"cecaruccoli"是方言，这种叫法多见于坎帕尼亚大区的内陆地区（莫利塞州和普利亚州交界附近的地区）。传统做法中只用粗面粉和面，本店对此进行了改良，将粗面粉和 00 粉以等比例混合，然后兑水和制面坯。用改良后的配料做出的意面嚼劲儿十足，而且还不失绵软的口感。

宽 1.5cm、长 3cm

坎帕尼亚大区贝壳型意面

在本店，这是一道限时供应的意面料理。这道料理是先将番茄、腌鳕鱼、鹰嘴豆炖熟，再拌上切卡鲁克里面烹制而成。腌鳕鱼炖鹰嘴豆本是一道主菜，本店将其做成了沙司搭配意面食用。还有一种不用番茄，只使用白酒和水炖制的烹饪方法。腌鳕鱼炖鹰嘴豆沙司味道浓郁，和质地厚实、有嚼劲儿的切卡鲁克里面搭配食用十分美味。

#046
Cecaruccoli al sugo di baccalà e ceci
腌鳕鱼鹰嘴豆番茄切卡鲁克里面

小池教之

卷边海螺面

宽 1cm、长 4~5cm

卷边海螺面

有人认为卷边海螺面是卡瓦特利面的一种方言说法，且多见于西西里岛州以及南部的三个州。还有一种说法与之相反，认为是先有卷边海螺面的叫法，然后慢慢演变成卡瓦特利面，并逐渐被大家所熟知。这种意大利面的形状并不唯一，既有左页比较简单的样式，也有这种稍长一些、带有多个小窝的样式。有人把这种带有多个小窝的面称为"3指卡瓦特利面"。

西西里"3指卡瓦特利面"

本书中我们准备尝试一下被称之为西西里岛招牌料理的沙丁鱼球茎茴香意面。众所周知，在以巴勒莫为中心的西部地区的菜谱中，这是一道用番红花做出来的色泽鲜亮的菜式。而本书要为大家介绍的是以卡塔尼亚为中心的东部地区的做法，即番茄熬制法，而且我们会用同属于青背鱼类的青花鱼来代替沙丁鱼。富含脂肪的当季青花鱼肉质紧实，用它做出来的料理也格外美味。虽说一般都是和意大利细面条搭配食用，但其实和卷边海螺面（cavatieddi）这样的条状通心粉也是蛮搭的。

卷边手搓面

长 4cm

卷边手搓面

在坎帕尼亚州，人们把和上述卷边海螺面（cavatieddi）形状相同的意面称做卷边手搓面（cortecce）。形状比较单一，一般是由2~3根手指压制而成的长条形。由于有2~3个窝，所以能和沙司更好地融合，再加上面皮厚薄不均，品尝起来口感极佳。口感介于卡瓦特利面（cavatelli）和斯托拉西那提面之间。该意面的名字还没有被大家所熟知，市面上也多是该意面的干面和半干面产品。

坎帕尼亚3指意面

这是一道将切成半月形的洋蓟焖制后做成沙司搭配卷边手搓面的料理。对意大利人来说，洋蓟是最能代表春天到来的蔬菜，也常用于意面料理的烹饪中。一般来说，用于制作意大利面料理的洋蓟无需事先过热水焯，只将其用蒜香橄榄油炒一炒，将叶子去掉后再焖一下即可。再放些刺山柑花蕾、黑橄榄和核桃碎，一道色、香、味俱全的料理就做好了。

#047
Cavatieddi alla catanese con sgombro
卡塔尼亚风味青花鱼卷边海螺面

小池教之

#048
Cortecce con carciofi, olive e noci
洋蓟黑橄榄核桃卷边手搓面

杉原一祯

●卡瓦特利面的配料

【1人份70g】

粗面粉（马里诺 Marino 公司）……… 70g

高筋面粉（日清制粉公司 <LYSDOR>）

…………………………………………… 30g

盐…………………………………………… 1撮

温水…………………………………… 45ml

＃045

贻贝香菇卡瓦特利面

西口大辅

●制作卡瓦特利面

1. 取少量揉好的面坯，搓成直径为1cm的长条，然后切成宽1cm多的小剂子。

2. 将小剂子切口朝下摆到案板上，用拇指将剂子压平，搓成贝壳状（具体操作步骤请参照P43）。

●贻贝蘑菇沙司

1. 白酒煮带壳贻贝（1人份5个），煮至贝壳张开，取出贝肉，煮汁留起备用。

2. 锅中热特级初榨橄榄油，放入拍碎的蒜瓣和红辣椒煸炒，煸出香味后将蒜瓣和红辣椒捞出。然后倒入切成2cm小块的 cardoncelli（鸡油菌的一种，1

人份 30g）翻炒片刻。炒熟后放入番茄干（P245，10g）、贻贝肉和煮汁快速翻炒。

3. 关火，撒上少许意大利香芹碎和马郁兰叶。

●最后工序

1. 卡瓦特利面下盐水中煮10分钟。

2. 将贻贝鸡油菌沙司（1人份约100g）加热片刻，倒入煮好的意面。淋上特级初榨橄榄油，将所有食材搅拌均匀。

3. 装盘，摆上几片马郁兰叶装饰一下，撒上意大利香芹碎。

●切卡鲁克里面的配料

【1人份50g】

粗面粉（卡普托 Caputo 公司）…… 250g

00 粉（卡普托 Caputo 公司）…… 250g

水………………………………………… 230ml

盐…………………………………………… 5g

＃046

腌鳕鱼鹰嘴豆番茄切卡鲁克里面

小池教之

●制作切卡鲁克里面

1. 取少量揉好的面坯，搓成直径1cm的长条，然后切成宽2.5cm的小剂子。将剂子摆好，使剂子的切口一面在前一面在后。用大拇指按住剂子，从靠近自己的一端沿对角线方向向前捻，将剂子捻成卷。在摆剂子的时候，也可以让剂子的切口一面朝左一面朝右，这样子做出来的意面会稍稍带有一些棱角（具体操作步骤请参照P45）。

●腌鳕鱼鹰嘴豆沙司

1. 将腌鳕鱼在水中泡4~5天，泡掉盐分。期间，每天都要换干净的水。泡好后剔掉鱼骨，剥掉鱼皮。用厨房用纸吸净鱼肉表面的水分。

2. 鹰嘴豆（1人份10粒）在水中泡1晚，泡好后捞出，倒入锅中，添适量清水，

然后放入蒜瓣、洋苏叶、月桂、盐，煮30分钟。

3. 锅中热特级初榨橄榄油（量要多一些），放入拍碎的蒜瓣和新鲜朝天椒翻炒，炒出香味。鳕鱼肉（50g）裹上一层低筋面粉下入锅中，炸至鱼肉表面变色，然后将锅中多余的油倒出。放入番茄沙司（1长柄勺）和鹰嘴豆炖一段时间，炖至鱼肉稍稍散开。

●最后工序

1. 切卡鲁克里面下盐水中煮15分钟。

2. 将煮好的意面捞出，沥净水分后倒入腌鳕鱼鹰嘴豆沙司中搅拌均匀。

3. 装盘，撒上意大利香芹碎。

卷边海螺面

●卷边海螺面的配料

【1人份50g】

粗面粉（卡普托 Caputo 公司）… 250g

低筋面粉（卡普托 Caputo 公司）… 250g

水·······················220~230ml

盐·························· 5g

#047

卡塔尼亚风味青花鱼卷边海螺面

小池教之

●制作粗卷边海螺面

1. 取少量和好的面团，搓成直径 8mm 的长条。将其切成长约 4cm 的剂子。

2. 将 3 根手指放到剂子上，使劲压住剂子，并向自己方向搓卷儿（成品参照 P42）。

●炖青花鱼

1. 将青花鱼（2 条）处理干净。沿着鱼骨将上下两部分鱼肉剥离，将整条鱼分割为 3 部分：2 片鱼身和中间 1 条鱼骨。然后将鱼皮剥掉，往鱼肉上撒上些盐。放置 1 个小时杀一杀水分。将鱼骨、鱼头和调味蔬菜（洋葱、胡萝卜、香芹）以及调味料（百里香、迷迭香、洋苏叶、月桂）放入水中炖 1 个小时，过滤后得到鱼汤。

2. 锅中热特级初榨橄榄油，将拍碎的蒜瓣、洋葱片（1 头）、球茎茴香薄片（1/2 个）和茴香叶碎末（1/2 个）倒入锅中翻炒，炒出香甜味。然后将青花鱼

汤倒入锅中，刚好没过食材即可，加些番茄沙司（1 长柄勺），再放些茴香籽、孜然粉、番红花、葡萄干和松子，将所有食材搅拌均匀。

3. 将青花鱼上的水分拭净，用特级初榨橄榄油将其两面煎熟，倒入步骤 2 的锅中炖 1 小时左右。炖的过程中要不时搅动锅中食材，将鱼肉搅散。

●最后工序

1. 将卷边海螺面下盐水中煮 10 分钟。

2. 按人数取适量炖青花鱼，放入锅中加热一下（2 汤勺为 1 人份），然后放入煮好的意面搅拌均匀。

3. 装盘，撒上面包屑。

◆注意事项

炖青花鱼的时候，不要搅拌过度，以免将鱼搅烂。最好有成块的鱼肉，这样吃起来口感会比较好。由于青花鱼比沙丁鱼要大一些，所以操作起来也会更加容易一些。

卷边手搓面

●卷边手搓面配料

【1人份80g】

粗面粉（卡普托 Caputo 公司）… 200g

水···················· 100ml

#048

洋蓟黑橄榄核桃卷边手搓面

杉原一祯

●制作卷边手搓面

1. 取少量和好的面团，搓成比铅笔稍粗的长条，将其切成长约 4cm 的剂子。

2. 将 3 根手指放到剂子上，使劲儿按住剂子，先向前推一下，再慢慢向自己的方向拉回来，将其搓成卷儿（成品参照 P44）。

●制作洋蓟沙司

1. 准备叶片上没有尖刺的洋蓟（1 个半）进行处理。将洋蓟头部切掉一半，剥掉外侧较硬的花萼以及茎部的外皮，然后将其切成两半，并将白色毛絮状物挖掉。放入滴有柠檬汁的水中浸泡，防止其氧化。将洋蓟切成 6~8 等份，再次浸泡到柠檬水中。

2. 锅中热特级初榨橄榄油，放入拍碎的蒜瓣，煸炒出香味，然后放入洋蓟。再放入腌渍的刺山柑（盐渍，7~8 颗）和切碎的意大利香芹碎，快速翻炒。然后盖上锅盖焖一会儿。

3. 焖至用竹签能将洋蓟扎透时，往锅里放入几颗去籽黑橄榄（4~5 颗），翻炒 2~3 分钟。

●最后工序

1. 将卷边手搓面放入盐水中煮 7 分钟左右。

2. 将洋蓟沙司（2 汤勺为 1 人份）加热片刻，然后倒入煮好的意面。再放些核桃（包括烤核桃碎和大颗粒的烤核桃两种，大半汤勺）拌匀，最后放入帕玛森干酪和佩科里诺罗马诺奶酪，将所有食材搅拌均匀。

3. 装盘，撒上意大利香芹末和帕玛森干酪。

◆小贴士

洋蓟沙司一般是和意大利细面条搭配食用，但其实和长意面、通心粉以及手擀面等各式意面搭配食用都很美味。

耳朵面

耳朵面

"orecchiette"的意思是"小耳朵"，呈耳垂状。和卡瓦特利面（P104）以及撒丁岛手工面团（P113）一样，都属于带有小窝的小型意面，只是耳朵面的小窝的开口要更大一些。该意面发源于普利亚州，现已普及到整个意大利，但是仍然带有浓厚的普利亚州的地域特色。由于是手工制作，不同的厨师做出的意面在大小、厚度以及小窝的样式等方面都存在或多或少的差异，因此不同餐厅有不同特色。

直径 2.5cm

用鸡蛋勾芡的耳朵面

芜菁叶鸡蛋耳朵面是普利亚州的特色料理，主要食材有耳朵面、芜菁叶和鸡蛋。做法有许多种，其中一种就是用鸡蛋勾芡。鸡蛋味道温和，可以中和芜菁叶的苦味。芜菁叶易被误认为是春季的时令野菜，但实际上冬天才是它的最佳食用季节。另外，由于春天常食用鸡蛋做成的料理，所以芜菁叶鸡蛋耳朵面这道料理也有冬去春来的寓意。一定要注意倒入蛋液的时机，早了鸡蛋会老，太晚鸡蛋有可能不熟。

耳朵面

同上。可与之搭配使用的沙司并不多，主要是以芜菁为代表的花茎甘蓝属科的蔬菜沙司以及炖肉类沙司，很少与海鲜类沙司搭配使用。

直径 2.5cm

与耳朵面最搭的番茄香肠沙司

番茄香肠耳朵面这道料理是我在那不勒斯学艺时所在餐厅的招牌料理，也是该餐厅自创的耳朵面料理。比起其他通心粉，耳朵面与番茄香肠沙司搭配食用最为美味。本店在原烹饪方法的基础上进行了改良，不用蒜末炝锅，而是将其与香肠、番茄、橄榄油同时下到锅中一起炖。这样蒜香味可以更好地融入到沙司中。

#049
Orecchiette con cime di rapa e uova
芜菁叶鸡蛋耳朵面

杉原一祯

#050
Orecchiette al ragù di salsiccia
番茄香肠耳朵面

杉原一祯

直径 2.5~3cm

耳朵面

在意大利，耳朵面的传统做法是只用粗面粉和面。而本店对此进行了改良，将粗面粉和 00 粉混在一起和制面坯。用改良后的配料做出的意面虽然不如原来那么有弹性，但是却多了一丝绵软的口感，可与之搭配的沙司也多了一些。制作该意面时，不仅可以直接用手指成型，还可以使用圆形刀头的刀具。小窝处特有的粗糙质地不仅可以使意面更好地吸附沙司，也使意面的口感更富于变化。

很有弹性的耳朵面

这是一道用猪内脏沙司和耳朵面拌制而成的料理。猪内脏沙司原本是那不勒斯州传统的冬季食用料理，由于普利亚州和巴西利卡塔州都曾被那不勒斯统治过，所以猪内脏沙司也很受这两地人们的喜爱。先将猪的所有内脏（猪心、猪腰、猪肚、肠、肺、子宫、软骨等）煮熟，再用朝天椒、番茄酱、红柿子椒泥等食材调味，最后拌上质地厚实的耳朵面，整道料理酸辣爽口，味道独特。

#051
Orecchiette con soffritto di maiale
香辣猪内脏耳朵面

小池教之

卷边薄片面

宽 2cm 多、长 5cm 多

卷边薄片面

"strascinati" 为 "拖拽" "拉长" 之意，是一种通过将剂子压薄制成的通心粉。和卡瓦特利面（P104）以及耳朵面（P108）一样，都是带有小窝的意面。而卷边薄片面是其中型号最大的。发源于普利亚州和巴西利卡塔州。本书会向各位介绍 2 种不同大小的卷边薄片面（另一种请见P112），它们的口感以及搭配使用的沙司也不太相同。本页中介绍的这种面身要稍窄一些，由于形似橄榄叶，也被称作橄榄叶卷边薄片面。

橄榄叶卷边薄片面

奶酪番茄沙司由鲜番茄沙司和新鲜的山羊奶酪拌制而成，非常适合夏天食用。咸酸鲜美的山羊奶酪与清爽可口的新鲜番茄相得益彰，使沙司更加的鲜香味美。比起其他通心粉，奶酪番茄沙司和卷边薄片面搭配食用最为美味。因为卷边薄片面的表面积比较大，可以很好地吸附沙司，但是如果面身过宽，吸附的沙司也会更多，便会影响意面的口感。所以面身稍窄的橄榄叶卷边薄片面是最佳选择。

#052
Strascinati al pomodoro e formaggio fresco di capra
奶酪番茄烩卷边薄片面

杉原一祯

●耳朵面的配料

【1人份90g】

粗面粉（卡普托 Caputo 公司）…… 200g

水…………………………………… 100ml

＃049
芜菁叶鸡蛋耳朵面
杉原一祯

●制作耳朵面

1. 取少量揉好的面坯，搓成直径为 1cm 的长条。然后将其切成宽 1cm 的小剂子。

2. 将小剂子切口朝下摆到案板上，食指放在剂子朝上的切口上，用力按下去，然后向自己方向一捻，捻出凹窝。然后将捻出小窝的剂子拿起来，顶在另一只手的拇指上（凸出部分抵着拇指），并用剂子反向包住拇指，成型（具体操作步骤请参照 P42）。

●芜菁叶沙司

1. 烧 1 锅沸水，放少量盐（比煮意面时稍少一些）。将芜菁叶（1kg）入水焯软，捞出后沥净水分。焯芜菁叶的水留起备用。

2. 用特级初榨橄榄油煸炒蒜瓣和红辣椒，煸出香味后下鳀鱼脊背肉片（10片）翻炒。

3. 倒入芜菁叶继续翻炒，炒净水分。

炒的时候用小刀（也可以用叉子或剪刀）将芜菁叶切碎。

●最后工序

1. 耳朵面下入炒芜菁叶的水中煮 7~8 分钟。

2. 将鸡蛋（1人份1个）打入碗中搅散，放入少许盐、黑胡椒，搅拌均匀。

3. 将耳朵面、帕玛森干酪、佩科里诺罗马诺奶酪放入芜菁叶沙司中搅拌匀。期间选择适当时机倒入蛋液，用余温将鸡蛋焖熟。

4. 装盘，撒上一层帕玛森干酪。

◆注意事项

由于采摘时节以及个体本身差异，芜菁叶有嫩有老。如果先将其切碎了再下热水中焯，嫩的部分可能就化掉了。所以，应先将整根入热水焯软，然后炒的时候再观察芜菁叶的软硬程度，将其切成适当大小。

●耳朵面的配料

【1人份80g】

粗面粉（卡普托 Caputo 公司）…… 200g

水………………………………… 100ml

＃050
番茄香肠耳朵面
杉原一祯

●制作耳朵面

1. 取少量揉好的面坯，搓成直径为 1cm 的长条。然后将其切成宽 1cm 的小剂子。

2. 将小剂子切口朝下摆到案板上，食指放在剂子朝上的切口上，用力按下去，然后向自己方向一捻，捻出凹窝。然后将捻出小窝的剂子拿起来，顶在另一只手的拇指上（凸出部分抵着拇指），并用剂子反向包住拇指，成型（具体操作步骤请参照 P42）。

●番茄香肠沙司

1. 将特级初榨橄榄油、切碎的香肠（P249，300g）、拍碎的蒜瓣、茴香籽、小番茄（罐装，300g）倒入锅中，开火翻炒。

锅中汤汁沸腾后转小火炖 30 分钟左右。

2. 捞出蒜瓣，放入少许盐调味。

●最后工序

1. 耳朵面下盐水中煮 7~8 分钟。

2. 煮好的意面捞出，倒入盘中，撒上帕玛森干酪、佩科里诺罗马诺奶酪拌匀。依次放入撕碎的罗勒、适量番茄香肠沙司（1人份1长柄勺）、切成小块的熏制斯卡莫札奶酪（Scamorza，7~8g），将所有食材搅拌均匀。

3. 装盘，撒上一层帕玛森干酪。

香辣猪内脏耳朵面

小池教之

●耳朵面的配料

【1人份50g】

粗面粉（得科 De Cecco 公司） ……	250g
00 粉（卡普托 Caputo 公司） ……	250g
水	220~230ml
盐	5g

卷边薄片面

●卷边薄片面的配料

【1人份90g】

粗面粉（卡普托 Caputo 公司） ……	200g
水	100ml

●制作耳朵面

1. 取少量揉好的面坯，用双手手掌搓成直径 1.5cm 的长条。然后将其切成宽 2cm 的小剂子。

2. 将小剂子切口朝下摆到案板上，姆指放在剂子朝上的切口上，用力按下去，按出 1 个凹窝。然后将剂子反过来，拇指放在小窝的凸出部位，用力按下去，成型。

●烹制猪内脏沙司

1. 处理猪内脏（1 头猪的内脏。共 2kg）。去除猪心多余脂肪，片开猪腰，片去腰膜。将两者剁成小块。

2. 将猪肚、大肠、小肠、子宫、软骨分别放入加了白酒醋的热水中焯一下，去除血污、黏液以及异味。焯至锅内水变颜色后捞出，倒入冰水中清洗干净。把粘附在猪肚表皮的猪油撕掉，将猪肚切成小方块。大肠、小肠剪开，用刀刮掉猪肠褶子中的肥油，清洗干净后切成小片。猪子宫上多开几个孔，放入冰水

中，用力揉搓，搓出里面的脏物，将其清洗干净后切成小段。将软骨较硬的部位切掉，剩下的部位切成小块。

3. 猪肺多焯水几遍，直到下入锅中后水不变颜色为止。

4. 用猪肉分别将猪内脏的每个部位炒熟。然后将所有炒好的内脏混在一起，用红辣椒和猪油煸炒。依次放入蒜香调味酱（Sofrito，P249，3 长柄勺）、白酒（500ml）、番茄酱（3 汤勺）、红柿子椒酱（P249，2 长柄勺），炖 2 小时左右，将内脏炖软。

●最后工序

1. 耳朵面下盐水中煮 5 分钟。

2. 取适量炖好的猪内脏（1 人份为 1 长柄勺）放入锅中，倒入少量小牛肉汤和番茄沙司，稀释一下汤汁。然后放入煮好的意面、佩科里诺卡拉布里亚奶酪，将所有食材搅拌均匀。

3. 装盘，将山葵擦入盘中。

奶酪番茄烩卷边薄片面

杉原一祯

●制作卷边薄片面

1. 取少量揉好的面坯，搓成直径 7mm（铅笔粗细）左右的长条，然后切成 5cm 的小剂子。

2. 将剂子竖着置于案板上，将刀刃和剂子的右端对齐，用力按住后将刀刃慢慢向左移。

3. 待刀刃移到剂子中间位置时，用另一只手将剂子卷起的右半部分展开后平压到案板上，接着继续移动刀刃至剂子左端（具体操作步骤请参照 P44）。

●鲜番茄沙司

1. 锅里烧热特级初榨橄榄油，将蒜瓣拍碎，下入油中煸炒，煸出香味后放入罗勒叶（那不勒斯产）和竖着对半切开的小番茄［小维苏威番茄（piennolo），6~7 颗］翻炒。然后放入少量大粒盐，煮一段时间收一收汤汁，待汤汁收的差不多时再放少许盐调一下味道。

●最后工序

1. 卷边薄片面下盐水中煮 6 分钟。

2. 煮好的意面倒入鲜番茄沙司（1 人份 1 长柄勺）中、依次放入帕玛森干酪、佩科里诺罗马诺奶酪、山羊乳白奶酪（Fromage Blanc，1 汤勺）、马郁兰，将所有食材搅拌均匀。

3. 装盘，撒上佩科里诺奶酪。

※ 山羊乳白奶酪（Fromage Blanc）是将山羊奶用乳酸菌发酵制成的质地柔软的鲜奶酪。

◆注意事项

番茄沙司搭配奶酪时，使用的一般是马苏里拉奶酪。但这仅限于用番茄干做出的味道浓郁的沙司，如果使用的是新鲜的番茄，就会显得马苏里拉奶酪的奶液过于浓厚。此外，牛奶和绵羊奶的奶清又比较甜，也不是很适合，所以烹制这道料理时只能使用山羊奶白奶酪。

卷边薄片面

卷边薄片面

与 P109 介绍的卷边薄片面的配料及做法基本相同，只不过剂子要更粗一些，成品也要更宽一些，但其实宽一些的才是标准型号。同意大利细面条（spaghetti）一样，卷边薄片面的使用范围也很广，可以与蔬菜沙司、海鲜沙司、肉类沙司等各式各样的沙司搭配食用，且无论沙司的汤汁是否浓郁，是否能很好地吸附在意面上，都可以与之拌制。唯一的不足之处是很容易产生饱腹感，所以一次无法食用太多。

宽不到 3cm、长 4.5cm

面身较宽的卷边薄片面

干蘑大虾沙司由番茄、鱼汤、大虾和干牛肝菌炖制而成。浓郁的虾的香味配上鲜美的牛肝菌，共同构成了口感醇香、风味独特的大虾沙司。干蘑大虾意面这道料理是我从那不勒斯的一个餐厅中学到的，其实那家餐厅原本使用的意面是 S 形意面（casareccie），但是经过我的不断尝试，发现干蘑大虾沙司还是和面身较宽的卷边薄片面最搭。

\# 053
Strascinati ai gamberi e funghi secchi
干蘑大虾意面

杉原一祯

二粒小麦面粉卷边薄片面

虽然传统做法中只用粗面粉和水和面，但其实生活中也经常能见到用全麦面、二粒小麦面粉（Farro Flour）以及大麦粉混在一起和制出的成品。左图中所示的是将二粒小麦面粉和 0 粉以等比例混合做出的卷边薄片面。由于二粒小麦面粉本身带有一种近似于坚果的香甜味道，所以做出来的意面也自然带有一丝香甜味。如果和面时只用二粒小麦面粉，做出的意面口感会过于粗糙，所以一般还要混入一些普通的小麦粉。

宽 2.5cm、长 4.5cm

用二粒小麦面粉做出的卷边薄片面

炸腌鳕鱼沙司是从莫利塞州的特色料理炸腌鳕鱼演变而来。将自家做的腌鳕鱼、黑橄榄、番茄干煮熟做成沙司，撒上杏仁粉和加了香草的面包糠，放入烤箱中烘烤，简直是香味四溢。口感软糯的卷边薄片面配上质嫩可口的鳕鱼，整道料理可谓色、香、味俱佳。

\# 054
Strascinati di farro e baccalà mollicato
腌鳕鱼烤卷边薄片面

小池教之

撒丁岛螺纹贝壳粉

长 2cm 多

撒丁岛螺纹贝壳粉

撒丁岛螺纹贝壳粉是一种带有小窝的意面。"malloreddus"是撒丁岛西南部坎皮达诺地区的一种方言叫法，在标准语中的叫法是"gnochetti sardi"（见下方），来源于"公牛"一词，是它的复数形式，意为"小牛群"。最原始的做法是将面坯在赤榆皮编成的笊篱上转动一圈印出纹路，由于它的这种纹路样式，所以也被比拟为"小牛的肋骨"。虽然现在是很常见的一种意面，但以前只用于祭祀中。和面时放入少量藏红花，做出的意面色泽鲜艳，十分诱人。

番红花螺纹意面

这道料理由坎皮达诺风味沙司和番红花螺纹意面拌制而成。坎皮达诺风味沙司也是和番红花螺纹意面最搭的一种沙司，由番茄、茴香、香肠炖制而成。在地势起伏不平的仅占撒丁岛 1/10 面积的坎皮达诺平原，农业和畜牧业都很发达。料理中使用的奶酪也是当地特产的佩科里诺萨多羊奶酪，整道料理充满着浓浓的地域特色，能使食客联想到"风吹草低见牛羊"的景象。

＃055
Malloreddus alla campidanese

坎皮达诺风味撒丁岛螺纹贝壳粉

小池教之

撒丁岛手工面团

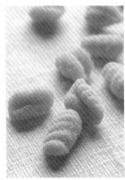

宽 8mm、长 1.5cm

撒丁岛手工面团

"gnocchetti sardi"是上述撒丁岛螺纹贝壳粉（malloreddus）的标准叫法，意为"撒丁岛小面团"。在土豆球产生以前，面团都是用粗面粉和面后成型的，撒丁岛手工面团正是历史最为古老的面团之一，不过现在干面也已经很普及了。传统做法是只用粗面粉和面，本书中为了和面时能更省力，在保持原本弹爽口感的前提下，又加入了少量 00 粉。同传统做法一样，也加了番红花。

撒丁岛——羊之岛

"撒丁岛手工面团"既可以和海鲜沙司搭配食用，也可以和肉类沙司搭配，但是由于撒丁岛畜牧业比较发达，所以想向各位介绍一道用羊肉沙司和撒丁岛手工面团搭配制成的意面料理。为了和圆鼓鼓的撒丁岛手工面团更搭，最好将羊肉切成小颗粒。用干面烹制的话，整道料理看起来清爽自然。不过，如果用手工面，意面表面的面粉可以起到勾芡的作用，沙司可以更好地吸附到意面上，整体感更强。

＃056
Gnocchetti sardi con ragù d'agnello
e scaglie di pecorino sardo

羊肉奶酪撒丁岛手工面团

西口大辅

●卷边薄片面的配料

【1人份90g】

粗面粉（卡普托 Caputo 公司）…… 200g

水………………………………… 100ml

#053
干蘑大虾意面

杉原一祯

●制作卷边薄片面

1. 取少量揉好的面坯，搓成直径1cm左右的长条。然后切成4cm的小剂子。

2. 将剂子竖着置于案板上，将刀刃和剂子的右端对齐。用力按住，并将刀刃慢慢向左移。

3. 待刀刃移到剂子中间位置时，用另一只手将剂子卷起的右半部分展开后平压到案板上，接着继续移动刀刃至剂子左端（具体操作步骤请参照P44）。

●大虾沙司

1. 将虾（七腕虾、赤足虾等，2~3只）连头带壳清洗干净，挑出虾线。干牛肝菌倒入温水中泡软，沥净水分后切成小片。

2. 锅中热特级初榨橄榄油，放入拍碎的蒜瓣和红辣椒煸炒，煸出香味后倒入大虾、放盐、黑胡椒嫩煎。两面都要煎到，煎出香味。

3. 放入牛肝菌、小番茄（罐装，1人份2~3颗）、意大利香芹碎翻炒片刻。然后淋入白兰地继续翻炒，炒至酒精蒸发后倒入鱼汤（1长柄勺）。

4. 捞出大虾，掰掉虾头，将虾头重新放回锅中，用木铲按压虾头挤出虾黄。稍稍翻炒几下后将虾头捞出。关火后处理虾身，将虾壳剥掉，虾肉撕成适当大小的小块留起备用。

●最后工序

1. 卷边薄片面下盐水中煮6分钟。

2. 将大虾沙司（1人份约120ml）加热片刻，倒入煮好的意面拌匀。然后放入意大利香芹碎和切好的虾肉，将所有食材搅拌均匀。

3. 装盘，撒上一层帕玛森干酪。

●卷边薄片面的配料

【1人份40g】

0粉（马里诺 Marino 公司）……… 200g

二粒小麦面粉（Farro Flour，马里诺 Marino 公司）…………………………… 200g

盐………………………………………… 4g

温水…………………………………… 180ml

#054
腌鳕鱼烤卷边薄片面

小池教之

●制作卷边薄片面

1. 取少量揉好的面坯，搓成直径1cm的长条。然后切成2cm的剂子。

2. 将剂子竖着立在案板上，使它的切口朝上，另一个切口向下。将拇指放在剂子上用力向下按，按出1个小窝。拇指保持按压的状态分别向两侧移动，扩大小窝的面积。

3. 为了防止已经成型的意面卷曲变形，可以将其摆在大方盘中于室温下搁置30分钟左右，让其表面稍稍变干（具体操作步骤请参照P45）。

●腌鳕鱼沙司

1. 腌鳕鱼干（P249，1人份40g）切大块。

2. 锅中热特级初榨橄榄油，放入拍碎的蒜瓣煸炒，蒜瓣变色后将其捞出。倒入洋葱碎（1汤勺）翻炒，炒出甜味。

3. 依次放入去籽黑橄榄（5个）、切块

的番茄干（2个）、腌刺山柑（盐渍，1汤勺）翻炒，然后倒入腌鳕鱼肉继续翻炒。向锅中注入清水至没过食材，炖一段时间，炖至鱼肉沿着纤维自然散开。放入少量牛至（干的）和擦碎的柠檬皮。

●最后工序

1. 卷边薄片面下盐水煮10分钟左右。

2. 将腌鳕鱼沙司热一下，倒入煮好的意面拌匀。撒上一层香炒面包糠（P249），放入顶火烤炉（或是高温烤箱）中上色。

3. 装盘，撒上少量烘烤过的杏仁薄片。

● 撒丁岛螺纹贝壳粉的配料

【1 人份 50g】

粗面粉（得科 De Cecco 公司）…… 300g
番红花…………………………………少量
温水……………………………… 140~150ml
盐 ………………………………………… 3g

※ 成型时，一般情况下使用的是一种叫 Pettine 的表面带有沟槽的木质工具。除此之外，还可以使用笊篱或叉子等。此次做的是斜纹样式的意面，如果将剂子和刻槽平行放置，印出的又是另一种模样的纹路。

＃055
坎皮达诺风味撒丁岛螺纹贝壳粉

小池教之

● 制作撒丁岛螺纹贝壳粉

1. 番红花用适量水泡开，与粗面粉、盐一起和成面团。

2. 取少量揉好的面坯，搓成直径 1cm 的长条。然后切成长 2cm 多一点的剂子。将剂子斜着放到 Pettine 的刻槽上，使切口朝向两端。将拇指放在剂子上，将剂子搓成卷儿，同时使整个剂子表面都印上纹路（具体操作步骤请参照 P48）。

● 香肠番茄沙司

1. 锅中热特级初榨橄榄油，放入拍碎的蒜瓣和红辣椒煸炒，煸出香味后倒入自己做的香肠（P249，1 人份 50g），不断翻炒，将香肠搅烂。

2. 香肠炒熟后倒入茴香籽和切碎的茴香叶、番茄酱（1 长柄勺），炖出香味。

● 最后工序

1. 撒丁岛螺纹贝壳粉下盐水中煮 7~8 分钟。

2. 将香肠番茄沙司热一热，然后倒入煮好的意面拌匀。撒上少许刨好的佩科里诺萨多羊奶酪，将所有食材搅拌均匀。

3. 装盘，再撒上一些佩科里诺萨多羊奶酪。

● 撒丁岛手工面团的配料

【1 人份 80g】

粗面粉（马里诺 Marino 公司）…… 170g
00 粉（马里诺 Marino 公司）………… 70g
藏红花水…………………………… 108ml
盐 …………………………………………少量

※ 配料中的 "108ml 藏红花水" 指的是泡藏红花的水和温水加起来的重量。先将少量藏红花泡在少量水中，泡出香味且水变颜色后将藏红花滤出，再向泡藏红花的水中倒入适量温水，至两者共重 108g。

※ 成型时，最好选用刻槽间距为 3mm 或 4mm 的 Pettine 工具。也可以使用间距窄一些的叉子内侧或制作通心管面（garganelli，请参照 P43 A）时用的工具。

＃056
羊肉奶酪撒丁岛手工面团

西口大辅

● 制作撒丁岛手工面团

1. 取少量揉好的面坯，搓成直径 1cm 的长条。然后切成长 0.5cm 的剂子。

2. 将剂子放到 Pettine 的刻槽上，使其中一个切口朝上。将拇指放在剂子上，用力按下去，按出小窝，接着向前捻一下，将剂子搓成卷儿的同时使整个剂子表面都印上纹路。

● 炖小羊肉

1. 将小羊羊肩肉（1kg）放入绞肉机中搅成小块。

2. 锅中热纯橄榄油，放入羊肉翻炒片刻，然后倒入炒肉头（P245，120g）继续翻炒。淋入少许白酒，待将酒精炒净后倒入番茄酱（50g）。

3. 放入月桂、迷迭香、鸡汤（1L），炖 2 个半小时。

● 最后工序

1. 撒丁岛手工面团下盐水中煮 2~3 分钟。

2. 往适量炖小羊肉（1 人份约 100g）中倒入少量鸡汤，开火加热。接着放入迷迭香碎、佩科里诺萨多羊奶酪和帕达诺干奶酪拌匀。

3. 然后倒入煮好的意面，将所有食材搅拌均匀。装盘。

◆ 小贴士

撒丁岛手工面团也可以用来制作卡普瑞沙拉（Insalata）。将番茄、刺山柑、香肠等切成适当大小，拌上撒丁岛手工面团，再用橄榄油和柠檬汁调味，非常适合夏天食用。

通心管面

通心管面

宽 1cm、长 4~5cm

通心管面是产自艾米利亚 - 罗马涅大区的一种管状意面。该意面的产生还有一个有趣的传说，据说在 18 世纪初期的一次红衣主教晚宴上，本要用来制作小帽意饺的馅料被猫偷吃了，手足无措的厨师急中生智，将四边形的面坯卷到木棍上，在织布机的扎筘上转动一圈，使其表面印上了纹路，就这样世界上最初的通心管面就诞生了。用传统配料做出的通心管面的质地比较柔软，本店为了防止其变形，在其中加入了粗面粉，并增加了蛋黄的比例，因此做出来的意面要比原本的稍稍硬一些。

"气管" 状的意面

通心管面常与肉类沙司或香肠番茄沙司搭配食用，接下来要向各位介绍的这道料理就是由通心管面和蛙肉沙司烹制而成。一般来说，从冬眠中苏醒的青蛙象征着万物复苏的春天，那么和蛙肉搭配的也应是春季的时令蔬菜，但其实冬季的当季蔬菜——皱叶甘蓝也很搭。甘蓝无需事先过水焯，直接放入蛙汤中煮熟即可。

通心管面

宽 1.5cm、长 4cm

通心管面有两大特点，一是两端是尖的，另一个是表皮的纹路。由于该意面是管状意面，所以装盘的时候要多加注意，不要将面压扁。为了防止意面变形，本店在和面的时候加入了粗面粉来增加意面的韧性，而且做好后还于常温下放置半日，使其风干。左图中所示的成品要稍粗一些，这是因为卷的时候用的木棍粗了一些。此外，同传统做法一样，也加了肉豆蔻。

不易变形的通心管面

为了突出通心管面细腻的口感以及肉豆蔻和奶酪的风味，与其搭配的沙司应该选择风味清新爽口的类型。本道料理中就是搭配了蔬菜丰富的蔬菜沙司，由 6 种切成同样大小的蔬菜和洋蓟泥烹制而成。如果要搭配兔肉沙司或牛肉沙司，沙司中一定要多放蔬菜，以免味道过于浓郁。

＃057
Garganelli con cosce di rane e cavolo primaverile
蛙肉蔬菜通心管面

小池教之

＃058
Garganelli al ragù di verdure
鲜蔬通心管面

西口大辅

拉格耐勒面

拉格耐勒面

拉格耐勒面是意大利南部很普遍的一种手工意面。一般都是呈细长条形,与意大利细宽面(tagliolini)、意式干面(tagliatelle)的形状类似,这种我们在P72中已有所介绍。但也有如左图所示的短条形,本书中把这种短一些的类型归在了通心粉一类中。本店的做法与当地的做法基本一致,都是用水和粗面粉和面,做出的成品质地也比较厚。

宽1.5cm、长5cm多

鹰嘴豆意面汤

"拉格耐勒"来源于"拉格耐"一词,而即将要向各位介绍的这道鹰嘴豆拉格耐勒意面汤也是从一道拉格耐意面料理——鹰嘴豆沙拉拌拉格耐面演变而来。如料理名所示,格耐面是这道料理的精髓,本店在保持原意面口感的前提下,考虑到这是一道需要用汤勺食用的汤类料理的客观性,所以选择使用更短一些的拉格耐勒意面。

鹰嘴豆拉格耐勒意面汤

杉原一祯

比措琪里面

比措琪里面(瓦尔泰利纳风味)

比措琪里面是一种发源于伦巴第大区北部山区——瓦尔泰利纳地区的一种薄片意面。由于当地天气寒冷,所以该意面的主要配料是荞麦面。有的成品面身较宽(如左图),也有的成品比图中所示的要细一半。此外,当地还有一种不用荞麦面和面,也不是薄片状的比措琪里面(呈颗粒状,P185),但是总体来说,这里介绍的薄片状比措琪里面比较普及。

5cm×2cm

源于山区的薄片意面

说到比措琪里面,就不得不提翁布里亚州风味比措琪里面这道意面料理。用洋苏叶黄油、皱叶甘蓝和土豆制成沙司拌上比措琪里面烹制后就做成了瓦尔泰利纳地区冬季最具特色也最普遍的一道意面料理。由于是寒冷的冬季食用的料理,所以它的特色就是汤汁浓郁、口感醇厚。本书中的做法和传统做法基本相同,只不过最后撒的是更容易买到的丰丁干酪。如果使用的是当地的卡塞拉奶酪(Casella)或必图奶酪(Bitto)就更正宗了。

翁布里亚州风味比措琪里面

西口大辅

117

通心管面

●通心管面的配料

【1人份50g】

00 粉（莫里尼 Morini 公司）	250g
粗面粉（得科 De Cecco 公司）	250g
盐	5g
蛋黄	8.5 个
水	100ml
特级初榨橄榄油	10ml

#057
蛙肉蔬菜通心管面

小池教之

●制作通心管面

1. 将揉好的面坯压成厚 1mm 的面片，然后将其切割成一个个边长为 3cm 的正方形。

2. 将正方形面片置于 Pettine（表面有刻槽的小型木板）上，使它的对角线和刻槽方向保持平行。用直径为 4mm 的模具自带卷棒卷住面片的一角，边用力按压卷棒边转动它，在面片卷成卷的同时让其印上模具的条纹（具体操作步骤请参照 P43 A）。

●蛙肉沙司

1. 蛙腿肉（6 人份 24 只）上撒盐、胡椒粉抓匀。

2. 锅中倒适量水，依次放入蛙骨、香味蔬菜（洋葱、胡萝卜、香芹）、月桂、百里香、黑胡椒碎，熬 2 小时左右。用滤勺滤出食材，汤汁留起备用。

3. 锅中热黄油和特级初榨橄榄油，放入拍碎的蒜瓣、洋苏叶、月桂煸炒，待煸出香味、黄油变色时，放入蛙肉快速翻炒，倒入步骤 2 中的汤汁，以浸没食材为宜，炖至汤汁快要收干。

●最后工序

1. 通心管面下盐水中煮 7 分钟。

2. 取适量蛙肉沙司（1 人份 2 汤勺）倒入锅中，将卷心菜撕成小块（1/2 片）也放入锅中，加热 2~3 分钟。

3. 倒入通心管面，撒上擦碎的柠檬皮和帕玛森干酪，将所有食材搅拌均匀。装盘。

●通心管面的配料

【1人份70g】

00 粉（马里诺 Marino 公司）	300g
粗面粉（马里诺 Marino 公司）	200g
蛋黄	5 个
水	125ml
肉豆蔻	1 撮
帕玛森干酪	1 大勺

#058
鲜蔬通心管面

西口大辅

●制作通心管面

1. 将揉好的面坯压成厚 1mm 的面片，然后将其切割成一个个边长为 3cm 的正方形。

2. 将正方形面片置于 Pettine（表面有刻槽的小型木板）上，使它的对角线和刻槽方向保持平行。用直径为 9mm 的模具自带卷棒卷住面片的一角，边用力按压卷棒边转动它，在将面片卷成卷的同时让其印上模具的条纹（具体操作步骤请参照 P43 A）。

●蔬菜沙司

1. 制作洋蓟泥。纯橄榄油翻炒处理过的洋蓟的茎（130g），然后倒入洋葱炒料头（P245，30g）、鸡汤（200ml）炖至洋蓟变软。用博美滋（Bamix）多功能料理机打成泥，然后用筛网过滤。

2. 先处理一下以下几种蔬菜。青豌豆（15g）用盐水煮软，捞出后沥净水分备用。洋蓟的花托（1/2 个）切成小块，

泡在柠檬水中备用。番茄（30g）水煮去皮，刮掉种子，切成小块备用。

3. 锅中热纯橄榄油，放入连皮拍碎的蒜瓣煸炒，煸出香味后捞出蒜瓣。依次放入切好的洋蓟块、茄子块（40g）、红柿子椒块（40g）翻炒片刻，炒熟后放盐、黑胡椒。关火，倒入青豌豆、番茄、洋蓟泥（30g），将所有食材搅拌均匀。

●最后工序

1 通心管面下盐水煮 7 分钟。

2. 取适量蔬菜沙司（1 人份约 100g）加热，淋入少量特级初榨橄榄油提香，倒入少量面汤调汁。

3. 倒入煮好的意面拌匀。撒上帕达诺干奶酪搅拌均匀。装盘。

※ 买来洋蓟后，切去多余的硬腭片，剥掉茎部的外皮。将柠檬切片和处理好的洋蓟一起放在深锅里，洋蓟切口朝下，加水半没过洋蓟，水里加点盐。开火煮至水沸腾，过 4 分钟左右将锅端走，放在冰水里冷却。

拉格耐勒面

●拉格耐勒面的配料

【1人份70g】

粗面粉（卡普托 Caputo 公司）…… 200g

水…………………………………… 100ml

＃059

鹰嘴豆拉格耐勒意面汤

杉原一祯

●制作拉格耐勒面

1. 用擀面杖将揉好的面坯擀成厚 2mm 的薄面皮。然后用刀切成长 5cm 多、宽 1.5cm 的长方形面片。短拉格耐勒面就做好了。

●鹰嘴豆沙司

1. 准备 1 个装有足够多水的深锅，水中放少量小苏打，倒入适量鹰嘴豆泡 1 晚。

2. 将泡鹰嘴豆的水倒掉，锅中重新注入清水，水量为鹰嘴豆的两倍，开火将鹰嘴豆煮软。然后放入少量拍碎的蒜瓣、适量意大利香芹末、少许特级初榨橄榄油，再煮 30 分钟左右。

3. 取一半鹰嘴豆以及少量煮汁，用不锈钢筛网压成泥，再倒回锅中，加盐调味。

●最后工序

1. 将拉格耐勒面下入鹰嘴豆沙司（1 人份约 300ml）中，煮 6~8 分钟。最好的状态是意面煮好时，锅中的汤汁也收的差不多了，整体感觉既不太稀，也不太稠。

2. 放盐、黑胡椒、特级初榨橄榄油调味。装盘。

◆注意事项

在煮鹰嘴豆的时候，可以通过咬一咬的方式来确认其是否煮熟。一定要将鹰嘴豆煮至熟透绵软。为了使沙司的风味更浓郁、口感更绵黏，煮好后将其中一半压成泥。这道料理做完后的最佳状态是，用汤勺舀起 1 勺，可以很均匀地舀起意面、鹰嘴豆以及汤汁。

比措琪里面

●比措琪里面的配料

【1人份70g】

荞麦粉（马里诺 Marino 公司） …… 180g

00 粉（马里诺 Marino 公司）………… 60g

水…………………………………… 90ml

※ 仅用荞麦粉和出的意面比仅用小麦粉和出的面要软一些，而将荞麦粉和小麦粉以 3:1 的比例混合和出的意面在风味以及口感上都是最好的。

＃060

翁布里亚州风味比措琪里面

西口大辅

●制作比措琪里面

1. 将揉好的面坯用面条机压成超薄面皮，然后切成 5cm×2cm 的面片。

●处理蔬菜

1. 将皱叶甘蓝叶（1 人份 2 片）切成 3cm 的四边形。下盐水煮软。

2. 土豆切成 7~8mm 的小块（1/2 个），下盐水煮软。

●最后工序

1. 比措琪里面下盐水煮 8 分钟。

2. 热锅化黄油，下蒜末、洋苏叶爆香。蒜末变色后倒入皱叶甘蓝和土豆，快速翻炒。然后倒入少量面汤和洋苏叶。

3. 接着倒入煮好的意面，关火，将所有食材搅拌均匀。放入丰丁干酪丁和帕达诺干奶酪搅拌均匀。装盘。

◆小贴士

除了比措琪里面，这道蔬菜沙司还可以与 "stracci"（意为"布头"）等其他薄片意面以及荞麦面玉米粥搭配食用。

布雷克意面

7cm × 4cm

荞麦粉布雷克意面

"bleki"是弗留利地区的方言，意为"撕成破布"或"打补丁"，标准语中的叫法为"stracci"（斯托拉奇面）。常见于多洛米蒂山和卡鲁尼亚等寒带、严寒带山区。传统做法中以荞麦粉为主要配料，由于荞麦粉中含有的谷蛋白很少，所以我们和面时还会加入一些小麦粉、奶酪、鸡蛋等来增加面坯的紧实度。和好的面坯压成面皮，然后切成四边形或三角形，成型。

加了荞麦粉和奶酪的布头形状的意面

布雷克意面料理的样式大多很简单，一般直接拌上黄油或奶酪就可以食用。但由于这里受奥匈帝国的影响很大，所以就有了这道由奥匈帝国特色料理红烧牛肉和布雷克意面一起烹制而成的红烧牛肉烩面。和柿子椒末一起炖制而成的红烧牛肉沙司鲜香回甜，拌上质地厚实、麦香十足的荞麦粉布雷克意面，最后再撒上当地特产的蒙塔西奶酪，就做成了这道风味独特、口感绝佳的意面料理。

#061
Bleki al sugo di gulasch
红烧牛肉烩荞麦粉布雷克意面

小池教之

塔科尼面

边长4~6cm

玉米粉塔科尼面

"tacconi"也是"撕成破布"或"打补丁"的意思，这种叫法多见于阿布鲁佐大区及其周边地区。由薄片状意面"sagne"演变而来，将"sagne"切成小块就得到了"tacconi"。形状和当地传统意面"Sagne a pezzi"基本相同。面坯的主要配料是软质小麦粉，也有加上粗面粉、豆粉或玉米粉和制而成的成品。本书中使用的是当地农家制作此面时的配料，是用00粉、玉米粉、猪油、奶酪和制而成。

阿布鲁佐大区布头型意面

在阿布鲁佐大区，最受欢迎的意面沙司是小羊肉番茄沙司，由番茄和小羊肉炖制而成，也是最常和薄片状意面搭配食用的一种沙司。当地也常用山羊肉来烹制这道沙司，所以如果各位也使用山羊肉，可以进一步提升这道沙司的地域风味。此外，玉米粉塔科尼面在盐水中只需煮至半熟即可，捞出后直接倒入小羊肉沙司中将其煮熟。

#062
Tacconi di mais al ragù di capra
羊肉番茄玉米粉塔科尼面

小池教之

斯托拉奇面

玉米粉斯托拉奇面

"stracci"同样也是"撕成破布""打补丁"的意思，是所有同类型意面中最标准的叫法。一般呈平行四边形，也有边长短一些的正方形成品（如左图所示）。本道料理中使用的是将00粉和威内托大区产的白玉米粉以等比例混合做出的口感独特的玉米粉斯托拉奇面。玉米粉中的谷蛋白很少，所以面坯弹性有限，很容易断裂，不适合切成细长条型。但是，如果是薄片状就完全没有问题，虽然口味清淡了些，但是充满着乡土气息。

边长 3cm

白玉米粉布头型意面

先用番茄酱将虾夷盘扇贝幼贝炖熟，再拌上白玉米粉斯托拉斯面，就做成了这道虾夷盘扇贝海鲜意面。这道料理从威内托大区的名料理海鲜白玉米汤演变而来。虾夷盘扇贝幼贝香味浓郁，很适合制作沙司以及搭配意面食用。而且将其煮熟后简简单单调一下就是很美味的料理。

\#063
Stracci di farina di mais al ragù di capesante
虾夷盘扇贝斯托拉奇面

西口大辅

斯托拉帕塔面

全麦斯托拉帕塔面

"strappata"为"扯掉"的意思。由用手拽住薄片面坯的一角后用力扯下来的成型方式而得名。多见于翁布里亚大区南部的德尔尼一带，在相邻的托斯卡纳州、拉齐奥区的部分地区也能见到，只不过叫法有所差异，比如在我于拉齐奥区学艺的地方就把它叫做"strappaterra"。面坯一般都是由00粉加水直接和成，这里要向各位介绍一种发酵和面法，据说最开始使用的是做面包时剩余的面坯。发酵和面法做出来的意面既有发酵面特有的蓬松质地，又有酵母的香味和酸味。

边长 3~4cm

扯出来的意面

这道料理由斯托拉帕塔面和鸭肉沙司烹制而成。在当地，沙司是由自家养的鸭子或打到的野鸟连同内脏一起炖制而成，充满了浓郁的乡土气息，所以我们在烹制这道料理时也要注意突出它的乡土特色。为此，我们仿照乡间传统的制作面包的方法，用发酵和面法制作意面，并且将鸭内脏连同鸭腿肉一同用红酒炖熟做成沙司。

\#064
Pasta strappata di pane integrale
al ragù rustico d'anatra
田园风味鸭肉斯托拉帕塔面

小池教之

●布雷克意面的配料

【1人份40g】

荞麦粉（马里诺 Marino 公司）	200g
00 粉（Le 5 stagioni 公司）	200g
猪油	10ml
蒙塔西奶酪（刨丝）	30g
全蛋	1.7 个（100g）
矿泉水（硬水）	100ml
盐	4g

※ 蒙塔西奶酪是一种用弗留利 – 威尼斯朱利亚大区等东北部地区产的牛乳制成的硬质奶酪。这里我们选用 12 个月熟化的类型。

※ 为了保证荞麦粉独特的香味和口感，需严格控制其他配料的使用量，而且意面最好是现做现用，上述配料中的各种材料、用量就是在充分考虑了意面的味道、口感、制作时间、放置时间等多种因素的基础上找到的最佳的组合方式。此外，和面的时间不要过长。荞麦粉最好也使用刚磨出来的。

塔科尼面

●塔科尼面的配料

【1人份50g】

00 粉（卡普托 Caputo 公司）	200g
玉米粉（精磨）	200g
蛋黄	3 个
温水	150ml
猪油	30ml
佩科里诺罗马诺奶酪	30g
盐	4g

※ 配料中的玉米粉一般使用的是粗磨玉米粉，但是由于粗磨玉米粉颗粒较大，不容易与其他配料融合到一起，所以做出来的意面质地会比较粗糙。为了使做出来的意面质地更光滑，也更有弹性，本店选择使用精磨玉米粉，同时还可以突出玉米面的香甜味。但是，用上述配料做出来的意面比仅用小麦粉做出的意面要脆弱一些，所以无论是和面还是煮的时候，动作幅度都不能过大。此外，如果还想让意面稍稍带有一丝粗糙口感，可以将粗磨玉米粉作为散粉使用。

※ 由于玉米面中的谷蛋白含量很少，和出的意面弹性有限，面条机压完后也基本不会收缩，所以过面条机的次数可以适当减少。

＃061
红烧牛肉烩荞麦粉布雷克意面

小池教之

●制作荞麦粉布雷克意面

1. 用面条机将和好的面坯压成厚 2~2.5mm 的面皮，然后用刀切成 7cm×4cm 的长方形面片。

●红烧牛肉

1. 整块牛脸肉（1kg）表面抹上一层盐、胡椒调味，放入容器中，接着依次放入红酒（1瓶）、大蒜、香辛料（锡兰肉桂、丁香、香菜、八角茴香、杜松子）、香草（月桂、迷迭香、百里香、洋苏叶），腌 1 晚。

2. 热锅化黄油，放入腌好的牛脸肉，两面煎变色。倒入蒜香调味酱（P249，1 长柄勺），腌牛脸肉的腌汁过滤后全部倒入锅中。然后放入番茄沙司（1 长柄勺）和柿子椒辣椒末（1 汤勺）、马郁兰、月桂，炖 3 小时。

●最后工序

1. 布雷克意面下盐水煮 7~8 分钟。

2. 将牛脸肉切开，大块用于烹制主菜，碎肉用于制作沙司。取适量汤汁和碎肉一起加热，倒入煮好的意面，搅拌均匀。

3. 装盘，撒上蒙塔西奶酪。

＃062
羊肉番茄玉米粉塔科尼面

小池教之

●制作塔科尼面

1. 用面条机将揉好的面坯压成厚 2.5mm 的面皮，然后用刀切成边长为 4~6cm 的平行四边形。

●炖山羊肉

1. 山羊肩肉（1kg）切成便于食用的小颗粒肉块，撒盐抓匀。

2. 热锅化山羊油，放入带皮蒜瓣、香草（月桂、迷迭香、百里香、洋苏叶）、山羊肩肉翻炒。

3. 炒至山羊肩肉变色、炒出香味后，倒入蒜香调味酱（P249，1 长柄勺）、去皮番茄酱（1L）、山羊骨汤（500ml），小火炖 2 小时左右。

●最后工序

1. 塔科尼面下盐水中煮 3 分钟左右，煮至半熟即可。

2. 取适量山羊肉沙司（1 人份 2 小长柄勺）加热片刻，然后放入半熟的塔科尼面。不时用木铲来搅动几下，使意面可以和沙司更好地融合，煮 5~6 分钟。

3. 装盘，将山羊乳白奶酪（fromage blanc）塑成鱼丸状摆在意面上。撒上佩科里诺罗马诺奶酪。

※ 山羊白奶酪是一种将山羊奶用乳酸菌发酵后得到的鲜奶酪。

斯托拉奇面

● 斯托拉奇面的配料

【1 人份 70g】

00 粉（马里诺 Marino 公司）………	100g
白玉米粉（La Grande Ruota 公司）…	100g
蛋黄……………………………………	1 个
水……………………………………	约 100ml

＃063
虾夷盘扇贝斯托拉奇面
西口大辅

● 制作斯托拉奇面

1. 用面条机将揉好的面坯压成超薄的面片，然后切成边长 3cm 左右的正方形。

● 炖小虾夷盘扇贝

1. 准备几个小虾夷盘扇贝（1 人份 7~8 个），撬开贝壳，取出贝肉（闭壳肌、裙边等），去掉内脏（消化腺），用清水清洗干净，沥净水分。

2. 锅中热纯橄榄油，放入连皮拍碎的蒜瓣煸炒，煸至蒜变颜色后放入虾夷盘扇贝翻炒片刻。放盐、番茄酱（20g），倒入鱼汤，鱼汤要没过食材，将贝肉煮熟。

● 最后步骤

1. 斯托拉奇面下盐水中煮 3 分钟左右。

2. 往小虾夷盘扇贝（1 人份约 100ml）沙司中倒入少量蒜香番茄沙司（salsa marinara）调汁，撒上意大利香芹末，淋上特级初榨橄榄油。

3. 倒入煮好的斯托拉奇面，将所有食材搅拌均匀。装盘。

◆ 注意事项

小虾夷盘扇贝加热后很容易分泌出甜味，所以煮的时间不要过长，否则口味会偏甜。

斯托拉帕塔面

● 斯托拉帕塔面的配料

【1 人份 50g】

配料 A

全麦粉（马里诺 Marino 公司）……	100g
水…………………………………	50ml
面引子（天然酵母）………………	1 撮

配料 B

全麦粉（马里诺 Marino 公司）……	300g
水…………………………………	150ml

配料 C

全麦粉（马里诺 Marino 公司）……	200g
水…………………………………	100ml
盐…………………………………	6g

※ 本店使用的是用天然酵母发酵的面包坯。

＃064
田园风味鸭肉斯托拉帕塔面
小池教之

● 制作斯托拉帕塔面

1. 将配料 A 中的面引子用适量水泡开，倒入装有全麦粉的面盆，揉成面团。装入塑料袋中，常温下醒 1 晚。

2. 从第二天开始，每天往步骤 1 的面团中倒入全麦粉 100g、水 50g（配料 B 中的材料），揉至"三光（面光、盆光、手光）"，发酵 1 晚，此步骤重复 3 次，至配料 B 的材料全部用完。

3. 将配料 C 的材料（全麦粉、水、盐）全部倒入通过步骤 2 处理好的面坯中，揉至"三光"。常温下醒 3 小时左右。然后再在冰箱中放置 1 晚，需要时将其取出，在室温下放置一段时间，让其恢复为正常温度。

4. 先用擀面杖擀薄一些，然后用面条机压成厚 3mm 的薄皮。用手撕成 4cm 左右的不规则面片，成型。

● 炖鸭肉

1. 将走地雄鸭（Challandais）的鸭腿肉（8 个）表面抹上一层盐、胡椒调味。然后撒上蒜末、迷迭香，淋少许马萨拉酒，放在冰箱中腌 1 天。

2. 锅中热特级初榨橄榄油，下入鸭肉煎制片刻，倒入蒜香调味酱（P248，2 长柄勺）翻炒。然后倒入红酒、马萨拉酒（各 250ml）继续翻炒，炒至酒精蒸发，接着倒入番茄酱（1 长柄勺）、鸭汤调汁，汤汁要没过食材，炖 1 小时。

3. 将炖熟的鸭肉取出，切成小块，再倒回锅中。

● 最后工序

1. 斯托拉帕塔面下盐水中煮 5 分钟。

2. 锅中热特级初榨橄榄油，倒入鸭内脏（鸭肝、鸭心、鸭胗）翻炒。

3. 另置一锅，取适量炖好的鸭肉（1 人份 1 长柄勺）倒入锅中，淋入少量马萨拉酒，开火加热。然后倒入适量炒好的鸭内脏以及切碎的迷迭香、洋苏叶搅匀。

4. 将煮好的意面倒入锅中，撒上佩科里诺罗马诺奶酪和帕达诺奶酪，将所有食材搅拌均匀。

5. 装盘，撒上意大利香芹碎、佩科里诺罗马诺奶酪、帕达诺奶酪。

轧花圆面片

直径 5.5cm

轧花圆面片（印章型）

该意面起源于利古里亚大区热那亚以东一个叫"Levante"（东里维埃拉）的地方。是一种用印章型模具压制而成的带有花纹的薄片意面。源于"crozetti"一词，据说在中世纪时期该意面主要用于宗教祭祀或节日庆典等重大场合，所以意面表面常印有十字架花纹，名字便是由此得来。千百年来该意面的形状基本没有什么变化，只不过表面花纹的种类是越来越丰富了，除了宗教图案之外，还有家徽、花草等各式各样的图案。

带花纹的圆形意面

制作轧花圆面片时需要注意一点，要让压出来的意面上的花纹纹路清晰，这样做出来的意面不仅看起来更加美观，而且还可以更好地吸附沙司。要做到这点，不仅需要各位在压制的时候一定要用力，还需要将面坯和得很有弹性。此外，本道料理中用于制作沙司的食材选用的都是利古里亚区十分具有代表性的食材，橄榄是产自西里维埃拉（Ponente）地区的"Taggiasca"，兔肉来源于在崎岖不平的山间饲养的兔子，再配上原产于当地的轧花圆面片，实是一道地域特色浓郁的意面料理。

直径 5.5cm

轧花圆面片（印章型）

同上，一种带有花纹的薄片意面。花纹的图案不同，意面呈现出的风格也有所差异。

利古里亚风味海鲜洋蓟沙司

这道料理由同是利古里亚州特产的轧花圆面片和洋蓟烹制而成，地域特色十足。当地人们在烹制海鲜料理时有放入洋蓟的习惯，本书中也如法炮制，将洋蓟和虾肉搭配在一起做成沙司。为了整道料理的美感，应将洋蓟和虾肉切成小块。北意大利料理中常用黄油调味，但由于利古里亚是世界上数一数二的橄榄油产地，再加上是给洋蓟虾肉调味，口味清淡一些为宜，所以本书中在给沙司调味时选用的是橄榄油。

＃065
Corzetti stampati con coniglio e olive taggiasche
橄榄兔肉轧花圆面片

小池教之

＃066
Corzetti con carciofi e gamberi
洋蓟虾肉轧花圆面片

西口大辅

\# 067
Corzetti alla polceverasca al ragù di vitello con ceci

波尔塞弗拉风味牛肉鹰嘴豆轧花圆面片

长 5cm

轧花圆面片（8 字形）

和上页的轧花圆面片同名不同型，这是一种呈 8 字形的意面。仅见于利古里亚大区的波尔塞弗拉（Polcevera）山谷地区。做法是将鹰嘴豆大小的剂子通过或抻或捏或拧的方式做成 8 字形。本人一般是用两手抓着剂子的两端将其拧成 8 字形。为了让意面在煮的时候可以受热均匀，同时也更便于成型，最好将面和得软一些。现今，在当地市面上也有干面出售。

小池教之

热那亚近郊的 8 字形意面

热那亚地区有一道被称作热那亚之巅的招牌料理"cima"（一种冷的小牛肉馅饼），做法是用刀横着片牛肉，但不要完全片开，然后填上用牛肉和蔬菜做成的馅料，再将其煮熟。由此可见，在当地牛肉料理是非常受欢迎的。虽然当地畜牧业以及养殖业并不发达，但是由于和邻州皮埃蒙特州的贸易往来比较频繁，所以当地人们也受其影响喜食牛肉。而鹰嘴豆是在热那亚还是海洋强国的时候引进的谷物，自此也便成为当地人们日常使用最为广泛的食材之一。现在我们用这 2 种十分具有当地特色的食材来烹制沙司，再配上较为少见的 8 字形轧花圆面片，使得这道料理充满了浓郁的利古里亚州地域特色。

轧花圆面片

●轧花圆面片的配料

00 粉（马里诺 Marino 公司）………	350g
粗面粉（得科 De Cecco 公司）……	150g
水…………………………………	200ml
特级初榨橄榄油（Taggiasca）……	10ml
盐…………………………………	5g

＃065
橄榄兔肉轧花圆面片

●制作轧花圆面片

1. 用面条机将揉好的面坯压成厚 2mm 的面皮。

2. 准备 1 个制作轧花圆面片的印章型模具。用模具底座（没有花纹的那面）在面皮上压出圆形面片。然后将压出来的圆形面片放在模具底座有花纹的那面上。再将模具另一带有花纹的部分扣在圆形面片上方，用力按压模具压出花纹。压的时候一定要用力，要让花纹很清晰的印在面皮上（具体操作步骤请参照 P43）。

●炖兔肉

1. 兔腿肉（4 条）切成小块，表面撒上一层盐和香菜末。

2. 锅中热特级初榨橄榄油，放入拍碎的蒜瓣、百里香、马郁兰、罗勒翻炒，炒出香味后将其全部捞出。放入切碎的毛葱（1 头），炒出甜味。

3. 倒入兔肉，淋入白酒，继续翻炒，炒至酒精蒸发，然后倒入兔肉汤（1L），炖 30 分钟 ~1 小时。

●最后工序

1. 轧花圆面片（1 人份 7 片）下盐水中煮 5~6 分钟。

2. 另置 1 个锅，锅中热特级初榨橄榄油，放入去籽黑橄榄（Taggiasca 橄榄，1 人份 3~4 颗）、腌刺山柑（醋渍）、松子（1 撮）、杏鲍菇片（1/4 个）翻炒片刻，然后倒入炖兔肉（1 小长柄勺）。

3. 接着放入煮好的意面拌匀。撒上少量帕达诺干奶酪、淋上几滴特级初榨橄榄油，将所有食材搅拌均匀。

4. 装盘，撒上几片撕碎的罗勒叶和少许帕达诺干奶酪。

◆注意事项

炖兔肉的时候，可以将剔下来的骨头一起放入锅中，这样炖出来的汤汁会更加香浓。此外，也可以提前用兔骨熬汤留起备用。

●轧花圆面片的配料
【1 人份 60g】

00 粉（马里诺 Marino 公司）………	800g
粗面粉（马里诺 Marino 公司）……	200g
蛋黄………………………………	8 个
全蛋………………………………	5 个
纯橄榄油…………………………	少量

＃066
洋蓟虾肉轧花圆面片

●制作轧花圆面片

1. 用面条机将揉好的面坯压成厚 3mm 的面皮。

2. 准备 1 个制作轧花圆面片的印章型模具。用模具底座（没有花纹的那面）在面皮上压出圆形面片。然后将压出来的圆形面片放在模具底座有花纹的那面上。再将模具另一带有花纹的部分扣在圆形面片的上方，用力按压模具压出花纹。压的时候一定要用力，要让花纹很清晰的印在面皮上（具体操作步骤请参照 P43）。

●洋蓟虾肉沙司

1. 处理好洋蓟（1 人份 1 个），切成薄片，浸入柠檬水中。

2. 剥掉虾头和虾壳（天使虾，3 条），去掉虾足，将虾肉切成小片。

3. 锅中热纯橄榄油，放入带皮拍碎的蒜瓣煸炒，煸出香味后将蒜捞出，倒入洋蓟片，大火翻炒。放"洋蓟泥"（做法请参照 P118"蔬菜沙司"，30g），关火，倒入少量面汤调汁。

4. 倒入虾肉、香芹末和特级初榨橄榄油，不断搅拌锅中食材，用锅中余温焖熟虾肉。

●最后工序

1. 轧花圆面片（1 人份约 10 片）下水中煮 3~4 分钟。

2. 将洋蓟虾肉沙司（1 人份约 100g）加热片刻，然后放入煮好的意面搅拌均匀。

3. 装盘，淋上特级初榨橄榄油。

067

波尔塞弗拉风味牛肉鹰嘴豆轧花圆面片

● 轧花圆面片（8 字形）的配料

【1 人份 50g】

00 粉（莫里尼 Morini 公司）	350g
粗面粉（卡普托 Caputo 公司）	150g
蛋黄	2 个
水	180ml
盐	5g

● 制作轧花圆面片

1. 取少量揉好的面坯，搓成直径 1cm 的长条。然后将搓好的长条切成长 2cm 的小剂子。

2. 用两手的拇指和食指分别捏住剂子上下切口的两端，使剂子的两个切口一个朝上一个朝下，并向左右两个方向拉伸剂子。保持一手捏着剂子的一端不动，将另一手捏着的那端向相反方向将剂子拧成 8 字形（具体操作步骤请参照 P44）。

● 小牛肉炖鹰嘴豆

1. 鹰嘴豆洗净，倒入锅中，注入适量水泡 1 晚。第二天将锅中水掉到，重新注入清水，放入蒜瓣、洋苏叶、月桂、盐，煮 30 分钟左右，将鹰嘴豆煮软。

2. 小牛牛肩肉（1kg）切成 1.5cm 的小块，撒盐抓匀。

3. 锅中热特级初榨橄榄油，下入牛肉块翻炒，待牛肉变色后倒入蒜香调味酱（P249，300g）继续翻炒。然后淋入白酒，炒至酒精蒸发，注入牛肉汤，量以没过食材为佳，放入 1 个香料包（月桂、迷迭香、百里香、马郁兰、洋苏叶、龙蒿）、切成半月形的柠檬片（1 片），煮 1.5~2 小时。

4. 鹰嘴豆沥净水分后倒入炖牛肉的锅中。

● 最后工序

1. 轧花薄面片下盐水中煮 12~13 分钟。

2. 另置一锅，取适量牛肉炖鹰嘴豆（1 人份 1 汤勺）倒入锅中，开火加热，放入煮好的意面拌匀。倒入少量小牛浓汤（sugo di carne）起勾芡作用。

3. 装盘，撒上几片罗勒叶以及擦碎的柠檬皮。

蝴蝶面

长 2~3cm

蝴蝶面

"farfalle"是"蝴蝶"的意思，如名所示，此意面呈蝴蝶形。一般是用手揪起四边形薄面片中间部位成型，而左图是通过拧的方式做出来的，具体做法是双手各持四边形两边，一手保持不动，另一手将同侧面皮向下拧一圈，拧出蝴蝶形。这是我在意大利学艺时学到的成型法，操作简单，而且中间部分也不会太厚。市面上可以很容易买到蝴蝶结干面，但为了做出干面的那种嚼劲儿，本店在配料中加入了肉豆蔻和帕玛森干酪。

奶酪沙司拌蝴蝶面

生火腿、青豌豆和鲜奶油做成沙司，再拌上蝴蝶面就做成了这道样式简单、奶香浓郁的意面料理。烹制沙司时稍有差池，沙司就会变得苦涩，难以下咽，所以烹制时一定要注意生火腿的炒制时间不能太长，而且鲜奶油熬的时间也不能过长。这样做成的沙司才绵滑爽口、香醇味美，并且和既小且薄的蝴蝶面非常搭。

＃068
Farfalle con prosciutto e piselli

火腿青豌豆奶油蝴蝶面

西口大辅

蝴蝶结面

长 5.5cm、宽 3.5cm

蝴蝶结面

同上。也是一种蝴蝶形意面。大部分人都管这种意面叫做"farfalle"，而在艾米利亚－罗马涅大区的摩德纳一带，人们将其称做"strichetti"。"strichetti"有"勒紧、捆扎"的意思，来源于"stringere"一词。因为该意面是通过用手揪起面片中间部位成型的，所以就以成型方法来为其命名的。此外，"strichetti"还有另一种成型方法，将正方形面片其中一组对角在面片上方捏在一起，另一组对角在面片下方捏在一起。

摩德纳的蝴蝶结意面

艾米利亚－罗马涅大区的人们喜食鳗鱼，所以在传统料理中有许多以鳗鱼为材料的料理。本书对众多鳗鱼料理中的炖鳗鱼做了些许改动，用番茄沙司炖康吉鳗、蘑菇以及各种香味蔬菜，再用橘皮和月桂调味做成沙司，用来搭配当地的蝴蝶结面食用。

＃069
Strichetti con grongo e funghi

康吉鳗香菇海鲜蝴蝶结面

小池教之

领结面

长 3cm

墨鱼汁领结面

"nocchette"为"小蝴蝶结""小领结"的意思，成型方法是将圆形面片相对的两端捏在一起，捏成蝴蝶结样式，为空心意面，形状介于蝴蝶面（farfalle，P128）与帕克里面（paccheri，P100）之间。配料主要为软质小麦粉和鸡蛋，这里我们又加入了墨鱼汁。成品大小可随各位喜好自由决定。

筒形的蝴蝶结意面

这道料理由样式简单却口味清鲜的虾肉沙司和领结面烹制而成，是我在那不勒斯学艺时从某个高级餐厅学到的，据说这是他们自创的料理。本店是完全按照该餐厅的方法进行烹制的。肉质紧实的虾肉与质地柔软的意面搭配一起，虾黄的香味与墨鱼汁的风味可谓相得益彰。如果想墨鱼汁的香味更加浓郁，也可以在烹制沙司时放入少量墨鱼汁。

#070
Nocchette al nero di seppia ai gamberi
虾肉墨鱼汁领结面

杉原一祯

戒指面

直径 3~4cm

戒指面

戒指面发源于撒丁岛西部的奥里斯塔诺一带，在当地的语言中，"lorighittas"是"戒指"的意思。做法是先将细条形面坯在手上绕两圈形成两个面圈，然后再将两者拧在一起成型。一般只用粗面粉加水和面，但为了成型时更便于操作，需要将面和得软一些，所以在本书的配料中多了00粉，并稍稍增加了用水量。虽说该意面个头不大，但因为是由两个面圈拧成的，所以很有嚼劲儿，也能很好地吸附沙司。

撒丁岛的戒指面

撒丁岛多丘陵，中部山地栖息了大量野味，如炖鹧鸪就是当地人们经常食用的一道料理。接下来要向各位介绍的这道用于搭配戒指面的野味番茄沙司中也有鹧鸪的身影，是由鹧鸪肉、雷鸟肉和野鸡肉一起烹制而成。先将各种野味搅成肉酱，放入茴香、锡兰肉桂、红酒调味，然后将肉馅团成丸子，和番茄沙司一起炖熟。虽然鹧鸪鸟胸部的肉味道清淡，但是鸟腿肉带有特殊的苦味和涩味，再配上雷鸟肉、野鸡肉，可谓是一道风味独特的野味沙司。

#071
Lorighittas con la pasta
di salsiccia delle selvaggine da penna
野味番茄戒指面

小池教之

蝴蝶面

●蝴蝶面的配料

【1人份70g】

00 粉（马里诺 Marino 公司）	300g
粗面粉（马里诺 Marino 公司）	200g
蛋黄	5 个
水	125ml
肉豆蔻	1 撮
帕玛森干酪	1 大勺

#068
火腿青豌豆奶油蝴蝶面
西口大辅

●制作蝴蝶面

1. 将揉好的面坯压成厚 1mm 的面片，用意大利面食砂轮刀（轮子边缘为锯齿形）将其切成边长为 3cm 左右的四边形。

2. 左右手各持四边形两边，一手保持不动，另一手将同侧面皮向下拧 1 圈，使该侧面片上下面翻合，拧出蝴蝶形（具体操作步骤请参照 P47）。

●制作奶油沙司

1. 青豌豆（2 人份 50g）入盐水中煮软。捞出后用凉水浸泡，沥干待用。

2. 生火腿（50g）切细丝，平底锅化黄油（40g），放入火腿丝翻炒出香味，关火。

3. 锅中倒白酒（30ml），开火煮一段时间，待锅中液体沸腾后放入鲜奶油（120ml）。

锅中一半液体开始冒大泡时关火。

4. 撒上黑胡椒，倒入青豌豆，搅拌均匀。

●最后工序

1. 蝴蝶面下盐水中煮 8~9 分钟。

2. 将奶油沙司（1 人份 100g）加热片刻，然后放入煮熟的意面，用木铲不断搅拌，待汤汁收的差不多时，撒上帕达诺干奶酪，快速搅匀，装盘。

◆注意事项

炒生火腿时，如果炒的时间过长，火腿会被炒硬，味道就会大打折扣，因此只需稍稍翻炒即可。此外，也有人选择不先炒火腿，而是直接将其倒入煮沸的鲜奶油锅中，这样做出来的沙司味道会更清淡一些。

蝴蝶结面

●蝴蝶结面的配料

【1人份40g】

00 粉（莫里尼 Morini 公司）	250g
粗面粉（得科 De Cecco 公司）	150g
蛋黄	4 个
水	125ml
盐	4g

※ 一般是用全蛋和面，但是考虑到我们需要做出既有弹性又有嚼劲儿的意面，所以选择先用蛋黄和面，再一点点添水，慢慢调整面坯的软硬度，而且这样做出的意面不仅更有蛋香味，还可以使意面在煮制时整体受热均匀，以免中间稍厚一些的部分夹生。

#069
康吉鳗香菇海鲜蝴蝶结面
小池教之

●制作蝴蝶结面

1. 将揉好的面坯压成厚 2mm 的面片，用意大利面食砂轮刀（轮子边缘为锯齿形）将其切成 5.5cm×3.5cm 的长方形面片。

2. 将拇指和食指分别放在长方形面皮相对边（长边）的中间部位，然后用力捏向中间，将面片挤出山脊形状，捏成蝴蝶形。为了防止变形，中间部位一定要捏牢。

●康吉鳗沙司

1. 将康吉鳗（4 条）片开，去掉内脏、鱼骨、鱼鳍等。全身抹上一层盐、胡椒粉，然后切下腹部，将鱼肉切成小块。将切好的鱼肉块裹上一层低筋面粉，入油锅中炸熟。

2. 锅中热特级初榨橄榄油，放入拍碎的蒜瓣煸出香味，然后放入切好的胡萝卜块、洋葱块、香芹块（共 200g）翻炒。

3. 另置 1 个锅，锅中热特级初榨橄榄油，然后放入撕成条状的灰树花菌（1 个）和切成厚片的蘑菇（6 个）翻炒，炒熟后倒入步骤 2 的锅中。接着倒入番茄沙司（2 长柄勺）、马沙拉白葡萄酒（1 杯）、康吉鳗汤，锅中汤汁要没过食材。放入腌刺山柑（醋渍，1 汤勺），小火炖 30 分钟左右。

4. 放入炸好的康吉鳗，再炖 15 分钟左右。要将康吉鳗的鲜味炖入沙司中，但是又不能将鱼肉炖烂。沙司做好后在冰箱中冷藏放置 1~2 天。

●最后工序

1. 蝴蝶结面下盐水中煮 8 分钟。

2. 将康吉鳗沙司（1 人份 1 小长柄勺）加热片刻，放入月桂和擦碎的橘皮，再倒入少量番茄沙司和面汤调汁。

3. 倒入煮好的意面，将所有食材拌匀。

4. 装盘，撒上少许意大利香芹碎。

领结面

● **领结面的配料**

【1人份90g】

00粉（卡普托 Caputo 公司）……	500g
全蛋……………………………	1个
水……………………………	150ml
墨鱼汁……………………	15ml
特级初榨橄榄油…………	15ml

＃070

虾肉墨鱼汁领结面

杉原一祯

● **制作领结面**

1. 将所有配料一起放入面盆中和成面团。用保鲜膜包好放入冰箱中醒1晚。

2. 用面条机将面坯压成1.5~2mm的面片，用直径3cm的圆形模具压出圆形面片。将圆形面片相对着的两端捏到一起。另一只手放在面片下面，从底部向上托一托，将圆形的底部按平，使成品可以在平面上立住（具体操作步骤请参照P46）。

3. 由于面质比较柔软，为了便于烹制以及存放，可以先将做好的意面摆到大方盘中，待稍稍风干后再使用。摆的时候注意两个意面之间要留有一定空隙，以防粘到一起（如果不马上用于烹饪，可以将风干后的领结面冷冻起来）。

● **大虾沙司**

1. 锅中热特级初榨橄榄油，放入蒜瓣和红辣椒煸炒，煸出香味后倒入整只虾（七腕虾、赤足虾等，5只）翻炒，炒出香味。

2. 锅中下意大利香芹末、小番茄（罐装，3~4个）继续翻炒，然后淋入白兰地，炒至酒精蒸发，倒入鱼汤（80ml）。

3. 待锅中水沸腾时，将虾捞出，掰掉虾头，剥掉虾壳，将虾肉切成小块，留起备用。虾头重新放回锅中，用木铲按压虾头，挤出虾黄。翻炒片刻后将虾头捞出。

● **最后工序**

1. 领结面下盐水中煮1~2分钟。

2. 将大虾沙司（1人份1长柄勺）加热片刻，放入虾肉、煮好的意面，将所有食材搅拌均匀。

3. 装盘，撒上意大利香芹末。

◆ **小贴士**

领结面质地柔软，宜与用礁栖鱼或虾类烹制而成的口味清淡的沙司搭配食用。而像菲律宾蛤仔、墨鱼、八带鱼等海鲜味浓郁且肉质弹牙的食材便不太适合与领结面搭配食用。

戒指面

● **戒指面的配料**

【1人份50g】

粗面粉（卡普托 Caputo 公司）……	250g
00粉（卡普托 Caputo 公司）……	250g
温水……………………………	230ml
盐……………………………	5g

＃071

野味番茄戒指面

小池教之

● **制作戒指面**

1. 取少量揉好的面坯，搓成直径约为3mm的长条。

2. 将搓好的面坯绕着3根手指绕两圈。揪掉多余的面坯（手上的面坯总长度约为22cm左右）。两手分别捏住面圈的两边，向相反方向拧5次左右，然后将绕成圈的面坯两端捏到一起，成型（具体操作步骤请参照P48）。

● **制作肉馅**

1. 鹬鸪（红嘴鹬鸪和灰翅鹬鸪2种）肉、雷鸟肉、野鸡肉（共1kg）放入绞肉机中搅成肉泥。然后依次放入盐、胡椒、茴香籽、香菜末、锡兰肉桂粉、红酒、绵白糖（各适量）抓匀。放冰箱中搁置1晚。

● **最后工序**

1. 戒指面下盐水中煮10分钟左右。

2. 与此同时另起一锅，锅中热特级初榨橄榄油，将拌好的肉馅团成一口大小的丸子，下入锅中翻炒。然后倒入白酒、番茄沙司（1汤勺）、去籽青橄榄（4个），炖10分钟左右。

3. 倒入煮好的意面，将所有食材搅拌均匀，装盘，撒上佩科里诺萨多羊奶酪。

◆ **小贴士**

戒指面的使用范围很广，无论是口味清淡还是肉味香浓的沙司，无论是番茄沙司还是海鲜沙司都可以和戒指面搭配食用，而且都美味十足。

特飞面

长 5~7cm

特飞面

特飞面是利古里亚最富盛名的通心粉，起源于中世纪，关于它的起源有许多传说，其中一个故事比较有说服力，说有一位在船上工作的厨师，在一次做完意面后想把粘在手上的面粉搓下来，结果就搓出了最初的"特飞面"。总体呈细长的银鱼形状，具体有近似于圆棍形的、表面带有指印凹凸不平的、螺旋状的等。螺旋形多见于莱科一带，成型方法是将细条面坯放在面板上，用手掌将其揉搓成型。

螺旋形特飞面

提起利古里亚沙司，就不得不提闻名遐迩的热那亚青酱（Pesto，主要原料是罗勒）。现在大多佩斯托青酱都是通过食物搅拌机绞成糊状，质地比较光滑。而本店使用的工具是大理石研钵，研钵捣出的青酱更有质感，而且香气浓郁，与特飞面更搭。还可以往青酱特飞面中放许多食材，做成风味各异、样式繁多的特飞面料理。比如传统做法中也常会往青酱特飞面里加入扁豆和土豆，这里我们尝试放入银鱼和 Taggiasca 橄榄。

斯特力格力意面

长约 5cm

斯特力格力意面

是上述特飞面的一种，通过将短条状面坯搓成螺旋状而成。有一个故事讲述了"strigoli"这一叫法的来源，据说有一位意面商人想给自己出售的特飞面干面起一个全新的名字，他发现特飞面干面的形状很像鞋带，所以就将其命名为"stringo"（鞋带）。随后"stringo"慢慢演变为了"strigoli"。以我来看，从意大利中部到南部的广大区域还是手工制作的斯特力格力意面比较普遍。本书尝试用谷蛋白含量较多的 00 粉和蛋清和面，然后用抹刀成型。

蛋清和制而成的螺旋形意面

将贝壳和明虾蒸熟，用红柿子椒酱和番红花调味做成沙司，再拌上斯特力格力意面烹制的这道料理鲜香味美、香味扑鼻。这是我在阿布鲁佐大区的一个海滨小镇中品尝到的，也是迄今为止给我印象最为深刻的一道斯特力格力意面料理。海鲜和番红花的搭配不仅使这道料理海鲜味浓郁，还散发着当地特产番红花的香味，使整道料理充满了浓厚的地域特色。

#072
Trofie al pesto genovese con pesce
青酱特飞面

小池教之

#073
Strigoli ai frutti di mare in sapore di peperone
香辣海鲜斯特力格力意面

小池教之

特飞面

●特飞面的配料

【1人份50g】

高筋面粉（东京制粉 <Super Manaslu> ）
.... 500g

水 240ml

白酒醋 5ml

盐 5g

※ 和面的时候加点醋，可以抑制谷蛋白的活性，保证面坯弹性适中，既不过软也不过硬，这样更容易成型。

※ 为了便于操作，案板可以选用摩擦力较大的木质案板。此外，待搓到剂子中间部位的时候，可以变换一下搓的方向，这样制成的意面形状更富于变化。

#072

青酱特飞面

小池教之

●制作特飞面

1. 取少量揉好的面坯，搓成直径1cm的长条，然后切成1cm的小剂子。将剂子搓成两头稍尖的细长型的银鱼状。

2. 将搓好的剂子横着放，手掌外侧放在剂子的右端，然后向左前方搓动剂子，将剂子搓成螺旋状（具体操作步骤请参照P46）。

●处理食材

1. 黑橄榄（Taggiasca 橄榄，1人份5个）去籽，放入水中泡15分钟左右。捞出后沥净水分备用。

2. 扁豆（3个）洗净，择去两侧的丝筋，切成适当大小。荷兰豆（1个）也择去两侧的丝筋备用。

3. 竹麦鱼肉（30g）切成小块，撒上一层盐，用特级初榨橄榄油炒熟。

●最后工序

1. 特飞面下盐水中煮近10分钟。中途放入扁豆和荷兰豆，待两种豆类煮的差不多熟时将其捞出，沥净水分。

2. 往炒竹麦鱼肉的锅中注入适量鱼汤，加热片刻。倒入煮好的意面拌匀。然后倒入佩斯托青酱（P248，1人份1汤勺）继续搅拌。

3. 接着放入扁豆、荷兰豆、黑橄榄，将所有食材搅拌均匀，装盘。

斯特力格力意面

●斯特力格力意面的配料

【1人份50g】

00 粉（卡普托 Caputo 公司） 300g

蛋清 .... 2.5 个

水 .... 适量

盐 3g

※ 用蛋清和面可以起到增白提亮的效果。而且加热后蛋清会凝固，又能给意面带来一种独特的口感。

#073

香辣海鲜斯特力格力意面

小池教之

●制作斯特力格力意面

1. 取少量揉好的面坯，搓成直径5mm的长条。再将其切成长6cm左右的剂子。用手将剂子两端轻轻来回搓几下，使两端更细些。

2. 将搓好的剂子横着摆在案板上，取一把面身较宽的抹刀斜着放到面坯上，使刀的右侧和面坯的右端对齐。然后用力向左前方推动刀身，将面坯搓成螺旋状。

●红柿子椒海鲜沙司

1. 制作红柿子椒酱。红柿子椒（4个）去蒂除籽，切成大块。锅中热特级初榨橄榄油，倒入切成大块的红柿子椒和拍碎的蒜瓣翻炒，盖上锅盖焖片刻，焖至红柿子椒变软。然后倒入食物搅拌机中搅成糊状。

2. 特级初榨橄榄油煸炒拍碎的蒜瓣和红辣椒，煸出香味后倒入带壳贝壳（以每人菲律宾蛤仔3个、文蛤2个、海螺1个、明虾1条为宜）翻炒。待所有食材表面都裹有一层油时，注入少量水，盖上锅盖焖一段时间。

3. 焖至贝壳张开，将贝壳全部捞出，将菲律宾蛤仔肉和文蛤肉分别从贝壳中取出，明虾留头留尾，只将中间部分的虾壳剥掉。汤汁留在锅中备用。

4. 将红柿子椒酱（1汤勺）倒入步骤3的锅中，然后放入番红花粉、剁碎的小番茄（5个），开火将收一收汤汁。然后将所有海鲜重新倒回锅中。

●最后工序

1. 斯特力格力意面下盐水中煮15分钟左右。

2. 煮好的意面捞出，沥净水分后倒入海鲜沙司中，搅拌均匀。

3. 装盘，撒上意大利香芹碎。

※ 红柿子椒酱的烹制方法是我从坎帕尼亚大区的一个山间小镇学到的。连皮一起焖熟、搅成糊，可以使红柿子椒酱的风味更加浓厚，而且更加香甜。本店一般会一次性做出许多红柿子椒酱，然后将多出来的部分真空包装好冷冻起来。在烹制阿布鲁佐大区一带的料理时，都会放一些红柿子椒酱用于调味。

LE PASTE FRESCHE RIPIENE

第五章

手工填塞意面

意式面饺

意式面饺

"ravioli"是最具代表性的填塞意面，也是所有填塞意面的统称。通常为5~6cm的正方形、三角形、圆形或是半圆形意面，里面夹着馅，馅料可以由肉、海鲜、蔬菜、豆类、奶酪等各式各样的食材制作而成。不过不同的地区叫法也有所差异，比如有些地方管这种样式的填塞意面叫做"agnolotti"或"tortelli"(P141)。这里我要向各位介绍一种最基本的意式面饺。面皮是由00粉和鸡蛋和成，包着的馅是里科塔奶酪。

边长5~6cm

里科塔奶酪馅意式面饺

虽然那不勒斯地区盛产各种蔬菜，但是西葫芦的人气程度绝对无与伦比。锅中放入满满一锅切好的西葫芦，无需放入任何调味食材，只用西葫芦本身的水分将其焖熟，即使是如此简单的烹制方法，揭开锅盖时，浓郁的香味也会扑鼻而来。那种震撼与感动直到现在还深深地留在我的心中。因此，我尝试将其做成沙司搭配意式面饺食用，希望能引起食客的共鸣。

#074
Ravioli con sciurilli

西葫芦沙司里科塔奶酪馅意式面饺

杉原一祯

#075
Ravioli di melanzane e scamorza affumicata

茄子烟熏奶酪馅意式面饺

意式面饺

此意式面饺的面皮主要由00粉、鸡蛋、橄榄油和制而成，呈菊花形。馅料由茄子和意大利南部的熏制奶酪拌制而成，茄子有2种，一种是茄子泥，另一种是烤茄子。

直径5.5cm

茄子泥馅的菊花形意式面饺

茄子油炸后味道更佳。选择吸油性好的"米茄子"（日本茄子的一种）做成茄子泥，再配上烤"长茄子"，可以使馅料的口感更富于变化。此外，由于茄子料理在意大利南部地区比较常见，所以常被作为南意大利的象征，所以与之搭配的奶酪也要选择南部特产的烟熏奶酪，这样可以更加突出面饺的南部地域特色。与面饺搭配的沙司是蒜油炒番茄沙司，口味清淡，非常适合夏天食用。

西口大辅

Ravioli di ceci con polpa di germano reale

油封鸭烩鹰嘴豆馅意式面饺

直径 5.5cm

意式面饺

面皮的配料和形状都与上页的茄子烟熏奶酪馅意式面饺一样。面皮由 00 粉、粗面粉、鸡蛋、橄榄油和制而成，呈菊花形。馅料由鹰嘴豆泥、洗浸奶酪塔莱蕉（Taleggio）做成。

西口大辅

鹰嘴豆馅意式面饺

在意大利，用途最广的蔬菜是扁豆，其次就是鹰嘴豆。除了直接使用豆粒烹制料理，又可以将豆粒磨成粉或将煮好的豆粒打成泥用于料理中，实乃一种全能的珍贵食材。鹰嘴豆馅意式面饺的馅料就是用鹰嘴豆粉做成的。用鹰嘴豆粉做出的鹰嘴豆糊质地黏稠、香气四溢、口感棉柔，非常适于作为意式面饺的馅料。与该意面搭配食用的沙司是由油封鸭做成。

意式面饺

●里科塔奶酪馅意式面饺面皮的配料
【1人份】

00 粉（卡普托 Caputo 公司）……	100g
全蛋……………………………………	1 个
特级初榨橄榄油…………………………	少量
盐………………………………………	少量

●里科塔奶酪馅料的配料
【1个面饺需要 1 茶勺的馅料】

里科塔奶酪（牛奶制）…………	250g
蛋黄…………………………………	1 个
帕玛森干酪…………………………	10g
佩科里诺罗马诺奶酪………………	8g
盐、黑胡椒………………………	各适量

●茄子烟熏奶酪馅意式面饺面皮的配料
【1人份】

00 粉（马里诺 Marino 公司）………	800g
粗面粉（马里诺 Marino 公司）……	200g
蛋黄……………………………………	8 个
全蛋……………………………………	5 个
纯橄榄油………………………………	少量

●茄子烟熏奶酪馅的配料

米茄子、烟熏奶酪 "Scamorza affumicata"（南部烟熏牛奶奶酪）、帕达诺干奶酪、中筋面粉、色拉油、盐、黑胡椒、长茄子、盐、纯橄榄油

※ 由于每个茄子的含水量都不同，所以要根据情况适当调整奶酪以及面粉的使用量。

※ 在制作填塞意面时，一定将馅料周围的面皮压实，使馅料和面皮、面皮和面皮紧密贴合在一起。在用刀或模具将意面分割开后，还需要继续按压面皮，直至两张面皮压为一张面皮的厚度。无论做多少个意式面饺，成型这步最好由一人完成，否则做出来的意面在形状、大小、厚度上可能会各不相同。而且，最好由意面成型的操作者来煮面。冬季面皮容易风干，做的时候速度一定要快。

#074
西葫芦沙司里科塔奶酪馅意式面饺
杉原一祯

●制作里科塔奶酪馅意式面饺
▽里科塔奶酪馅料

1. 将里科塔奶酪、帕玛森干酪、佩科里诺罗马诺奶酪、盐、黑胡椒倒在一起，搅拌均匀。

▽成型

1. 用面条机将揉好的面坯压成厚 1mm 以下的超薄面片（大小适宜）。

2. 将里科塔奶酪馅料装入裱花袋中，每隔 5~6cm 挤出一些馅料在面片上，挤成一横排。馅料周围用水沾湿，另取 1 张面皮，盖在上面，将馅料周围的面皮压实，使馅料和面皮、面皮和面皮紧密贴合在一起。

3. 用刀将其切成边长为 5~6cm 的正方形。

●焖西葫芦

1. 将带花西葫芦（10 根）切成 5mm 左右的半月形厚片，花朵去蕊。

2. 锅中热特级初榨橄榄油，放入洋葱末（1/2 个）翻炒，炒软后倒入切好的西葫芦片和罗勒叶，撒盐，盖上锅盖，将西葫芦焖软。

3. 然后放入西葫芦花，再焖一会儿。

●最后工序

1. 意式面饺（1人份5个）下盐水中煮 2~3 分钟。

2. 将意式面饺捞出，沥净水分后倒入容器中，淋入橄榄油，撒上帕玛森干酪拌匀。倒入焖西葫芦（2 汤勺），将所有食材搅拌均匀。

3. 装盘，撒上一层帕玛森干酪。

◆注意事项

上述"●焖西葫芦"中的烹制方法是带花西葫芦的焖制方法。如果在没有花的秋冬季做这道沙司，应该将洋葱换成蒜。此外，在用橄榄油拌刚出锅的意式面饺时也可以放入一些黄油增加口感。

◆小贴士

意式面饺和样式简单的番茄沙司或那不勒斯风味炖菜搭配食用也很美味。

#075
茄子烟熏奶酪馅意式面饺
西口大辅

●制作茄子烟熏奶酪馅意式面饺
▽茄子奶酪馅料

1. 制作米茄子泥。削掉茄皮，将茄子剁碎，撒上盐，压上镇石，腌 1 晚。

2. 挤净腌茄子泥中的水分，撒上中筋面粉，放入 200℃的色拉油中炸熟。

3. 放入食物料理机中打成泥，晾凉。倒入烟熏奶酪碎、帕达诺干奶酪、盐、黑胡椒，搅拌均匀。

4. 烤长茄子。无需削皮，切成厚近 1cm 的圆片，摆在撒了一层盐的烤盘上，上面再撒上一层盐。放置 20 分钟，杀掉水分和涩味。用厨房专用纸洗净水分。

5. 淋上一层纯橄榄油，放入烤箱中烤熟。然后在每片茄子上横竖 2 刀切成 4 瓣。

▽成型

1. 用面条机将揉好的面坯压成不到 1mm 厚的超薄面片（大小适宜）。

2. 整张面片用水沾湿，靠近自己的一边留出足够宽的面皮用于盖在馅料上。将米茄子泥馅料装入裱花袋中，每隔 6cm 挤出一些馅料在面片上，挤成一横排。上面分别摆上适量烤长茄子，将前面留出的面皮折叠过来盖在馅料上面。

3. 将馅料周围的面皮压实，使馅料和面皮、面皮和面皮紧密贴合在一起。用直径为 5.5cm 的菊花形模具压出菊花形。

●沙司

1. 锅中热纯橄榄油，放入拍碎的蒜瓣和红辣椒煸炒，待蒜瓣稍稍变色后将其同红辣椒一起捞出。

2. 倒入切成小块的番茄和意大利香芹碎，翻炒片刻。放盐。

●最后工序

1. 意式面饺（1人份8个）下盐水中煮 2 分钟。

2. 沙司中倒入少量面汤调制汤汁，然后倒入煮好的意式面饺。撒上帕达诺干奶酪，将所有食材搅拌均匀。装盘。

◆注意事项

日本产的茄子要比意大利产的茄子味道清淡些，所以可以多使用几种不同类型的茄子增加馅料的风味。米茄子的皮较厚，应该将皮削掉后再炸，而长茄子皮含有浓郁的香味，所以要带皮烘烤。

油封鸭烩鹰嘴豆馅意式面饺

西口大辅

●鹰嘴豆馅意式面饺面皮的配料

【1人份】

00 粉（马里诺 Marino 公司）	800g
粗面粉（马里诺 Marino 公司）	200g
蛋黄	8 个
全蛋	5 个
纯橄榄油	少量

●鹰嘴豆馅料的配料

【1人份】

▽鹰嘴豆泥

鹰嘴豆粉	100g
水	400ml
盐、黑胡椒、帕达诺干奶酪	各适量

▽洗浸奶酪塔莱蕉 ………… 适量

●制作鹰嘴豆馅意式面饺

▽鹰嘴豆馅料

1. 锅中烧热水，水沸腾后放盐、鹰嘴豆粉。用打蛋器搅拌均匀，直到没有疙瘩，待锅中鹰嘴豆糊变得均匀，改为用木铲不时搅拌，煮 20 分钟。

2. 过滤后倒入大方盘中，晾凉（也可以用食物料理机搅拌）。

3. 放入盐、黑胡椒、帕达诺干奶酪调味，将所有食材搅拌均匀。

▽成型

1. 用面条机将揉好的面坯压成不到1mm 厚的超薄面片。

2. 靠近自己的一边留出足够宽的面皮用于盖在馅料上。将鹰嘴豆馅泥馅料装入裱花袋中，每隔 6cm 挤出一些馅料在面片上，挤成一横排。上面再分别放上少量掰下来的洗浸塔莱蕉奶酪。面皮边缘用水沾湿，将前面留出的面皮折叠过来盖在馅料上面。

3. 将馅料周围的面皮压实，使馅料和面皮、面皮和面皮紧密贴合在一起。用直径为 5.5cm 的菊花形模具压出菊花形。

●油封鸭

1. 野鸭腿肉（选 1 条重约 300g 的野鸭鸭腿，可够 2 人食用）去骨，切成 1cm左右的小块，抹上一层盐和黑胡椒。

2. 切好的鸭肉倒入锅中，注入没过鸭肉的色拉油，放入迷迭香和蒜瓣。开火煮一段时间。

3. 待锅中色拉油温度升高，倒入鸡汤（200ml），改小火煮 45 分钟 ~1 小时。关火后连油一起倒入容器中晾凉，然后放入冰箱中冷藏 1 天。

●最后工序

1. 意式面饺（1 人份 8 个）下盐水中煮3 分钟。

2. 平底锅化黄油，将油封鸭腿肉（1 人份约 70g）从色拉油中捞出后放入锅中。将沉在色拉油底部的煮汁也取出一些倒入锅中。

3. 煮好的意面沥净水分后倒入锅中，撒上意大利香芹末，将所有食材搅拌均匀。

4. 装盘，撒上黑胡椒。

◆注意事项

如果煮野鸭鸭腿肉的时间超过 1 小时，鸭肉就会变柴，所以不要煮太长时间。此外，冷藏后沉到色拉油底部的煮汁中也十分美味，制作沙司时也一定要放一些。

#077
Ravioli di baccalà e piselli
青豌豆腌鳕鱼干馅意式面饺

直径 5.5cm

意式面饺

面皮的配料与压制出的形状都与
P136 的"茄子烟熏奶酪馅意式
面饺"一样。面皮由 00 粉、粗
面粉、鸡蛋、橄榄油和制而成，
先压成菊花形，然后再在面饺两
端捏一下，使该面饺呈现出另一
种不同的样式。馅料由奶油鳕鱼
（Baccala mantecato）和青豌
豆泥做成。

西口大辅

自制变形意式面饺

正方形以及圆形的意式面饺最好成型，但也没什么特色，不
过通过加入一个小小的动作来稍稍改变一下原本的形状，
做出的意式面饺就会呈现另一种风格和口感。在原本已经
成型的面饺基础上，通过捏面饺两端来挤压馅料，就得到
了这种样式独特的意式面饺。馅料中的奶油鳕鱼（Baccala
mantecato）是一道很有名的菜肴，一般的餐厅都会备有这道
菜肴的食材，并且和青豌豆也非常搭。此外，还可以取部分
青豌豆泥，将其拌上黄油做成沙司搭配意面食用。

意式馄饨

4~5cm 的正方形

意式馄饨

"tortelli" 是 "ravioli"（意式面饺）的一种，多见于意大利中部到北部地区。大多数呈正方形，不过也有三角形、圆形、半圆形以及环形的意式馄饨。即将向各位介绍的这道南瓜馅意式馄饨是伦巴第大区曼托瓦地区的一道传统料理，据说历史可以追溯到文艺复兴时期，至今仍是当地平安夜必备的一道菜肴。

#078
Tortelli di zucca alla mantovana

南瓜馅意式馄饨

西口大辅

曼托瓦地区平安夜必备意面

南瓜馅意式馄饨的馅料由南瓜糊和意式杏仁饼（杏仁粉曲奇）、肉豆蔻、帕达诺干奶酪做成，融合了甜、苦、辛辣多种味道，口味独特。另外，当地还会往馅料里放莫斯塔尔果酱（Mostarda）——一种芥末味的蔬菜糖浆，但由于在日本很难买到，所以本店一般不放。此外，还要控制肉豆蔻的用量、突出南瓜的香甜味。与意式馄饨搭配食用的沙司为洋苏叶风味的黄油沙司。

意式饺子

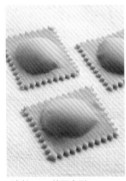

边长 5cm 的正方形

意式饺子

"agnolotti" 是 "ravioli"（意式面饺）的一种，为皮埃蒙特州特有意面。该意面本来是圆形，现在许多人都将其做成正方形。有人说源于"anolloto"（方言中为羊的意思）一词，也有人说源于"anello"（压制出圆形的工具）一词。本书要向各位介绍一种奶酪土豆馅的意式饺子，虽然样式简单，但是看起来很上档次。

#079
Agnolotti gobbi di fonduta e patate

奶酪土豆馅意式饺子

小池教之

皮埃蒙特州奶酪意式饺子

奶酪土豆馅意式饺子中的馅料由土豆和两种奶酪做成。两种奶酪分别为方天娜奶酪（Fontina）和拉斯凯拉奶酪（Raschera），也是制作皮埃蒙特州北部到瓦莱达奥斯塔州一带的特色料理"fonduta"（乳化奶油）的原料。将两种奶酪拌上土豆泥，乳化后就可以用作意式饺子的馅料。另外，搭配意式饺子食用的沙司由皮埃蒙特州特产洋姜（菊芋）、洋苏叶、黄油烹制而成。奶油土豆馅料和洋苏叶黄油沙司都是意式饺子的经典搭配。

#077
青豌豆腌鳕鱼干馅意式面饺

西口大辅

● 青豌豆腌鳕鱼干馅意式面饺面皮的配料

【1 人份】

00 粉（马里诺 Marino 公司）········ 800g

粗面粉（马里诺 Marino 公司）····· 200g

蛋黄·································· 8 个

全蛋·································· 5 个

纯橄榄油······························少量

● 青豌豆腌鳕鱼干馅料的配料

【1 人份】

奶油鳕鱼（Baccala mantecato，P246）

·································· 100g

青豌豆（包括用于制作沙司的部分）

·································· 50g

盐 ································ 适量

特级初榨橄榄油 ·················· 15ml

● 制作青豌豆腌鳕鱼干馅意式面饺

▽ 制作馅料

1. 青豌豆用盐水煮软，沥净水分。和少量面汤以及特级初榨橄榄油一起倒入搅拌机中搅成糊。冷却后按照 3:1 的比例分成 2 份，其中多的那份用于制作意式面饺的馅料，另外一份用于制作沙司。

2. 将奶油鳕鱼（Baccala mantecato）和多的那份青豌豆糊混到一起，淋上特级初榨橄榄油调味，搅拌均匀。

▽ 成型

1. 用面条机将揉好的面坯压成不到 1mm 厚的超薄面片。

2. 靠近自己的一边留出足够宽的面皮，用于盖在馅料上。将馅料装入裱花袋中，每隔 6cm 挤出一些馅料在面片上，挤成一横排。面皮边缘用水沾湿，将前面留出的面皮折叠过来盖在馅料上面。

3. 将馅料周围的面皮压实，使馅料和面皮、面皮和面皮紧密贴合在一起。用直径为 5.5cm 的菊花形模具压出菊花形。拇指和食指分别放在面皮两端，稍稍用力挤压，将馅料挤向中间，成型。

● 最后工序

1. 意式面饺（1 人份 8 个）下盐水中煮 3 分钟。

2. 平底锅化黄油（1 人份 30g），熔化黄油的同时倒入剩下的青豌豆糊（约 20g）翻搅。

3. 倒入煮好的意面，翻搅片刻。装盘。

意式馄饨

●南瓜馅意式馄饨面皮的配料
【1人份】
00 粉（马里诺 Marino 公司）	800g
粗面粉（马里诺 Marino 公司）	200g
蛋黄	8 个
全蛋	5 个
纯橄榄油	少量

●南瓜馅的配料
【1人份】
南瓜	300g
意式杏仁饼	30g
肉豆蔻、帕达诺干奶酪、盐、黑胡椒	各适量

※ 这道料理中的馅料味甜且口感浓郁，所以面皮最好比馅料大出许多，这样面皮和馅料的口感才均衡。

#078
南瓜馅意式馄饨
西口大辅

●制作南瓜馅意式馄饨
▽制作南瓜馅
1. 将南瓜 8 等分，包上锡箔纸，放入 180℃的烤炉中烤软。
2. 去皮，用筛网压成泥，拌上捣碎的意式杏仁饼碎、肉豆蔻碎、帕达诺干奶酪碎、盐、黑胡椒，搅拌均匀。
▽成型
1. 用面条机将揉好的面坯压成不到 1mm 厚的超薄面片（大小适宜，多压几张备用）。
2. 将南瓜馅料装入裱花袋中，每隔 4~5cm 挤出一些馅料在面片上，挤成一横排。另取 1 张面皮盖到馅料上面。

3. 将馅料周围的面皮压实，使馅料和面皮、面皮和面皮紧密贴合在一起。用轮子边缘是锯齿形的切割工具切成 4~5cm 的正方形。

●最后工序
1. 意式馄饨（1 人份 8 个）下盐水中煮 1~2 分钟。
2. 平底锅中放入黄油（1 人份 30g）和鼠尾草加热，将黄油化开，倒入煮好的意式馄饨，搅拌均匀。
3. 装盘，撒上帕达诺干奶酪。

意式饺子

●奶油土豆馅意式饺子面皮的配料
【1人份】
00 粉（马里诺 Marino 公司）	400g
全蛋	3 个
蛋黄	2 个
水	50ml
盐	4g
特级初榨橄榄油	5ml

●奶油土豆馅料的配料
【1人份。1个意式饺子的馅料为 1 茶匙】
土豆	3 个
方天娜奶酪（Fontina）	100g
拉斯凯拉奶酪（Raschera）	50g
牛奶	少量
盐	适量

#079
奶酪土豆馅意式饺子
小池教之

●制作奶酪土豆馅意式饺子
▽制作奶油土豆馅料
1. 带皮土豆清洗干净，包上一层锡箔纸，放入 230℃的烤箱中烤 1 小时，将其烤熟。去皮，用网筛压成泥。
2. 土豆泥倒入锅中，开火，放入切碎的方天娜奶酪和拉斯凯拉奶酪，边搅拌边乳化奶酪。看情况注入适量牛乳，调整浓度，放盐调味。
▽成型
1. 用面条机将揉好的面坯压成不到 1mm 厚的超薄面片（大小适宜）。
2. 靠近自己的一边留出足够宽的面皮，用于盖在馅料上。将馅料装入裱花袋中，每隔 5cm 挤出一些馅料在面片上，挤成一横排。面皮边缘用水沾湿，将前面留出的面皮折叠过来盖在馅料上面。
3. 将馅料周围的面皮压实，使馅料和面皮、面皮和面皮紧密贴合在一起。用意大利面食砂轮刀切出边长为 5cm 的正方形。

●制作洋姜（菊芋）沙司
1. 洋姜（菊芋）去皮，切成适当大小（1 人份几块）。
2. 锅中放入拍碎的蒜瓣、洋苏叶、黄油翻炒，注意不要炒糊，炒出香味后倒入切好的洋姜。
3. 倒入蔬菜汤或鸡汤、面汤调汁，煮至洋姜变软。

●最后工序
1. 意式饺子（1 人份 5 个）下盐水中煮 5 分钟。
2. 煮好的意面沥净水分后倒入洋姜沙司中，搅拌均匀。
3. 装盘，撒上帕达诺干奶酪。

◆注意事项
如果馅料的含水量过多，质地就会比较绵软，无法形成"肿包"，所以土豆不要用蒸锅蒸熟，而要放入烤箱中烤熟。此外，面要和的有弹性，才能很好地包住馅料。

◆小贴士
也可以用红酒焖牛肉或蔬菜杂烩肉的碎肉末作为意式饺子的馅料。

意大利手工饺子

边长 3cm

#080
Agnolotti del plin al sugo d'arrosto
牛肉莙荙菜馅意大利手工饺子

西口大辅

意大利手工饺子

"agnolotti"是一种大号的意式饺子（P141），但如果后面有"del plin"或"dal plin"字眼就意味着它是边长为3cm的小号意式饺子。"plin"为皮埃蒙特州方言，是"捏"的意思，因为该意面是用手指捏成型，故此得名。由于个头偏小，可以一口吞下，煮的时间也很短，所以在当地餐厅该意面料理是举办宴会时的必备料理。馅料一般为小牛肉、兔肉、猪肉等肉类的肥肉，有时也会加上蔬菜和奶酪。接下来就向各位介绍一种以小牛肉、香肠、莙荙菜（bietola）为馅料的意大利手工饺子。

捏制而成的小号意式饺子

最初是为了不浪费剩余的烤肉，人们想到了将烤肉当做馅料包在面皮中食用的方法，所以才诞生了填塞意面，因此填塞意面的特征之一就是以熟肉为馅料。意大利手工饺子也是一样，为了充分烘烤出小牛肉的香味，小牛肉要多烤一段时间，这样搅成肉泥做出的馅料会更加美味。与意面搭配食用的沙司主要由黄油和奶酪烹制而成，为了使口感更富于变化，又放入了烤小牛肉的烤汁和红酒。

拉维奥落耐面饺

拉维奥落耐面饺

拉维奥落耐面饺是一种大号意式面饺。一般的意式面饺已经比较大了，通常一盘中仅能装几个，但是拉维奥落耐面饺大到一盘只放一个。有一道比较有名的拉维奥落耐面饺料理，做法是将蛋黄和里科塔奶酪一起做成馅料包在面皮中，在半熟状态下食用。

直径 10cm

鸡蛋呈半熟状态的大号意式面饺

意大利在 20 世纪 80~90 年代曾兴起了一股"新意料"风潮，拉维奥落耐面饺就是新意料风潮下的产物。在我曾经工作过的伦巴第大区的餐厅中是圣诞节菜单中的常客。本书中向各位介绍的这道拉维奥落耐面饺的馅料由里科塔奶酪、蛋黄、西葫芦花烹制而成。盘中摆放着一整个面饺，看起来十分豪华，小心切开一角，半熟的蛋黄缓缓流出，又为料理添色不少，非常适合宴会食用。如果再配上几片白松露，就更显豪华高档了。

#081
Raviolone di ricotta, fiore di zucca e tuorlo d'uovo

奶酪西葫芦花鸡蛋馅面饺

西口大辅

梅泽露娜面饺

梅泽露娜面饺

"mezzelune"为"半月"的意思，如名字所示，该面饺呈半月形。只不过，虽然该面饺呈半月形，但是大多数情况还是直接被叫作"raviolli"或"tortelli"。

直径约 5cm

甜菜土豆馅的半月形意饺

在以艾米利亚 – 罗马涅大区为中心的意大利北部地区，多以土豆和奶酪烹制面饺馅料，而本店尝试将土豆和甜菜搭配在一起制作馅料。甜菜给馅料带来了一丝甜味，也带来了根茎蔬菜所特有的泥土芬芳。此外，从面皮中透出的鲜艳红色也为面饺增色不少。与该意饺搭配使用的沙司是最简单普遍的洋苏叶黄油沙司。

#082
Mezzelune di barbabietola e patate al burro e salvia

甜菜土豆馅梅泽露娜面饺

西口大辅

●意大利手工饺子面皮的配料
【1人份】

00 粉（马里诺 Marino 公司）	800g
粗面粉（马里诺 Marino 公司）	200g
蛋黄	8 个
全蛋	5 个
纯橄榄	少量

●牛肉莙荙菜馅料的配料
【1人份】

小牛腿肉（整块肉）	500g
香肠（P246）	200g
莙荙菜（bietola）	300g
蒜瓣	1 瓣
迷迭香	1 枝
白酒、鸡汤、肉豆蔻、帕达诺干奶酪、色拉油、盐、黑胡椒	各适量

＃080
牛肉莙荙菜馅意大利手工饺子

西口大辅

●制作牛肉莙荙菜馅意大利手工饺子

▽小牛肉馅料

1. 小牛腿肉去筋，多撒一些盐和黑胡椒调味。

2. 锅中刷一层色拉油，放入小牛肉块、香肠、拍碎的蒜瓣、迷迭香，然后放到 180℃的烤箱中烤制片刻。待肉变色后淋入适量白酒和鸡汤，再烘烤 20 分钟左右。

3. 香肠烤熟后将其取出，小牛肉继续烘烤 20 分钟左右。将肉取出后冷却到常温，香肠和小牛肉都切成适当大小的小块，一起放入食物料理机中打成肉泥。

4. 莙荙菜下盐水中焯一下，沥净水分后将其切碎。

5. 莙荙菜和肉泥搅拌到一起，淋入少量小牛肉的烤汁，然后依次放入肉豆蔻、帕达诺干奶酪、盐、黑胡椒调味，将所有食材抓匀。

▽成型

1. 用面条机将揉好的面坯压成 0.5mm 的超薄面片，并将其切成适当大小的长方形（本次为 40cm×20cm）。

2. 将长方形面片横着摆在案板上，面片底端用水沾湿。靠近自己的一侧空出 2cm 左右宽的面皮。将馅料装入裱花袋中，在空出部位的上方每隔 1cm 处挤出一些馅料，挤成一排。

3. 将下面留出来的那部分面皮折起来盖在馅料上。将馅料周围的面皮压实，使馅料和面皮、面皮和面皮紧密贴合在一起。然后用双手揪起馅料两侧的面皮，捏出褶子。

4. 用刀将前面多余部分的面皮切掉。然后将做好的填塞意面一个个切割开来。用力按压面皮重叠的部位，调整一下面皮的厚度（具体操作步骤请参照 P49）。

●红酒沙司

1. 锅中倒红酒（300ml），开火煮至红酒变黏稠，然后倒入少量小牛肉的烤汁和小牛肉汤，再煮一段时间收一收汤汁。

●最后工序

1. 意大利手工饺子（1 人份 16 个）下盐水中煮 3~4 分钟。

2. 锅中化黄油（1 人份 30g），倒入少量面汤，煮好的意大利手工饺子拌匀，撒上帕达诺干奶酪，所有食材搅拌均匀。

3. 装盘，淋上少量红酒沙司。

◆注意事项

制作小型意面的时候，最好使成品的形状和大小保持一致，这样做出来的意面料理整体感更强，所以即使一次性要做许多意面，最好都是由同一位操作者完成。此外，如果面皮比较厚，会影响成品的口感，所以最好压成厚 0.5mm 的超薄面皮，以能隐隐透出馅料的颜色为佳，这样在为料理增色的同时可以刺激食客的食欲。但是，也正是由于面皮较薄，放置一段时间或冷冻后面皮很容易裂开，所以最好现用现做。

拉维奥落耐面饺

● 拉维奥落耐面饺面皮的配料
【1人份】

00 粉（马里诺 Marino 公司）	800g
粗面粉（马里诺 Marino 公司）	200g
蛋黄	8 个
全蛋	5 个
纯橄榄	少量

● 奶酪西葫芦花馅料的配料

里科塔奶酪	40g
肉豆蔻、盐、黑胡椒、帕达诺干奶酪	
	各适量
西葫芦花	2 朵
腌猪肉（P246，切薄片）	2 片
蛋黄	1 个
盐	适量

#081
奶酪西葫芦花鸡蛋馅面饺

西口大辅

● 制作奶酪西葫芦花鸡蛋馅面饺
▽ 制作里科塔奶酪西葫芦花馅料

1. 将里科塔奶酪放在筛网上搁置 2 小时左右，沥净水分。放入肉豆蔻、盐、黑胡椒、帕达诺干奶酪调味，将所有食材搅匀。

2. 将西葫芦花入热水焯一下，捞出后沥净水分。

▽ 成型

1. 用面条机将揉好的面坯压成不到 1mm 厚的超薄面皮。切成长方形面片，长 25cm，宽度适宜，面片下端用水沾湿。

2. 靠近自己的一边留出足够宽的面皮用于盖在馅料上。将里科塔奶酪馅料装入裱花袋中，在靠近另一边（远离操作者的一边）的适当地方挤出 1 个直径约为 6cm 的唐纳滋形状的圈。然后在面片上每隔 10cm 挤出 1 个圈，挤成一横排。

3. 往里科塔奶酪馅料中心的圆洞里分别放 1 朵西葫芦花和 1 片熟火腿，然后打上蛋黄。蛋黄上面再摆上 1 片熟火腿和 1 朵西葫芦花。

4. 将前面留出的面皮折叠过来盖在馅料上面。将馅料周围的面皮压实，使馅料和面皮、面皮和面皮紧密贴合在一起。用直径为 10cm 的圆形模具压出圆形意面。手指用力按压面皮重叠部位，将重叠部位压薄。

● 最后工序

1. 拉维奥落耐面饺（1 人份 1 个）下盐水中煮 5~6 分钟。

2. 平底锅中放黄油（1 人份 30g）和面汤，开火加热片刻。倒入煮好的面饺，裹上汤汁，放入帕达诺干奶酪，搅拌均匀。

3. 装盘，再撒上少许帕达诺干奶酪。

◆ 注意事项
由于拉维奥落耐面饺个头比较大，且蛋黄又是液态，所以成型很有难度，操作时请务必小心，不要让蛋液从旁边流出。而且最好事先多准备一些食材，以备操作失败的情况发生时的不时之需。此外，该面饺无法保存，所以最好现用现做。

◆ 小贴士
如果没有西葫芦花，也可以使用绿叶菜。

梅泽露娜面饺

● 梅泽露娜面饺面皮的配料
【1人份】

00 粉（马里诺 Marino 公司）	800g
粗面粉（马里诺 Marino 公司）	200g
蛋黄	8 个
全蛋	5 个
纯橄榄	少量

● 甜菜土豆馅料的配料
【1人份】

土豆	200g
甜菜	70g
鸡汤	少量
盐、黑胡椒、肉豆蔻、帕达诺干奶酪	
	各适量

#082
甜菜土豆馅梅泽露娜面饺

西口大辅

● 制作甜菜土豆馅梅泽露娜面饺
▽ 制作甜菜土豆馅料

1. 土豆带皮放入盐水中煮软。剥掉土豆皮，用捣碎器将其捣碎。

2. 甜菜同样带皮放入盐水中煮软。去皮后切成适当大小的小块，连同鸡汤一起倒入搅拌机中打成糊。

3. 将土豆和甜菜糊按 3:1 的比例混合到一起，再放入盐、黑胡椒、肉豆蔻、帕达诺干奶酪调味，将所有食材搅拌均匀。

▽ 成型

1. 用面条机将揉好的面坯压成厚 1mm 左右的薄面片，切成适当大小的长方形面片，将面片前端用水沾湿。

2. 靠近自己的一边空出 6cm 左右宽的面皮用于盖在馅料上。将馅料装入裱花袋中，在面片空出部位的上方每隔 5cm 挤出一些馅料，挤成一横排。

3. 将前面留出的面皮折叠过来盖在馅料上面。将馅料周围的面皮压实，使馅料和面皮、面皮和面皮紧密贴合在一起。用直径为 5cm 的圆形模具压出半月形，压制时，模具盖在面片上的部分要多于半个模具，从面片底端到模具顶端的距离约为 3.5cm。

● 最后工序

1. 梅泽露娜面饺（1 人份 8 个）下盐水中煮 2~3 分钟。

2. 平底锅中放入黄油（1 人份约 30g）和洋苏叶，不断搅拌化开黄油，然后倒入煮好的面饺，搅拌均匀。

3. 装盘，撒上少量帕达诺干奶酪。

◆ 注意事项
甜菜中含水量较多，所以一定不要多放，分量以土豆的 1/3 为宜。此外，由于馅料中含的水分比较多，面皮容易被濡湿而裂开，所以在压制面皮时，需要比其他的填塞意面压得稍稍厚一些。

帕恩索蒂面饺

帕恩索蒂面饺

为三角形意式面饺，是利古里亚州比较有代表性的填塞意面。最常见的馅料是野菜奶酪馅料，由多种山间野菜和里科塔奶酪制作而成。这里我们仿照利古里亚州特色料理"炖小沙丁鱼"的做法，将日本比较常见的银鱼焖熟做成馅料，需注意的是不要将银鱼完全焖烂。虽然意大利并不产银鱼，但是用它来代替小沙丁鱼也不失为一个不错的主意。

边长6cm

利古里亚州的三角形面饺

如果是野菜奶酪馅料的帕恩索蒂面饺，最好与核桃碎沙司搭配食用，这里我们搭配罗勒叶做成的青酱，更能突显出利古里亚州的地域特色。而且，由于该面饺以海鲜为馅料，所以与香草类沙司更搭。不过，海鲜和奶酪并不搭，所以制作沙司时最好不要放奶酪。

083
Pansotti ripieni di bianchetti al pesto genovese
青酱沙司银鱼馅帕恩索蒂面饺

西口大辅

半月形意饺

半月形意饺

该意饺的馅料中含有锡兰肉桂，味道酸中回甜。历史十分悠久，在14世纪的文献中就有"复活节中的半月形意饺"字样的记载。半月形意饺是弗留利－威尼斯朱利亚大区的意面料理，其中比较有代表性的烹饪方法是和奥地利接壤的卡鲁尼亚地区的做法。比较有名的半月形意饺的馅料是由香辛料、土豆、里科塔奶酪、水果干等材料混在一起烹制而成，有时也会放入剩下的肉或是香肠。

直径为7cm的半圆形

酸中回甜的意式面饺

形状和普通的意式面饺没太大区别，只不过味道比较独特。本书中介绍的这道半月形意饺的馅料以土豆为主要材料，用土豆泥拌上水果干、坚果、柠檬皮等其他配料，最后用锡兰肉桂、可可粉、砂糖等调味。与之搭配食用的沙司为蒜味黄油沙司，最后再用砂糖和盐调一下味道。此外，面皮要软一些，这样和馅料的整体感才更强，而且也容易煮熟。

084
Cjalzons
半月形意饺

小池教之

麦穗意饺

＃085
Culingionis di aragosta

日本龙虾麦穗意饺

长9cm

麦穗意饺

发源于撒丁岛东部的奥利亚斯
特拉地区，形似"麦穗"。成
型方法是先将馅料挤在圆形面
皮上，然后用手指将馅料左右
两侧的面皮交互捏出褶后叠压在
一起，捏出麦穗形。最常见的馅
料为土豆薄荷馅，除此之外，
还有海鲜馅、肉馅、菠菜馅等
各式各样的馅料。此外，除了
"culingionis"这种叫法之外，还
有"culingiones""culurgioni(e)s"
"ange Lotus"等许多别称。

小池教之

撒丁岛麦穗状意饺

撒丁岛是日本龙虾的一大产地。日本龙虾麦穗意饺的馅料就
是由搅成小颗粒状的龙虾肉泥拌上撒丁岛特色羊奶酪的里科
塔奶酪烹制而成。而与该意饺搭配食用的沙司也由日本龙虾
做成，先将日本龙虾的虾壳熬汤，然后再和橙汁、番茄一起
制成沙司。装盘时再摆上同为撒丁岛特产的金枪鱼干鱼子片，
使整道料理的地域特色更加浓郁。

帕恩索蒂面饺

●帕恩索蒂面饺面皮的配料

【1人份】

00 粉（马里诺 Marino 公司）………	800g
粗面粉（马里诺 Marino 公司）……	200g
蛋黄 …………………………………	8 个
全蛋 …………………………………	5 个
纯橄榄 ……………………………	少量

●银鱼馅料的材料

【1人份】

银鱼 ……………………………	200g
蒜瓣 …………………………	1 瓣
红辣椒 ………………………	1 个
纯橄榄油、特级初榨橄榄油、盐…	各适量

＃083
青酱沙司银鱼馅帕恩索蒂面饺

西口大辅

●制作银鱼馅帕恩索蒂面饺

▽制作银鱼馅料

1. 锅中热特级初榨橄榄油，放入带皮拍碎的蒜瓣、红辣椒煸炒，煸出香味后倒入银鱼，放盐，继续翻炒，至从银鱼中炒出水分，然后焖 7~8 分钟后关火。

2. 倒入大方盘中，铺开，淋上一层橄榄油。

▽成型

1. 将揉好的面坯擀成超薄的面皮，切成边长为 6cm 左右的正方形面片（图片中的成品是用边缘为波纹形的刀具切割出来的，也可以使用切面光滑的刀具切割成型）。

2. 面片四周用水沾湿，中间放上适量馅料。沿对角线将面片折成三角形，然后将边缘压实。

●制作青酱

1. 将松子（30g）、蒜瓣（3g）、特级初榨橄榄油（100ml）一起放入搅拌机中打成糊。接着放入罗勒叶（60g）继续搅拌片刻，搅成质地细腻的青酱。倒入碗中，放盐调味。

●最后工序

1. 帕恩索蒂面饺（1人份10个）下盐水中煮 1 分 30 秒左右。

2. 取适量青酱（1人份约75ml）放入容器中，倒入少量煮面饺的面汤调汁，倒入煮好的面饺，拌匀，装盘。

◆小贴士

将银鱼馅料和青酱混合搅拌制成沙司，可以与意大利扁面条（linguine）或特飞面（trofie）等利古里亚州的意面搭配食用。

半月形意饺

●半月形意饺面皮的配料

【1人份】

00 粉（莫里尼 Morini 公司）………	250g
高筋面粉（东京制粉 <Super Manaslu>）	
………………………………………	150g
盐………………………………………	3g
水……………………………	120~130ml
精制猪油 ……………………………	25g

●土豆馅料的配料

【1人份】

土豆 250g、洋葱鳞片（1/2 个）、黄油 30g、无花果干（切碎）1 个、葡萄干（温水泡开）1大勺、欧洲榛子（烘烤后剁碎）10 个、薄荷叶（大号）5~6 片、帕达诺奶酪（1 汤勺）、柠檬皮（擦碎）1/8 个、锡兰肉桂粉、可可粉、绵白糖、盐各适量

※ 用于制作半月形意饺的面皮需要软一些，所以在用面条机压面皮的时候，中途最好不要叠起来压制，一直保持同一方向压制即可，否则压出来的面会比较硬。

＃084
半月形意饺

小池教之

●制作半月形意饺

▽制作土豆馅料

1. 将土豆带皮蒸软，剥皮，然后用网筛压成泥。

2. 制作洋葱风味焦黄油。将洋葱外部的鳞片切成适当大小，和黄油一起翻炒。一边焦化黄油，一边让黄油充分吸收洋葱的香味。焦化完成后，将洋葱过滤掉，只留焦黄油。

3. 黄油倒入土豆泥中，接着将制作馅料需要用到的其他材料也都倒入土豆泥中，将所有材料搅拌均匀。

▽成型

1. 将揉好的面坯擀成薄面皮，然后用直径 7cm 的圆形模具压出圆形面片。

2. 将馅料挤在圆形面片中央，面片周围用水沾湿，然后将面片对折成半月形。将馅料周围的面皮压实，使馅料和面皮、面皮和面皮紧密贴合在一起。这样半月形意饺就做好了。还可以从右端开始一点点将意饺的边缘向内侧卷，得到带花纹的半月形意饺（具体操作步骤请参照 P50）。

●沙司

1. 锅中化黄油，翻炒拍碎的蒜瓣，炒出香味后倒入少量面汤，防止蒜边颜色。

2. 放入盐、绵白糖、锡兰肉桂粉调味。

●最后工序

1. 半月形意饺（1人份5个）下盐水中煮 5 分钟。

2. 煮好的意饺倒入沙司中拌匀。

3. 捞出蒜瓣后装盘。装饰上薄荷叶，撒上削好的烟熏里科塔奶酪（自家制作，P249）。

麦穗意饺

#085
日本龙虾麦穗意饺

小池教之

●麦穗意饺面皮的配料

【1人份】

高筋面粉（东京制粉 <Super Manaslu>）

.... 250g

00 粉（莫里尼 Morini 公司）........ 250g

温水............................. 220ml

猪油.............................. 20ml

盐................................... 5g

●日本龙虾馅料的配料

【1人份】

日本龙虾 .... 4 条
蔬菜汤、里科塔奶酪（羊奶制）、香菜末、
龙蒿碎、细叶芹、香味芹碎、莳萝叶碎、
盐、胡椒 .... 各适量

※ 麦穗意饺的面皮一般都是以粗面粉、全
蛋、水为主要配料，有时还会放入橄榄油或
猪油。而这里为了和带有一丝甜味的日本龙
虾馅料以及有浓郁海鲜味道的沙司更搭，所
以面皮需要有很好的弹性，而且不能有其他
的味道。因此，没有使用粗面粉和鸡蛋，而
是选择用 2 种软质小麦粉代替粗面粉，用温
水代替鸡蛋。

※ 在捏的时候，注意一定要将接口处压实，
要使面皮紧紧包裹住馅料，两者之间也不能
有空气。此外，接口处面皮过厚的话，煮的
时候容易夹生，影响口感，所以要将其捏薄
一些。

●制作日本龙虾麦穗意饺

▽制作日本龙虾馅料

1. 将带壳日本龙虾放入蔬菜汤中煮至
半熟。剥掉虾壳，放入食物料理机中搅
成带有肉粒的肉泥（也可以用刀将其剁
成小块）。虾壳和虾黄留起用于制作沙
司。

2. 将里科塔奶酪放在筛网上，在冰箱
中放置 1 晚，沥净水分。然后用网筛压
成泥。

3. 将里科塔奶酪以及香菜末、龙蒿碎、
细叶芹、香味芹碎、莳萝叶碎、盐、胡
椒一起倒入虾肉泥中，将所有材料搅拌
均匀。

▽成型

1. 用面条机将揉好的面坯压成薄面皮，
然后用工具压出直径约为 9cm 的圆形
面片。

2. 取适量馅料（约 25g）放在面片中央，
把面皮一端稍稍折起来。然后用手指将
馅料两侧的面皮按照左右交替的顺序依
次捏出褶皱，叠压在一起，叠压的时候
要将接口部位捏实（具体操作步骤请参
考 P50）。

●日本龙虾沙司

1. 制作日本龙虾汤。将之前留起备用
的日本龙虾虾壳（4 条）敲碎，将胡萝
卜（1/3 根）、香芹（1 棵）、洋葱（1 个）
分别切成小块，锅中热纯橄榄油，然后
将所有食材倒入锅中翻炒。炒出香味后
倒入马沙拉白葡萄酒、白酒继续翻炒，
炒至酒精蒸发。倒水没过食材，放入番
茄酱（1 汤勺），炖 2 小时左右。用小
漏勺过滤一遍，然后继续煮，收一收汤。

2. 另置 1 个锅，锅中热纯橄榄油，放
入拍碎的蒜瓣和红辣椒末煸炒，煸出香
味后将其捞出。倒入橙汁（1 人份 1/2
个橙子）煮一段时间，然后倒入日本龙
虾汤和番茄沙司（均为 1 长柄勺）继续
煮。待锅中汤汁变浓稠时放入虾黄搅匀。

●最后工序

1. 麦穗意饺（1 人份 3 个）下盐水中煮
10 分钟左右。

2. 将意饺捞出，沥净水分后摆在盘子
里，淋上日本龙虾沙司。撒上几片金枪
鱼鱼子干薄切片、柠檬皮丝、薄荷叶起
装饰作用，淋上几滴特级初榨橄榄油

意式馄饨

#086
Tortelli di gallo ruspante al burro e mais

玉米黄油沙司鸡肉馅意式馄饨

直径 3.5~4cm

意式馄饨

意式馄饨主要有两种类型，前面
（P141）已经向各位介绍了其中
的一种类型——扁平状意式馄饨，
也是最为普遍的一种意式馄饨。
而接下来即将向各位介绍的是另
外一种类型——环形意式馄饨。
环形意式馄饨与艾米利亚 – 罗马
涅大区的小型填塞意面——三角
帽面饺（cappellacci，见下页）
做法相同，只是个头稍大一些。
面皮的形状可圆可方，但不同形
状的面皮做出的成品也略有差
异。可填塞的馅料也是多种多样，
这里要向大家介绍的这种馅料是
以意大利中部地区非常普遍的料
理——炖鸡腿肉为基础烹制而成
的。

小池教之

大号环形意式面饺

只用炖鸡腿肉作为馅料也可以，本书中又放入了茖葚菜、
大米、蛋黄、鲜奶油、奶酪等材料，使馅料的口味更浓郁，
口感也更丰富。还放入了锡兰肉桂和肉豆蔻。放入大米可
以吸收馅料中的水分，使馅料更加紧实，而且口感也更富
于变化。与该意式馄饨搭配食用的沙司由玉米、黄油以及
各种香料制成。

三角帽面饺

长 5.5cm

三角帽面饺

将小型三角形填塞意面底边的两端捏在一起就得到了三角帽面饺。这种面饺多见于艾米利亚－罗马涅大区和伦巴第大区，只是不同的地方做出的成品在形状以及大小上都有所不同，叫法也是各种各样。比如，"cappellacci"是费拉拉一带的叫法，在博洛尼亚地区被叫做"tortellini"（小卷饺），在雷焦艾米利亚以及摩德纳地区又变成了"cappelletti"，而曼托瓦的人们将其称作"agnoli"或"agnolini"。馅料基本以肉为主，有时也会放入里科塔奶酪或蔬菜。

小号环形意式面饺

小号的环形意式面饺多用于做汤，但也可以和沙司搭配食用，即将向各位介绍的这道三角帽面饺料理就是由三角帽面饺和沙司拌制而成。面饺的馅料为干蚕豆糊，沙司由各种春天应季蔬菜做成，将各种绿颜色的蔬菜切成统一大小的小块，用黄油炒熟，再倒入起勾芡作用的青豌豆糊，扑面而来的春天气息真是想挡也挡不住。

＃087
Cappellacci di fave secche
con ragù di verdure primaverili
蔬菜沙司蚕豆馅三角帽面饺

西口大辅

糖果面饺

长 6cm

糖果面饺

"caramelle"为"糖果""牛奶糖"的意思。由于该面饺形似一粒粒包着糖纸的糖果而得名。据说起源于手工意面盛行的艾米利亚－罗马涅大区，其中最受食客喜爱的馅料是奶酪蔬菜馅，由里科塔奶酪和青菜做成。成型时要将面皮的重叠部位压薄，否则煮的时候容易夹生。

加入里科塔奶酪的糖果形意面

由里科塔奶酪和菠菜做成的奶酪菠菜馅是艾米利亚－罗马涅大区意式面饺中最为常见的馅料，可以作为许多面饺的馅料。本人也十分偏爱这种口感绵软的馅料。由于松露和里科塔奶酪口味很搭，本店也常将两者搭配使用于烹制其他料理，所以在做本道料理时，也往馅料里放了少量白松露油用于提味，装盘时又摆上了几片黑松露。

＃088
Caramelle di ricotta e spinaci con tartufo nero
里科塔奶酪馅糖果形面饺

西口大辅

意式馄饨

●意式馄饨面皮的配料
【1 人份】

00 粉（莫里尼 Morini 公司）	500g
蛋黄	5 个
全蛋	2½ 个
盐	3g

●鸡肉馅料的配料
【1 人份】

鸡腿肉	4 条
蒜瓣	1 瓣
洋葱	2 个
胡萝卜	1/3 个
香芹	2 棵
白酒	300ml
鸡汤	500ml
香草束（百里香、迷迭香、洋苏叶、月桂）	1 束
蛋黄	2 个
牛奶、鲜奶油、面包糠、帕达诺干奶酪、柠檬皮、肉豆蔻、锡兰肉桂粉	各适量
大米（Carnaroli 米）	30g
莙荙菜（bietola）	5 棵
特级初榨橄榄油、盐、胡椒	各适量

#086

玉米黄油沙司鸡肉馅意式馄饨

小池教之

●制作鸡肉馅意式馄饨
▽制作鸡肉馅料

1. 鸡腿肉（如果是大鸡腿就 2 等分切开）抹上一层盐和胡椒腌 1 晚。第二天，用厨房专用纸巾吸净鸡腿肉上的水分。放入热锅中，用特级初榨橄榄油将两面煎至变色。

2. 锅中留底油，放入拍碎的蒜瓣煸炒，炒出蒜香后将均切成 1cm 小块的洋葱、胡萝卜、香芹放入锅中翻炒。待炒出香味且蔬菜变软后放入鸡腿肉，倒入白酒和鸡汤，放入香草束，转小火炖 2 小时。

3. 捞出鸡腿肉，放入食物料理机中搅成肉泥。将肉泥倒入碗中，然后将蛋黄、牛奶、鲜奶油、面包糠、帕达诺干奶酪、柠檬皮、肉豆蔻、锡兰肉桂粉和盐都放入碗里拌匀。

4. 将大米用盐水煮软，要煮得软糯一些。莙荙菜用盐水焯软后切碎。然后将两者也都倒入步骤 3 的碗中，搅拌均匀。

▽成型

1. 用面条机将揉好的面坯压成不到 1mm 厚的超薄面片。然后用直径 8cm 的模具压出想要面片的形状。

2. 将馅料放入裱花袋中，挤在面片中央。将面片对折，沿着馅料将重叠的面片压

实，使馅料和面片、面片和面片紧贴到一起。

3. 将食指放在面坯鼓起的地方（有馅料的那边），两手分别握住面坯的两端稍稍向下拉一下，然后绕着食指将面坯的两端拉向一起后捏实（具体操作步骤请参照 P50）。

●玉米黄油沙司

1. 将玉米（1 人份 1/4 根）放入盐水中煮熟，然后将玉米粒剥下来。

2. 锅中化黄油，放入拍碎的蒜瓣翻炒，让黄油充分吸收蒜香味，同时注意不要将黄油炒焦。将百里香、迷迭香、月桂切碎，分别取 1 撮放入锅中，然后倒入玉米粒翻炒。

●最后工序

1. 意式馄饨（1 人份 7 个）下盐水中煮 5 分钟左右。

2. 往沙司中倒入少量面汤调汁，然后倒入煮好的意式馄饨拌匀。撒上帕达诺干奶酪和佩科里诺罗马诺奶酪，搅拌均匀。

3. 装盘，再撒上少许 2 种奶酪。

◆小贴士

意式馄饨最常见的馅料为里科塔奶酪菠菜馅、南瓜馅、小牛肉馅等。

三角帽面饺

＃087

蔬菜沙司蚕豆馅三角帽面饺

西口大辅

● 三角帽面饺面皮的配料

【1人份】

00 粉（马里诺 Marino 公司）	800g
粗面粉（马里诺 Marino 公司）	200g
蛋黄	8 个
全蛋	5 个
纯橄榄油	少量

● 蚕豆馅料的配料

【1人份】

干蚕豆	500g
水	2L
盐、黑胡椒、特级初榨橄榄油、帕达诺干奶酪	各适量

● 制作蚕豆馅三角帽面饺

▽ 制作蚕豆馅

1. 锅中注入足够多的水，将干蚕豆倒入水中泡 1 晚。第二天，倒掉泡蚕豆的水，重新注入清水，放盐，开小火煮 40 分钟左右，将蚕豆煮软。

2. 煮好的蚕豆捞出后沥净水分，和少量面汤一起倒入搅拌机中打成糊。蚕豆糊倒入碗里，放入黑胡椒、特级初榨橄榄油、帕达诺干奶酪调味，将所有材料拌匀。

▽ 成型

1. 用面条机将揉好的面坯压成不足 1mm 后的超薄面片。然后切成边长为 5cm 的正方形。四边都用水沾湿。

2. 馅料装入裱花袋中，挤在正方形面坯的中间。将面坯的对角线对折，折成三角形。将面皮边缘压实。用拇指抵住包有食材的三角形底部，按出小窝，同时将底边的两角向自己方向拉伸并捏到一起（具体操作步骤请参照 P49）。

● 制作春季蔬菜沙司

1. 制作青豌豆糊。将青豌豆（120g，为 4 人份）倒入盐水中煮软，和少量面汤以及特级初榨橄榄油一起倒入搅拌机中打成糊，留起备用。

2. 将西葫芦（1 人份 1/4 个）切成青豌豆大小的小块，和青豌豆（20g）一起倒入盐水中煮软。

3. 扁豆（5 个）、绿芦笋（1 根）也下入盐水中煮软。然后都切成青豌豆粒大小。

4. 锅中化黄油，将所有蔬菜沥净水分后倒入锅中翻炒片刻。

● 最后工序

1. 三角帽面饺（1 人份 12 个）下盐水中煮 2~3 分钟。

2. 平底锅中放入黄油和少量面汤，开小火将黄油化开，放入青豌豆糊（1 人份约 30ml）搅匀。然后倒入上面步骤 4 中炒好的蔬菜（45g）搅拌均匀。接着放入煮好的面饺，慢慢搅拌，让面饺充分吸附沙司。

3. 撒上帕达诺干奶酪，将所有食材搅拌均匀。装盘。

糖果面饺

＃088

里科塔奶酪馅糖果形面饺

西口大辅

● 糖果面饺面皮的配料

【1人份】

00 粉（马里诺 Marino 公司）	800g
粗面粉（马里诺 Marino 公司）	200g
蛋黄	8 个
全蛋	5 个
纯橄榄油	少量

● 奶酪菠菜馅料的材料

【1人份】

里科塔奶酪	100g
菠菜	100g
盐、肉豆蔻、黑胡椒、白松露油	各适量

● 制作奶酪菠菜馅糖果形面饺

▽ 制作里科塔奶酪菠菜馅料

1. 里科塔奶酪放在筛网上搁置 2 小时左右，滤净水分。菠菜用盐水焯一下，将水分控干后放入搅拌机中搅成泥。

2. 将里科塔奶酪和菠菜混合到一起，放入肉豆蔻、盐、黑胡椒、白松露油调味，将所有材料搅拌均匀。

▽ 成型

1. 用面条机将揉好的面坯压成不到 1mm 厚的超薄面片。然后用轮子边缘是锯齿形状的意大利面食砂轮刀切割成边长为 6cm 的正方形的面片。

2. 将馅料装入裱花袋中，沿着面片的一条边挤出馅料。馅料两端要分别留出一部分面皮用于拧成型。

3. 像包糖果一样先用面皮将馅料包裹起来，然后双手分别握住意面的两端朝相反方向拧一下。用手将拧的部位压薄。

● 最后工序

1. 糖果面饺（1 人份 5 个）下盐水中煮 2~3 分钟。

2. 将黄油（1 人份 30g）和少量面汤放入平底锅中，开火化黄油，放入煮好的面饺拌匀。

3. 装盘，摆上几片切好的黑松露薄片。

◆ 小贴士

在当地，秋季时还会将牛肝菌等菌类做成馅料，用于突出意式面饺料理的季节感。

包袱皮意饺

包袱皮意饺

"fagottini" 是 "小包袱皮" 的意思，是一种在上方收口的意式面饺。包袱皮面饺有两种不同的类型，一种如左图所示，通过将面坯四角捏在一起制作而成，这种也是最典型最普遍的一种包袱皮面饺，除此之外，还有一种是用茶巾包裹法制作而成。此外，包袱皮意饺大都是由制作法式薄饼的面坯做成。

约为 3cm

玉米糊馅小包袱皮面饺

虽说里科塔奶酪蔬菜馅是所有包袱皮意饺馅料中最受欢迎的馅料，但本人还是想向各位介绍另外一种由玉米糊和鹰嘴豆泥制作而成的馅料。其实在意大利北部地区，人们经常将玉米糊作为面饺的馅料。为了和绵滑的玉米糊馅料相搭，面皮的质地最好要软一些，所以要将面皮压得薄一些。沙司为红酒炖鳗鱼沙司。威内托大区等北部地区的人们常将鳗鱼炖后食用，再配上北部地区常常食用的玉米馅的面饺，使这道料理充满了北意大利特色。

#089
Fagottini di polenta e ceci con ragù di anguilla
鳗鱼沙司玉米糊鹰嘴豆馅面饺

西口大辅

意大利千层面

意大利千层面

薄片状意面的代表，一般 10~20cm。用粗面粉和软质小麦粉均可制成。此外，还有一种将千层面皮和各种沙司以及其他食材一起层层叠放后放入烤箱中烤制而成的意大利千层面，多用于祭祀、庆典或宴会等盛大场合。不同地域中与千层面搭配的食材、沙司、奶酪也有所不同。其中最为有名的两种意大利千层面分别是博洛尼亚风味千层面和那不勒斯风味千层面。

约为 15cm × 18 cm

以那不勒斯风味炖菜汤汁和里科塔奶酪为馅料的千层面

那不勒斯风味意大利千层面是二月狂欢节中的必备料理，特色是馅料中使用了那不勒斯传统意面料理中最常见的那不勒斯风味炖菜汤汁（P235）以及里科塔奶酪、意式牛肉丸和煮鸡蛋。那不勒斯风味意大利千层面以炖菜的汤汁和里科塔奶酪为主要馅料，所以口味不太浓郁。本店在烹制时做了小小改动，选择了能和馅料更好融合在一起的蛋液来代替煮鸡蛋，又放入了香肠和萨拉米香肠，使做出来的千层面更豪华。

#090
Lasagne alla napoletana
那不勒斯风味意大利千层面

杉原一祯

091
Lasagne di pasta fresca con granchio e baccalà
毛甲蟹腌鳕鱼干千层面

边长为7cm的正方形

意大利千层面

本店就是用最基本的配料（00粉、粗面粉、鸡蛋、纯橄榄油）来和制意大利千层面的面皮。由于这道料理中是将蟹、腌鳕鱼等海鲜类食材夹在面皮中间，所以最好将面皮压得薄一些，要比和肉类馅料搭配时更薄。

西口大辅

海鲜千层面

此道料理为威尼斯风味意大利千层面，共有5层，中间码着丰富的各类海鲜馅料。面皮之间码上毛甲蟹蟹腿肉、奶油鳕鱼和各种炖鱼肉（墨鱼、八带鱼、虾夷盘扇贝）等馅料，最上面涂上一层用蟹黄熬成的汤汁，然后将其隔水蒸熟。分量充足的蟹肉配上海鲜味浓郁的沙司，香醇味美的诱惑无法抵挡。

包袱皮意饺

● 包袱皮意饺面皮的配料
【1人份】
00 粉（马里诺 Marino 公司）……… 800g
粗面粉（马里诺 Marino 公司）…… 200g
蛋黄……………………………………… 8 个
全蛋……………………………………… 5 个
纯橄榄油………………………………… 少量

● 玉米糊鹰嘴豆馅料的配料
【1人份】
玉米糊（P245，冷却凝固后再使用）
………………………………………… 200g
鹰嘴豆泥 ………………………………… 70g
蒜瓣……………………………………… 1 瓣
月桂……………………………………… 1 枝
大粒盐、特级初榨橄榄油、盐 …各适量

意大利千层面

● 意大利千层面面皮的配料
【做 1 个千层面的分量，约为 300g】
00 粉（卡普托 Caputo 公司）…… 200g
高筋面粉（日清制粉 <CAMELLIA>）
………………………………………… 100g
全蛋……………………………………… 3 个
盐……………………………………… 少量
特级初榨橄榄油………………………… 少量

● 馅料的配料
▽意式牛肉丸（polpette）
【做 1 个千层面的数量约 20 个】
牛肉粒 200g、帕玛森干酪 20g、全蛋 1 个、
面包去皮后的白色部分 2 片、牛奶、盐、
黑胡椒、罗勒（切碎）、葵花油各适量
▽其他的馅料
【做 1 个千层面的分量】
里科塔奶酪 250g、那不勒斯风味炖菜
（P237）适量、香肠（P249）200g、萨
拉米香肠（切薄片）适量、马苏里拉奶酪
适量、蛋液 1.5 个鸡蛋的量、黄油适量

＃089
鳗鱼沙司玉米糊鹰嘴豆馅面饺
西口大辅

● 制作玉米糊鹰嘴豆馅包袱皮面饺
▽制作玉米糊鹰嘴豆馅料
1. 锅中注入足量的水，将鹰嘴豆倒入水中泡 1 晚。
2. 将泡鹰嘴豆的水倒掉，重新注入清水没过鹰嘴豆，放入连皮拍碎的蒜瓣、月桂、大粒盐，开大火将水煮沸。撇去浮沫，改小火煮 40~50 分钟，将鹰嘴豆煮软。
3. 鹰嘴豆捞出后沥净水分，和少量面汤一起倒入搅拌机中搅成泥。
4. 将玉米糊倒入食物料理机中搅拌片刻，然后放入鹰嘴豆泥继续搅拌。搅拌均匀后倒入容器中，再倒入适量特级初榨橄榄油和盐调味。
▽成型
1. 用面条机将揉好的面坯压成不足 1mm 厚的超薄面皮。然后切成边长为 5cm 的正方形面片。面片四周用水沾湿。
2. 用手掌托着面片，另一手取适量馅料放在面片中央。将面皮的四角以及四边在馅料上方捏在一起，将馅料包裹在里面。注意要将四角的捏合处以及四边捏实、捏薄（具体步骤请参照 P51）。

● 炖鳗鱼
1. 将鳗鱼（选 1 条重约 170g 的鳗鱼）肉片切下来，去皮，切成 2cm 的小块。撒上盐和中筋面粉抓匀。放入烧热的纯橄榄油中煎一煎鱼肉表面。
2. 另置 1 个锅，倒入炒料头（P245，10g）和月桂，放入鳗鱼肉。注入红酒（100ml），用大火煮 3 分钟左右，撇去浮沫，改中火，放入番茄酱（10g）、切碎后泡发的干牛肝菌碎末（15g）和泡牛肝菌的水（30ml），再炖 20 分钟左右。

● 最后工序
1. 包袱皮意饺（1 人份 10 个）下盐水中煮 2~3 分钟。
2. 取适量炖鳗鱼(1 人份约 100ml)加热，倒入煮好的意饺拌匀，撒上意大利香芹碎，搅拌均匀。
3. 装盘，转圈淋入特级初榨橄榄油。

＃090
那不勒斯风味意大利千层面
杉原一祯

● 制作意大利千层面面片
1. 用压面机将揉好的面坯压成厚 1cm 的面皮，然后切成比烤盘稍小一些的长方形面片（4 张）。
2. 切好的面片下盐水中煮 2 分钟，将面片煮软，然后放入冰水中冷却。用布将面片上的水擦拭干净。

● 制作意式牛肉丸（polpette）
1. 将面包去皮后的白色部分泡在牛奶里。
2. 将牛肉粒、帕玛森干酪、鸡蛋、步骤 1 中挤净水分的面包、盐、黑胡椒、罗勒混合到一起，搅拌均匀。
3. 揉成直径 1.5cm 的小丸子，锅中热葵花油，将丸子放入锅中炸熟。

● 成型
1. 将里科塔奶酪和那不勒斯风味炖菜汤汁倒入碗中搅拌均匀（7：3 的比例）。
2. 取 1 个深槽烤盘（这里使用的为 18cm×29cm、深 4cm），底部涂上一层薄薄的黄油，淋上少量那不勒斯风味炖菜汤汁。

3. 铺上 1 张面皮，从步骤 1 中的里科塔奶酪和那不勒斯风味炖菜汤汁的混合物中取出 1/4 平摊在面皮上，再从准备好的意式肉丸、香肠、萨拉米香肠中各取 1/4 摆在上面，然后撒上 1/4 的马苏里拉奶酪，再淋上少量那不勒斯风味炖菜汤汁和 1/3 的蛋液。
4. 将步骤 3 中的叠加步骤重复 3 遍，叠成 4 层。不过，最后一层不用淋蛋液，只淋上少量炖汁即可。

● 最后工序
1. 表面撒上薄薄的一层面包糠，摆上切开的黄油，放入 180℃ 的烤箱中烤 40~50 分钟。
2. 冷却至 40℃ 左右，切开装盘。

◆ 注意事项
我们一般只使用那不勒斯风味炖菜中的汤汁，不过将肉搅碎后混在汤汁中应该也是可以的。意大利千层面烤好后最好先冷却一下再切，这样比较容易切开。

毛甲蟹腌鳕鱼干千层面

西口大辅

●意大利千层面的面皮的配料

【1人份】

00 粉（马里诺 Marino 公司）	800g
粗面粉（马里诺 Marino 公司）	200g
蛋黄	8 个
全蛋	5 个
纯橄榄油	少量

●制作馅料的配料

▽毛甲蟹蟹腿肉 1.5 条

▽毛甲蟹汤

【1人份】

毛甲蟹的蟹壳和蟹黄…各 2 只毛甲蟹的量	
洋葱（切小块）	1 头
胡萝卜和香芹（都切块）	
约 100g（为洋葱的量的 1/2）	
月桂	1 枝
白酒	少量
番茄酱	2 大勺
水、盐、纯橄榄油	各适量

▽奶油鳕鱼

【1人份】

奶油鳕鱼（P246）	200g
贝夏美沙司	70g
盐	适量

▽炖海鲜

【1人份】

剑尖长枪乌贼的乌贼鳍、八带鱼爪、虾夷盘扇贝闭壳肌	各 50g
炒料头（P245）	20g
白酒	适量
番茄酱	20g
月桂	1 枝
盐、鱼汤、纯橄榄油	各适量

●制作意大利千层面的面皮

1. 用面条机将揉好的面坯压成不足 1mm 厚的超薄面皮，切成适当大小的长方形面片。

2. 面片下盐水中煮 2~3 分钟，煮软后放入冰水中冷却。用布将面片上的水分擦拭干净。每片中间铺一张保鲜膜，然后放入冰箱中冷藏保存。

3. 参照铸铁锅的直径切成适当大小的正方形面片（本书中为边长 7cm 的正方形，6 片）。

●处理毛甲蟹

1. 带壳毛甲蟹煮 25 分钟，取出蟹黄、蟹身肉和蟹腿肉。蟹腿肉用于夹在面皮中间，蟹壳和蟹黄用于做汤，蟹身肉用于制作其他料理。

●毛甲蟹汤

1. 将蟹身部分的蟹壳敲碎。

2. 锅中热纯橄榄油，放入洋葱块、胡萝卜块、香芹块翻炒，炒至变色后放入蟹壳和蟹黄，放盐，勤用木勺翻炒至蟹壳和蟹黄搅碎，炒掉腥味。

3. 待锅底变褐色后倒入白酒，继续翻炒至酒精蒸发，放入番茄酱，待番茄酱和其他食材充分融合后，注入清水没过食材，炖 1 个半小时。然后用滤勺过滤出汤汁。

●奶油鳕鱼

1. 将奶油鳕鱼和贝夏美沙司都倒入锅中，开火，不断搅拌，搅至两者充分融合、锅中食材成粘稠状态。放盐调味。

●炖海鲜

1. 将剑尖长枪乌贼的乌贼鳍、八带鱼爪、虾夷盘扇贝闭壳肌一起搅成肉末。锅中

热纯橄榄油，将海鲜肉末倒入锅中，用打蛋器炒散。

2. 待将各种肉类炒熟后，淋入白酒继续翻炒，炒至酒精蒸发。放入番茄酱，和所有食材拌匀，撒盐。

3. 注入鱼汤没过食材，放入月桂，炖 1 小时 30 分钟。

●成型

1. 将蟹腿肉撕开，撒上盐抓匀。

2. 在铸铁锅锅底放 1 片面皮，然后依次放上 1 层奶油鳕鱼、1 层炖海鲜、1 层蟹腿肉。此步骤重复 4 回，最后以 1 张面皮收尾。

3. 取少量毛甲蟹汤倒入锅中收一收汤汁，然后和奶油鳕鱼以 1:3 的比例混合到一起。搅拌均匀后涂在意大利千层面最上面的面皮上。

●最后工序

1. 采取隔水蒸的方法将锅中食材蒸熟（如果使用的是蒸汽对流炉，定时 10 分钟）。

2. 可以将铸铁锅整锅直接端上桌，也可以将意大利千层面倒入盘子中后再端给客人。在端给客人前再在千层面上面滴上几滴收过汁的毛甲蟹汤。撒上意大利香芹末、淋上特级初榨橄榄油。

※ 威尼斯地区在烹制蟹的时候，就如同这道料理的做法一样，一般会将蟹腿肉和蟹身肉分开使用，蟹腿肉用于制作意面料理，而蟹身肉用于制作前菜。此外，前面图片中所示的是将千层面从容器中倒在了盘子中的样式，其实本店一般都是将意大利千层面连同铸铁锅一起端给顾客。

小意式千层面

边长为 3.5cm 的正方形

小意式千层面

"lasagnette" 为 "小型意大利千层面" 的意思。虽然型号小了一圈，但同意大利千层面一样，以烹饪方式烘烤为主。但是，本书中要向各位介绍的这道千层面料理是一道冷盘料理。冷却后的意面容易变硬，所以需要将面皮压得尽量薄一些。各位也许都发现了，左图中的千层面面皮的成品上点缀着绿色的花纹，这是因为压制的时候在面皮上撒上了意大利香芹的缘故。既起到了提味的效果，又有装饰的作用。

沙拉风格的小意式千层面

这是我在苏莲托近郊学艺时学到的一道料理，将千层面、蔬菜和鳕鱼酱一层一层码起来制作而成的冷盘意面料理。虽然南部地区常食鳕鱼，但很少将其做成肉酱食用，所以这道料理应该是那家餐厅的独创料理。口味清淡的千层面起着欲扬先抑的作用，可以更加凸显出鳕鱼浓醇的香味。这道料理既可以作为主菜提供给顾客，也可以作为前菜使用。

意大利粗管面

长 7~10cm

意大利粗管面

"cannelloni" 来源于 "canna"（管）一词，"cannelloni" 是 "大号管" 的意思。薄片状的面坯上摆上各式各样的馅料，卷成卷儿就做成了意大利粗管面。传统的做法是将意大利粗管面摆成一排，浇上沙司，放入烤箱中烤熟。这里要向各位介绍一种用于做汤的烹饪方法。意大利粗管面中卷的馅料是煮熟后切碎的雏鸡肉和 Bloccoli di Natale（一种多叶花茎甘蓝）。

以意大利粗管面为材料做出的圣诞节汤料理

在那不勒斯地区，有一道传统的圣诞节汤料理，它的形式基本是固定的，即味道浓郁的汤汁中配有花茎甘蓝和肉。还经常将折成小段的意大利细面条或小卷饺（tortellini）等意面放入汤中。为了让多叶花茎甘蓝、肉、汤汁三者的香味能更好地融合到一起，将雏鸡整个放入焯多叶花茎甘蓝的水中熬制肉汤，又将多叶花茎甘蓝和鸡肉一起剁碎做成意大利粗管面的馅料放入肉汤中。

#092
Lasagnette con baccalà mantecato al pomodoro
鳕鱼番茄扁豆千层面

杉原一祯

#093
Cannelloni di pollo e broccoli di natale in brodo
鸡肉甘蓝馅意面汤

杉原一祯

094

Cannelloni di asparagi verdi con salsa peverada

鸡肝肉末沙司绿芦笋馅粗管面

长 10cm

意大利粗管面

意大利粗管面中卷的馅料一般为汤汁浓稠的炖菜、剁碎的食材、搅成泥的各种食材等。而本道料理中尝试直接将整根绿芦笋卷在里面。

西口大辅

直接将整根绿芦笋卷起来的意大利粗管面

每到春季，意大利的不少餐厅都会推出绿芦笋套餐，每道料理中都有绿芦笋的身影，其中也不乏将整根绿芦笋直接入菜的料理。在本店每年定期举办的绿芦笋料理推介日中，也会向顾客供应这道绿芦笋馅意大利粗管面。与之搭配的沙司是威内托州的特色料理鸡肝肉末沙司，是一种以萨拉米香肠、猪瘦肉、鸡肝、黑胡椒为主要材料烹制而成的肉糜状沙司。

小意式千层面

●小意式千层面面皮的配料

【1人份】

00粉（卡普托Caputo公司）········· 1kg

蛋黄·····························30~36个

意大利香芹···························适量

●馅料的配料

▽鳕鱼酱

【1人份3汤勺】

腌鳕鱼1/2条、蒜瓣3瓣、特级初榨橄榄油、盐各适量

▽蔬菜

【1人份】

扁豆3根、盐、黑胡椒、柠檬汁、特级初榨橄榄油各适量　水果番茄1/2个、罗勒、蒜瓣、盐、黑胡椒、特级初榨橄榄油各适量

※一般来说，煮好的千层面要放入凉水中冷却，但是由于本道料理是冷盘料理，面片突然浸入凉水中会质地变硬而影响口感，所以最好浸在温水（50℃）中让其温度慢慢降下来。浸的过程中，千层面中的盐分会流失，所以事先要在温水中放些盐。此外，使用时如果将千层面面片上的水分完全拭净，口感会偏干，所以稍稍拭净即可。

意大利粗管面

●意大利粗管面面皮的配料

【1人份】

粗面粉（卡普托Caputo公司）······ 200g

水···································100ml

●鸡肉花茎甘蓝馅料的配料

【1人份。制作1个粗管面需要3汤勺】

雏鸡肉1只、Broccoli di Natale（一种名叶花茎甘蓝）300g、盐、黑胡椒、帕玛森干酪、特级初榨橄榄油各适量

※"Broccoli di Natale"直译过来就是"圣诞节的花茎甘蓝"。如名字所示，是一种圣诞节时上市的青菜，常用来做汤，因此也被叫做"Broccoli di minestra"，"minestra"就是"蔬菜汤"的意思。

※用于做汤的时候，如果直接将原本大小的意大利粗管面盛入碗中，不便于顾客食用，所以装盘的时候要将其两等分切开，以便可以用汤勺舀起。

#092

鳕鱼番茄扁豆千层面

杉原一祯

●制作小意式千层面的面皮

1. 将00粉和蛋黄倒在一起充分揉匀。用塑料袋包好后放入冰箱中醒3~4个小时。由于只用蛋和面，所以面坯会硬一些。

2. 用面条机将面坯压成薄片，然后将其两片面片叠在一起，中间撒上意大利香芹末，再放入面条机中来回压几回，将其压薄。切成边长为3.5cm的正方形面片。

●鳕鱼酱

1. 将腌鳕鱼在水中泡4日，泡净盐分。每天换1次清水。

2. 锅中烧热水，待水沸腾时倒入腌鳕鱼，煮4~5分钟。捞出沥干水分，剔骨去皮后将肉撕开，放入食物料理机中打成肉泥。

3. 锅中倒入特级初榨橄榄油，烧热后爆香拍碎的蒜瓣，制作蒜香油。

4. 将鳕鱼肉泥和蒜香油一起倒入搅拌机中打成糊。倒入容器中后放盐调味。

●处理蔬菜

1. 扁豆下入烧热的盐水中焯一下，捞

出后放入凉水中冷却。沥净水分后斜刀切丝，倒入容器中，放入盐、黑胡椒、柠檬汁、特级初榨橄榄油调味。

2. 腌番茄。先将水果番茄切成半月形，然后再将每瓣对半切开。摆在盘中，撒上撕碎的罗勒、蒜片、盐、黑胡椒、特级初榨橄榄油调味。

●最后工序

1. 将小意式千层面（1人份3片）下入盐水中煮1分钟。捞出后放入加了盐的温水中冷却，然后拭净水分。

2. 将腌好的番茄摆在盘中，上面依次码上1张千层面面皮、1层腌番茄、1层鳕鱼酱、1层扁豆丝。此步骤重复2遍。

3. 往青酱（P250）中倒入少量特级初榨橄榄油稀释一下，点几滴在做好的千层面上。摆上几片香叶芹的叶子起装饰作用，撒上黑胡椒。

◆小贴士

春季时节，还可以用青豌豆或蚕豆代替扁豆，使整道料理充满季节感。

#093

鸡肉甘蓝馅意面汤

杉原一祯

●制作肉汤

1. 将整只雏鸡（300~400g）处理干净，表面抹上一层盐腌1晚。

2. 锅中加水和少量盐，开锅后放入多叶花茎甘蓝（300g）焯一下。水用于做汤，多叶花茎甘蓝用于制作馅料。

3. 锅中热特级初榨橄榄油，放入拍碎的蒜瓣爆香，然后倒入切碎的腌猪背脂（20g）翻炒。炒出油脂后放入焯多叶花茎甘蓝的煮汁（1L）、洋葱（1整头）、月桂，将水煮沸。

4. 开锅后再等片刻，待闻不到洋葱味道后放入雏鸡，小火煮8分钟，煮熟。

5. 捞出雏鸡，切下鸡腿肉和鸡脯肉备用。

6. 鸡架和鸡翅再放回锅中，炖20分钟左右。煮至鸡肉和多叶橄榄的香味充分融合后用滤勺滤掉食材，得到肉汤。

●制作意大利粗管面

▽制作鸡肉多叶花茎甘蓝馅料

1. 将步骤5中的鸡肉和步骤2中的多叶花茎甘蓝一起剁碎。装入碗中，放入

盐、黑胡椒、帕玛森干酪、特级初榨橄榄油调味，将所有材料搅拌均匀。

▽成型

1. 将揉好的面坯擀成薄面片，然后将其切成7~10cm的长方形。

2. 整个面片表面刷上一层鸡蛋液。将馅料均匀摊在整张面片上。先将面皮的一侧向里卷，接着将整张面皮卷成管状，接口处按实（具体操作步骤请参照P49）。

●最后工序

1. 将肉汤煮沸，放入意大利粗管面，小火煮3分钟左右。

2. 将意面捞出后2等分切开放入碗中。

3. 往碗里注入肉汤，撒上帕玛森干酪。

◆注意事项

将肉和蔬菜裹在面皮中做汤，肉不容易被煮柴，蔬菜也不会被煮成水水的。此外，面皮没有完全包裹住馅料，所以馅料又能与汤汁充分融合到一起。

♯094
鸡肝肉末沙司绿芦笋馅粗管面

西口大辅

● **意大利粗管面面皮的配料**

【1人份】

00 粉（马里诺 Marino 公司）………	800g
粗面粉（马里诺 Marino 公司）……	200g
蛋黄…………………………………	8 个
全蛋…………………………………	5 个
纯橄榄油……………………………	少量

● **芦笋馅料的配料**

【1人份】

绿芦笋 ……………………………	1 棵
黄油、盐、黑胡椒 ………………	各适量

● **制作绿芦笋馅意大利粗管面**

▽ 制作绿芦笋馅料

1. 将绿芦笋处理好后放入盐水中焯一下，捞出后倒入凉水中冷却。拭净水分后 3 等切开。

2. 锅中热黄油，下入绿芦笋翻炒，撒上盐、黑胡椒调味。盛出放凉后再用。

▽ 成型

1. 用面条机将揉好的面坯压成不足 1mm 厚的薄皮。切成 10cm×13cm 的长方形面片，每张面片里放 1 根绿芦笋，然后将面片卷成卷儿。

● **鸡肝肉末沙司**

1. 锅中倒入足量的色拉油，洋葱（1 整个）切片，放入锅中翻炒，洋葱变软后放入猪肩肉（只取瘦肉，切成小方块，500g）、Sopressa（威内托大区特产萨拉米香肠，300g，剁碎）、鸡肝（300g，剁碎）翻炒。

2. 倒入没过食材的鸡汤，炖 2 小时。期间如果锅中汤汁变少了需再补充一些，要一直保持汤汁没过食材的状态。

3. 将锅中食材倒入食物料理机中绞碎，然后放入磨碎的黑胡椒和柠檬汁，搅拌均匀。倒入容器中在冰箱中冷藏 1 晚。

4. 使用的时候先将表面浮着的油脂撇净，然后按人数取适量倒入锅中，再倒入少量色拉油或汤汁稀释一下。淋上柠檬汁调味。

● **最后工序**

1. 烤盘中抹一层黄油，将 3 个意大利粗管面并排摆好，表面再抹一层黄油。撒上帕达诺奶酪，放入 180℃的烤箱中烤熟。

2. 装盘。意面上面盛上鸡肝肉末沙司（1 人份约 60g），淋上柠檬汁，撒上帕达诺奶酪、黑胡椒。

◆ **小贴士**

在众多意大利粗管面馅料中，比较受欢迎的是烤肉泥馅、菠菜里科塔奶酪馅、蘑菇白酱馅等。意大利粗管面卷洋蓟酱应该也别有一番风味。

#095
Rotolo di pasta fresca con radicchio trevisano e asiago
菊苣干酪意式面卷

直径 5cm

意式面卷

一种卷成筒状的意面。在意面料理中，"rotoro"指的是用薄片面皮卷上馅料卷成筒状，将其切开后放入烤箱中烤制而成的料理。虽然意大利粗管面（P160~161）也是筒状意面，但是意式面卷要更粗更长一些。此外，不同于意大利粗管面，意式面卷在烘烤的时候是将切口朝上摆放。意式面卷和粗卷寿司大小粗细差不多，直径约为 5cm，长 30~40cm。常见于以艾米利亚－罗马涅大区为中心的北部地区，卷的馅料多为各种当季食材，是一道充满季节感的料理。右图中所示的是将意式面卷对半切开后的样子。

西口大辅

烤制而成的意式面卷

由于意式面卷是一道北部地区的意面料理，所以选择将北意大利的冬季蔬菜和奶酪、威内托州的菊苣（radicchio rosso）、阿齐亚戈干酪和伦巴第大区的皱叶甘蓝，作为馅料卷在意面中。将蔬菜切成小块炒熟，和切成薄片的阿齐亚戈干酪一起摆在面皮上，然后将面皮卷个 2~3 圈。面皮要尽可能的薄，食材中间要再夹 1 片意面，这样一口下去，食材和面片在口中比例均衡，口感更富于变化。

特伦凯蒂面

直径 7cm、高 3cm

特伦凯蒂面

"tronchetti"是"小树桩子"的意思，特点就是形似树桩。其实"tronchetti"还有另外一个身份———一种圣诞节时食用的糕点的名字，但是在意面料理中，它指的是一种看起来像树桩的料理，先用薄片面皮将馅料卷成筒状，切成小截后再捆在一起，看起来确实很像树桩。最初是从一本意大利料理杂志上看到，介绍的做法是用法式薄饼卷奶酪。而本店在原烹制方法上做了小改动，将法式薄饼换成了面皮。

虾夷盘扇贝馅的树桩形意面料理

将虾夷盘扇贝的闭壳肌和裙边打成泥，用超薄的面片将其卷起来，然后再将卷好的面卷摆在一起，做成这道特伦凯蒂面。面皮要先煮一下，定型后才能放入烤箱中烘烤。为了与馅料更搭，与该意面搭配的沙司也是由虾夷盘扇贝的扇贝籽和红菊苣烹制而成的。虽然这道意面料理出现的时间还比较短，还不太为食客所熟悉，但是各位可以将其当做是意大利粗管面的一种变形，可以随意变换里面的馅料以及与之搭配的沙司，这样就可以做出各种不同风味的料理，而且这道料理操作也很简单，所以各位都可以尝试一下。

意式薄饼

直径 17cm

意式薄饼

"crespelle"以法式薄饼为原型，是意大利北部地区非常普及的一种意面。一般由小麦粉、鸡蛋、牛奶、黄油、盐和制而成。意式薄饼的烹制方法有许多种，既可以像薄片状意面一样和各种食材层层码成千层糕或千层面的样式，也可以像意大利粗管面一样中间放上馅料卷成筒状。

适于宴会的千层饼料理

这是一道由自家做的腌猪肉、瓦莱达奥斯塔州特产的奶酪以及小牛浓汤和意式薄饼层层码出的千层糕样式的意面料理。可以事先将所有材料备齐，需要的时候直接一层层码好，放入烤箱中烤制片刻即可，操作简单，色泽诱人，是一道非常适合宴会食用的料理。用烤箱烘烤过的意式薄饼面皮松软蓬松、香气四溢，别有一番风味。

#096
Tronchetti gratinati con capesante
虾夷盘扇贝特伦凯蒂面

西口大辅

#097
Millefoglie di crespelle
con prosciutto cotto e fontina
腌猪肉方天娜奶酪夹心千层饼

西口大辅

●意式面卷面皮的配料

【1人份】

00 粉（马里诺 Marino 公司）………	800g
粗面粉（马里诺 Marino 公司）……	200g
蛋黄………………………………………	8 个
全蛋………………………………………	5 个
纯橄榄油…………………………………	少量

●制作菊苣干酪馅料的配料

【制作 1 整个意式面卷的用量】

菊苣 ……………………………………	200g
皱叶甘蓝 ……………………………	80g
阿齐亚戈干酪（牛奶制半硬质奶酪）、博洛尼亚风味炖菜（肉糜沙司，P245）、贝夏美沙司（sauce béchamel） ……………………………………	各160g
蒜瓣 ……………………………………	1 瓣
纯橄榄油、黄油、帕达诺奶酪、盐、黑胡椒 ……………………………………	各适量

＃095
菊苣干酪意式面卷

西口大辅

●制作菊苣干酪意式面卷

▽制作意式面卷的面皮

1. 将揉好的面坯擀成不到 1mm 厚的薄面皮，切成 22cm×45cm 的长方形面片。按照人数切出相应张数的面片。

2. 将面片下入沸腾的盐水中煮 2~3 分钟，煮软后捞出，放入冰水中冷却。用布拭净面片上的水分，每张面片中间用保鲜膜隔开，放入冰箱中冷藏保存。

▽制作菊苣干酪馅料

1. 锅中热纯橄榄油，放入拍碎的蒜瓣，煸出香味后倒入切成 2~3cm 小块的菊苣翻炒，放盐。

2. 将皱叶甘蓝切成 2~3cm 的小块，用盐水焯一下。锅中化黄油，皱叶甘蓝控干水分后倒入锅中翻炒，放盐。

3. 将阿齐亚戈干酪切成 3cm×5cm、厚 5mm 的短条形。

4. 将博洛尼亚风味炖菜（肉糜沙司）和贝夏美沙司混合到一起搅拌均匀。

▽成型

1. 撕几张保鲜膜整齐铺在案板上，拼成边长约 50cm 的正方形。

2. 将准备好的面片从原来的保鲜膜上撕下来，竖着放在步骤 1 中的保鲜膜中间部位。

3. 从面坯最前端（远离自己的一端）切下约 5cm 宽的一小条儿备用。

4. 在靠近自己一端的面坯上涂上一层 4~5cm 宽的沙司。然后将菊苣、皱叶甘蓝整齐摆在沙司上，上面再摆上阿齐亚戈干酪，撒上乳酪和黑胡椒粉。

5. 将步骤 3 中切下来的面片盖住食材的前半部分（远离自己的一边）。

6. 卷起靠近自己一侧的保鲜膜，按照做紫菜寿司卷的方法将面坯卷卷儿。用保鲜膜将卷好的面卷包起来。

7. 用手抓紧保鲜膜两端多出来的部分，来回滚动面卷，让面卷更加紧实。

8. 用铁扦在保鲜膜上开 3~4 个的口子，将里面的空气挤出。外面再包上保鲜膜，按照步骤 7 中的方法来回滚动面卷。接着再重复 1 遍以上步骤，使面卷更加紧实。

9. 将保鲜膜两端拧紧或打结，使面卷固定住，放入冰箱中冷藏 1 小时左右（具体步骤请参照 P51）。

●最后工序

1. 将保鲜膜从意式面卷上剥下来，然后将其切成 3~4cm 宽的小意式面卷。

2. 取 1 个深圆形比萨盘烤盘，盘底抹一层黄油，将意式面卷并排摆好，撒上一层帕达诺奶酪，放上少量黄油。

3. 放入 180℃的烤箱中烤制 6 分钟，然后放入面火炉中将表面烤酥脆。

◆**注意事项**

菊苣的一大特点就是叶片厚实、纤维感强，所以最好将其切成小块，以保留它的口感。

◆**小贴士**

意式面卷中最常卷的食材是菠菜和肉糜沙司。

特伦凯蒂面

●特伦凯蒂面面皮的配料
【1人份】
00 粉（马里诺 Marino 公司）········ 800g
粗面粉（马里诺 Marino 公司）······ 200g
蛋黄··································· 8 个
全蛋··································· 5 个
纯橄榄油··························· 少量

●制作虾夷盘扇贝馅的材料
【1 张面皮需要 40g 的馅料，1 整个特伦凯
蒂面需要 40g×4g 的馅料】
虾夷盘扇贝··························· 10 个
蒜瓣·································· 1 瓣
纯橄榄油···························· 适量
鱼汤································· 150ml
贝夏美沙司··························· 30g
盐···································· 适量

意式薄饼

●意式薄饼的配料
【1 大个千层饼的量。8~10 片】
高筋面粉（日清制粉公司 <LYSDOR>）
······································ 75g
全蛋··································· 3 个
牛奶································· 200ml
盐···································· 1 撮
融化了的黄油························ 15ml

●馅料的配料
【1 大个千层饼的量】
腌猪肉（P246，切薄片）········ 200g
方天娜奶酪（切薄片）··········· 120g

＃096
虾夷盘扇贝特伦凯蒂面
西口大辅

●制作虾夷盘扇贝馅特伦凯蒂面
▽制作虾夷盘扇贝馅料
1. 将虾夷盘扇贝的裙边用清水冲洗干净，沥净水分后和闭壳肌切成适当大小。
2. 锅中热纯橄榄油，放入拍碎的蒜瓣煸炒，炒出香味后放入切好的虾夷盘扇贝的闭壳肌和裙边翻炒。炒熟后注入鱼汤，炖 20 分钟左右。
3. 将闭壳肌和裙边捞出，放入食物理机中搅碎，再放入贝夏美沙司搅匀，放盐调味。锅中的汤汁用于制作沙司。
▽成型
1. 用面条机将揉好的面坯压成不到 1mm 厚的超薄面皮。切成 12cm×11cm 的长方形面片。1 个特伦凯蒂面需要 4 张面片。
2. 面片下入盐水中煮 2 分钟，捞出后过凉水冷却，然后用布拭净水分。
3. 取 3 张面皮横着放好，沿着面皮边缘（靠近自己一端）倒上适当宽度的馅料。然后按照做紫菜寿司卷的方法将面皮卷卷儿。卷到另一边时，先沿着另一边涂上少量贝夏美沙司再卷。然后将卷好的 3 个面卷分别 4 等分（宽 3cm）切

＃097
腌猪肉方天娜奶酪夹心千层饼
西口大辅

▽制作意式薄饼
1. 将鸡蛋、牛奶、盐、融化了的黄油一起倒入面盆中搅匀，然后倒入高筋面粉，快速将所有材料搅成面糊。搅匀后放入冰箱中静置 1 小时左右。
2. 取 1 个直径 20cm（内径约 17cm）的平底锅，开火将锅烧热，锅底刷一层色拉油，然后将搅好的面糊倒一些在平底锅中，迅速转动锅，使面糊均匀铺满锅底。一面上色后翻过来煎另一面，煎到两面金黄色即可。捞出后放在冷却架上晾凉。将剩余的面糊按照同样方法都做成面饼。
▽成型
1. 取 1 个烤盘，先放 1 张意式薄饼，上面码上几片腌猪肉和方天娜奶酪，然后再放 1 张意式薄饼，就这样按照薄饼、食材的顺序码 8~10 层（1 张薄饼和上

开（共切出 12 个小型面卷）。
4. 将剩下的 1 张面皮 4 等分（宽 3cm）切开。
5. 将步骤 3 中切出来的 12 个小型面卷紧贴着摆在一起，所有面卷的切口都是一个朝上一个朝下放置。然后用面皮将 12 个小型面卷裹起来，外面用风筝线绑好。

●烹制虾夷盘扇贝菊苣沙司
1. 将虾夷盘扇贝的扇贝籽（橙色部分，10 个）、意大利胭脂红菊苣（50g）剁碎。
2. 锅中热纯橄榄油，倒入扇贝籽翻炒片刻，然后放入红菊苣继续翻炒。放盐，倒入适量之前炖扇贝的汤汁调汁。

●最后工序
1. 取 1 个深圆形比萨烤盘，盘底抹一层纯橄榄油，将绑好的特伦凯蒂面放入烤盘中，然后放入 180℃的烤箱中烘烤近 10 分钟。
2. 去掉特伦凯蒂面外面绑着的风筝线和裹着的面皮，装盘，淋上虾夷盘扇贝和红菊苣沙司（1 人份约 80g），放 1 棵意大利香芹叶起装饰作用。周围淋上几滴特级初榨橄榄油。

※ 意大利胭脂红菊苣要选择晚熟品种。

面的食材算 1 层），最后以 1 张意式薄饼收尾。

●制作 2 种沙司
1. 鲜奶油（150ml）倒入锅中煮沸，放入帕达诺干奶酪（30g），不断搅拌使其化开。撒上盐、黑胡椒调味。
2. 另置 1 个锅，倒入红酒（300ml），熬至变浓稠，然后倒入小牛浓汤（Sugo di carne，100ml）继续熬制，至锅中汤汁变浓稠即可。

●最后工序
1. 将码好的千层饼 8 等分切开。每份即 1 人份的量。然后放入 180℃的烤箱中烘烤 7~8 分钟。
2. 装盘，淋上鲜奶油沙司（1 人份 20g），点上少量红酒沙司，装饰上香叶芹。

167

#098
Scripelle m'busse e uovo al tegamino
意大利圆皮汤配荷包蛋

直径 17cm

意大利圆皮

是除吉他面（chitarra）之外最能代表阿布鲁佐大区的一种意面。据说在法式薄饼传到当地后，北部的特拉莫省的人们参照法式薄饼的制作方法发明了这种圆形的面皮。现在已普及到邻近的莫利塞州。"scripelle"是当地方言中的叫法，在标准语中将其称作"crespelle"（P165）。一般由小麦粉、水、全蛋、盐和制而成，为了提升面皮的口感，这里我们又混入了全麦面、牛奶和黄油。在当地，成品要比法式薄饼厚一些。

小池教之

多用于做汤的意大利圆皮

在意大利圆皮的所有烹饪方法中，做汤是最简单最普遍的烹饪方法，也是最能突出意大利圆皮存在感的一种烹饪方式。阿布鲁佐大区的人们对以猪肉为原料的各种料理情有独钟，也喜欢在烹制菜肴时放入一些猪肉，因此，在这道料理中使用了猪油来煎意大利圆皮，再配上荷包蛋和佩科里诺奶酪，使整道料理洋溢着浓浓的当地特色，仿佛将食客带到了当地的农家餐桌。

意大利圆皮

●意大利圆皮的配料

【10 张】

全麦面（马里诺 Marino 公司）	45g
00 粉（马里诺 Marino 公司）	95g
全蛋	2 个
牛奶	250ml
盐	5g
黄油	15g

※ 将原配料中 1/3 的 00 粉换成全麦粉，做出来的圆皮既有浓浓的麦香味，又带有一丝淡淡的田园风味。此外，将搅好的面糊于冰箱中静置 1 晚或更长时间，有助于各种材料更好地融合到一起，能起到提香的作用。

＃098
意大利圆皮汤配荷包蛋

●制作意大利圆皮

1. 将全麦粉和 00 粉一起倒入面盆中。将牛奶、盐、黄油倒入小锅中，隔水将黄油化开。晾凉后使用。

2. 一点点往面粉中倒入牛奶，用打蛋器搅成面糊，注意面盆中不能有疙瘩。将鸡蛋打在碗中，搅成蛋液。然后将蛋液倒入面盆中搅匀。面盆上盖上保鲜膜，放入冰箱中静置 1 晚。

3. 取 1 个直径 20cm（内径约 17cm）的平底铁锅，锅底涂上一层猪油（用搅拌机将猪背部的肥肉搅成的肉泥），开火加热。将 50g 左右的面糊倒入平底锅中，迅速转动锅，使面糊均匀铺满锅底，煎至面糊变成浅咖啡色。然后翻过来再煎另一面，稍稍煎一会儿，待锅中面糊凝固即可取出。按照同样方法将剩余的面糊都做成圆片。

●做汤

1. 烹制清炖肉汤。将鸡肉（1kg）用搅拌机搅成肉粒，月桂（干的）、香菜（各适量）剁碎，和蛋清（5~6 个）、黑胡椒末（适量）、白酒（200ml）一起倒入锅中搅匀。

2. 往步骤 1 的锅中倒入鸡汤（4L），开小火熬 3 小时左右。捞出食材，将汤汁用网筛过滤一遍，得到清炖肉汤。

3. 取适量清炖肉汤（按人数）倒入锅中，放入番红花、法国茴香酒、盐各少量，开火热一下。

●最后工序

1. 平底锅锅底刷一层特级初榨橄榄油，煎荷包蛋。用小火煎成糖心的。

2. 将意大利圆皮卷成粗一些的卷，摆在盘中（1 人份 2 张），倒入适量热腾腾的清炖肉汤。然后将糖心荷包蛋摆在圆皮上面，撒上佩科里诺罗马诺奶酪和黑胡椒。

◆小贴士

除了做汤，意大利圆皮还有许多其他各式各样的烹饪方法，比如可以像意大利粗管面一样卷上馅料，也可以像千层面一样中间夹上各种食材放入烤箱中烘烤，还可以切成像意式干面（tagliatelle）一样的细长条和沙司拌制食用。

GLI GNOCCHI E LE PASTINE

第六章

面团与
手工疙瘩面

土豆球

土豆球

最初是由面粉和水制作而成，而自从新大陆的发现给意大利人民带来了土豆这种食材后，人们开始尝试将土豆和入面粉中，因此诞生了这种以土豆为主要配料做成的面团——土豆球，并渐渐成为了主流。将土豆煮软、压成泥，然后与小麦粉、鸡蛋、切碎的奶酪混合到一起，用刮板将所有配料搅成面团。土豆球最大的特点就是口感松软。

2cm 的正方体

皮埃蒙特州风味奶酪沙司土豆球

土豆球在意大利的许多地区都很受欢迎，不过在不同的地区，与之搭配的沙司也有所不同。这道奶酪沙司土豆球就是具有皮埃蒙特州特色的土豆球料理。当地在制作奶酪沙司时一般只使用卡斯特马格诺奶酪，而本书中为了中和卡斯特马格诺奶酪特有的淡淡的酸味，又加了一种奶香味浓郁的方天娜奶酪。由于奶酪沙司的口味更加浓郁了，所以做出的土豆球也要比当地大一些，这样才能保证整道料理的整体感。

099
Gnocchi di patate al castelmagno e fontina
奶酪沙司土豆球

小池教之

100
Gnocchi alla sorrentina
苏莲托风味土豆球

土豆球

将切成小块的剂子在叉子上捻一圈，在表面印上纹路的同时使其成型的卷形土豆球。左图中所示的是标准大小的卷形土豆球成品，不过根据与之搭配的沙司不同，在制作土豆球的时候也可以适当改变它的大小以及软硬度。此外，烹制土豆球料理的时候要注意突出土豆的风味，最理想的状态是绵软滑糯的口感并存。

大小为 1.5cm

番茄、马苏里拉奶酪、罗勒做成的沙司

在那不勒斯说到手工意面，就不得不提土豆球和千层面，貌似土豆球更受当地人喜爱一些。能与土豆球搭配的沙司种类很多，我本人比较偏爱苏莲托风味的沙司，主要由番茄、马苏里拉奶酪、罗勒烹制而成。用马苏里拉奶酪的奶香味中和番茄的酸味，是一道口味独特的沙司。烹制沙司的时候，要掌握好沙司的浓度和分量，以便可以很好地吸附在土豆球上。

杉原一祯

大肚面饺

直径约 3cm

大肚面饺

大肚面饺的意大利名由土豆球（gnocchi）和意式面饺（ravioli）组成，其实它是一种以奶酪为馅料的意式面饺，而面皮用的就是制作土豆球的面坯，将两者融合到一起就得到了这个名字。和土豆球一样，大肚面饺的口感绵软滑糯、口味清淡。由于面皮质地柔软、容易裂开，所以并不是所有的边都由模具压出，而是先将面坯对折，底边不动，只用圆形模具的一部分在面皮上压出一个缺了一部分的半圆形。

以鲜奶酪为馅料的面团

大肚面饺中的馅料原本为里科塔奶酪，因为这道贻贝奶酪风味大肚面饺是夏季供应，而用牛乳制的里科塔奶酪口味过于浓郁，不太适合夏季食用，所以改用了口味稍清淡一些的鲜山羊乳奶酪。在苏莲托到阿玛尔菲的沿岸地区，人们常用当地特产的海鲜沙司与大肚面饺搭配食用，因此这道料理也如法炮制，只简单地用橄榄油将贻贝翻炒片刻，再配上小番茄的酸味做成贻贝沙司。

#101
Ravioli di gnocchi con le cozze e pecorino fresco
贻贝奶酪风味大肚面饺

杉原一祯

杏子面团

直径 4.5~5cm

杏子面团

这是一道上阿迪杰地区的意面料理，外面的面皮是制作土豆球的面坯，里面包着的是杏子。而在邻近的弗留利－威尼斯朱利亚大区，里面包的则是李子。据说这种以水果为馅料的面团起源于捷克和斯洛伐克等波西米亚地区，但是当地大多将其作为点心食用。意大利人们对其做了一番改动，将其做成了一道酸中回甜、口味独特的意面料理。图中所示的是标准大小的杏子面团，要比普通的面团大许多。

酸中回甜的面团

杏子面团最常搭配的沙司是一种由黄油和绵白糖做成的沙司，口味偏甜。本道料理中搭配的是由高档发酵黄油和罂粟籽一起烹制而成的焦黄油沙司，口感偏咸。杏子面团配上口感偏咸的沙司，不仅可以更加凸显出整道料理的存在感，还可以为接下来要提供的料理做一个很好的铺垫。当然，我们也没有忘记当地料理特有的甜味，所以制作沙司时还放了锡兰肉桂和砂糖。

#102
Gnocchi di patate alle albicocche
杏子面团

小池教之

土豆球

奶酪沙司土豆球

小池教之

●土豆球的配料

【1人份60g】

土豆（煮熟）⋯⋯⋯⋯⋯⋯⋯	500g
00 粉（马里诺 Marino 公司）⋯⋯⋯	170g
蛋黄⋯⋯⋯⋯⋯⋯⋯⋯⋯⋯⋯⋯	2 个
帕玛森干酪⋯⋯⋯⋯⋯⋯⋯⋯	30g
肉豆蔻⋯⋯⋯⋯⋯⋯⋯⋯⋯⋯	少量
盐⋯⋯⋯⋯⋯⋯⋯⋯⋯⋯⋯⋯	适量

※ 大小以 1.5cm 为标准。先将面坯搓成长条形，然后用刀切成小段，这样就得到了筒状的土豆球。还可以将切好的小剂子在叉子等工具上捻一圈，在其表面印出纹路，这样就得到了带有纹路的呈卷形的土豆球。

●土豆球

1. 用盐水将土豆煮软。去皮后趁热用网筛压成泥。

2. 将土豆和其他所有配料一起放入面盆中，用 2 个刮板像切东西一样将所有食材搅匀，然后按压成一个面团。将面团取出放在面板上，用手掌揉搓面团，注意用掌根和全身的力量尽量向外推挤面团，推出去再拉回来，然后再推出去，如此反复搓揉，直至面团变光滑。注意和面时要用刮板，而不要用手，否则和出的面团会很黏。

3. 将面团搓成直径为 2cm 左右的长条形，在每隔 2cm 左右的地方用刀切开。

●奶酪沙司

1. 将拍碎的蒜瓣（1 瓣）、洋苏草（3 枝）、黄油（2 汤勺）都放入锅中，开火翻炒片刻，注意不要将黄油炒焦。

2. 倒入鲜奶油（1 人份 1/2 长柄勺）和小牛肉汤（1 长柄勺），用小火熬制片刻，待锅中汤汁变浓稠后倒入切碎的方天娜奶酪（10g）和卡斯特马格诺奶酪刨丝（20g），用木铲慢慢搅动至奶酪融化。

●最后工序

1. 土豆球（1 人份 20 个）下入盐水中。

2. 待土豆球浮上水面后用漏勺捞出，沥净水分后倒入奶酪沙司中拌匀。不要直接搅拌，要用木铲一点点搅动锅底的奶油沙司，就像要将粘在锅底的物体一点点刮下来一样，从而使沙司和土豆球融合到一起。

3. 将蒜瓣和洋苏叶挑出，装盘。撒上卡斯特马格诺奶酪刨丝。

◆注意事项

熬制奶酪沙司的时候千万不要将奶油煮沸，要用小火慢慢将奶酪融化。因为奶酪沙司容易凝固，所以放入了少量肉汤，可以起到润滑剂的效果。还可以放入核桃，做出的沙司会更加美味。

苏莲托风味土豆球

杉原一祯

●土豆球的配料

【1人份60g】

土豆（煮熟）⋯⋯⋯⋯⋯⋯⋯	500g
00 粉（卡普托 Caputo 公司）⋯⋯⋯	150g
蛋黄⋯⋯⋯⋯⋯⋯⋯⋯⋯⋯⋯	2 个
特级初榨橄榄油⋯⋯⋯⋯⋯⋯	少量
盐⋯⋯⋯⋯⋯⋯⋯⋯⋯⋯⋯⋯	适量

※ 季节不同、大小不同，土豆中所含水分也不同，因此和面时的比例以及制作的面团大小都要相应地作出调整。如果土豆中的含水量多，和面时就需要多放一些面粉，那么就应当将土豆球做得小一些；而如果土豆中的含水量少，所需要的面粉量也就没有那么多了，这时就应将土豆球做得大一些，这样每一个成品都能凸显马铃薯的味道。8 月 ~10 月份产的土豆中所含的淀粉量和小麦粉中的谷蛋白量最为均衡，和起面来会比较容易。

●制作土豆球

1. 用盐水将土豆煮软后去皮，然后用土豆压泥器趁热将土豆捣碎成泥。

2. 依次往土豆泥中放入盐、特级初榨橄榄油、蛋黄、00 粉，将所有材料搅拌后揉成面团，揉的时间无需太长。

3. 将揉好的面团用手掌搓成直径 1cm 的长条，然后切成宽 1cm 的小剂子。使剂子切口一个朝上一个朝下地放在叉子背面，将拇指按着剂子转个圈，让剂子表面印上纹路（具体操作步骤请参照 P52）。

●制作番茄沙司

1. 锅中热特级初榨橄榄油（20ml），放入拍碎的蒜瓣（1 瓣）煸炒。

2. 煸出蒜香味后放入罗勒（那不勒斯产，1 枝）、番茄汁（passata di pomodoro，瓶装，180ml），用大粒盐调味。熬出香味，汤汁变浓稠。

●最后工序

1. 土豆球下入盐水中。

2. 待土豆球浮上水面后用漏勺捞出，沥净水分后倒入番茄沙司中（1 人份 1 长柄勺）拌匀。然后放入帕玛森干酪、佩科里诺罗马诺奶酪、撕碎的罗勒叶（那不勒斯产）、切成小块的马苏里拉奶酪（水牛乳制成），搅拌均匀。

3. 装盘，撒上帕玛森干酪。

◆注意事项

水牛乳制成的马苏里拉奶酪质地潮润香滑，为了不破坏其质感和风味，加热的时间不能过长。此外，放入马苏里拉奶酪后要将食材挑起来搅拌，让奶酪和空气充分接触。

◆小贴士

在那不勒斯当地，这种卷形土豆球还可以和那不勒斯风味炖菜（P235）搭配食用。

大肚面饺

●面皮的配料

【1人份】

土豆（中等大小 3 个）⋯⋯⋯⋯ 350g

低筋面粉（日清制粉公司 <violet>）

⋯⋯⋯⋯⋯⋯⋯ 分量为土豆的 35%

蛋黄 ⋯⋯⋯⋯⋯⋯⋯⋯⋯⋯⋯⋯⋯ 1 个

特级初榨橄榄油 ⋯⋯⋯⋯⋯⋯⋯ 少量

盐 ⋯⋯⋯⋯⋯⋯⋯⋯⋯⋯⋯⋯⋯⋯ 适量

●奶酪馅料

【1 个面饺为 1/2 茶勺】

山羊乳白奶酪 ⋯⋯⋯⋯⋯⋯⋯ 100g

青酱（P250）⋯⋯⋯⋯⋯⋯⋯ 1 汤勺

盐 ⋯⋯⋯⋯⋯⋯⋯⋯⋯⋯⋯⋯⋯⋯ 适量

※ 为了使面皮不容易开裂，配料中低筋面粉的比例要比一般的土豆球高一些，这样和出来的面坯会更硬一些。

※ 山羊乳白奶酪指的是将山羊乳用乳酸菌发酵后制成的质地柔软的鲜奶酪。

杏子面团

●面皮的配料

【1人份 60g】

土豆（煮熟）⋯⋯⋯⋯⋯⋯⋯⋯ 250g

高筋面粉（东京制粉 <super Manaslu>）

⋯⋯⋯⋯⋯⋯⋯⋯⋯⋯⋯⋯⋯⋯⋯ 80g

蛋黄 ⋯⋯⋯⋯⋯⋯⋯⋯⋯⋯⋯⋯⋯ 1 个

帕达诺干奶酪 ⋯⋯⋯⋯⋯⋯⋯⋯ 30g

锡兰肉桂粉 ⋯⋯⋯⋯⋯⋯⋯⋯⋯ 少量

盐 ⋯⋯⋯⋯⋯⋯⋯⋯⋯⋯⋯⋯⋯⋯ 3g

●制作杏子馅料的配料

【1 个面团需要 2 颗杏子】

杏子（半干）⋯⋯⋯⋯⋯⋯⋯⋯ 16 颗

格拉巴酒 ⋯⋯⋯⋯⋯⋯⋯⋯⋯⋯ 1 滴

朗姆酒 ⋯⋯⋯⋯⋯⋯⋯⋯⋯⋯⋯ 2 滴

＃101

贻贝奶酪风味大肚面饺

杉原一祯

●制作大肚面饺

▽制作土豆面皮

1. 用盐水将土豆煮软后去皮，然后趁热用网筛将土豆压成土豆泥。

2. 依次往土豆泥中放入盐、特级初榨橄榄油、蛋黄、高筋面粉，将所有材料搅拌后揉成面团，揉的时间无需太长。

▽奶酪馅料

1. 将山羊乳白奶酪和青酱混到一起搅拌均匀，放盐调味。

▽成型

1. 将和好的面坯用面条机压成厚 3~4mm 的面皮，每次压制的时候都要在面皮上撒上一层干粉（高筋面粉，分量另算）。将压好的面皮放在面板上，用刀切成宽 13~14cm（长度适宜）的长方形面片。

2. 靠近自己的一边留出足够宽的面皮用于盖在馅料上。在留出的面皮上方，每隔 5~6cm 用茶勺舀一勺馅料放在上面，使馅料排成一横排。然后将前面留出的面皮折叠过来，盖在馅料上面。将馅料周围的面皮压实，使馅料和面皮、面皮和面皮紧密贴合在一起。

3. 取 1 个直径为 3.5cm 的圆形模具，先将模具的一半以馅料为中心扣在面皮上（扣着的部分呈半圆形），然后将模具

的左侧稍稍拉回来一些，形成一个缺了一角的半圆形。再将模具使劲按压下去，压制成型。按照此方法将剩下的部分都压成型。

●贻贝沙司

1. 锅中热特级初榨橄榄油，放入小番茄（2 个）、拍碎的蒜瓣、罗勒，快速翻炒。然后将其盛出备用。

2. 锅中留底油，放入拍碎的蒜瓣和红辣椒翻炒。炒出香味后放入带壳贻贝（明石产，5~7 个），注入适量水，放入百里香、意大利香芹末、步骤 1 中的小番茄。

3. 炖至贻贝壳张开。

●最后工序

1. 面饺（1 人份 8 个）下盐水中煮 1~2 分钟。

2. 将煮好的面饺捞出，沥净水分后倒入贻贝沙司（1 人份 1 长柄勺）中，搅拌均匀。

3. 将面饺捞出摆在盘中，去掉贻贝没有肉的那半边的贝壳，摆在面饺周围。撒上佩科里诺萨拉奇诺奶酪（撒丁岛产的半硬质羊乳奶酪）。

◆小贴士

也可以用菲律宾蛤仔、墨鱼、银鱼等做成的海鲜沙司替换贻贝沙司。

＃102

杏子面团

小池教之

●制作杏子面团

▽制作面皮

1. 用盐水将土豆煮软后去皮，然后趁热用网筛将土豆压成土豆泥。

2. 将土豆泥和其他所有配料搅拌后揉成面团。

▽制作馅料

1. 格拉巴酒和朗姆酒淋在杏子上，腌制 1 晚。

▽成型

1. 取适量面坯，搓成适当大小的小剂子，杏子拭净水分，取 2 个贴在一起，用剂子包起来。然后将剂子揉成直径不到 5cm 的圆球。

2. 将揉好的圆球在黑麦粉（rye flour）中滚 1 圈，使其表面裹上一层黑麦粉。

●罂粟籽黄油沙司

1. 锅中化黄油（1 人份 1 汤勺），放入罂粟籽（1 撮）翻炒，炒制焦黄油。

2. 倒入少量面汤调汁，放入锡兰肉桂粉、盐、绵白糖调味。

●最后工序

1. 面团（1 人份 2 个）下盐水中煮 7 分钟。

2. 待面团浮出水面，稍等片刻后将其捞出，沥净水分。

3. 将面团摆在盘中，淋上罂粟籽黄油沙司。

炖菜馅面团

直径 5cm

炖菜馅面团

这是一种以炖菜或沙司为馅料的筒形面团，也可以称之为面卷。烹制料理的时候，再将其切成厚一些的圆片。能放入面团中的炖菜馅料以及可与之搭配的沙司种类很多，各位可以随意组合，而且可以事先做出许多面卷，将其煮熟后储存起来，等需要的时候直接放入烤箱中加热一下即可。除了馅料，面皮特有的土豆风味也是决定整道料理口味的关键。

以炖牛肝菌为馅料的面团

牛肝菌馅面团是以店中常备食材牛肝菌为馅料做成的面团。用食物料理机将炒熟的牛肝菌绞碎，和博洛尼亚风味炖菜（肉糜沙司）一起搅拌均匀作为馅料做成牛肝菌馅面团，装盘后再在面团上放上一些炖牛肝菌，使整道料理整体感更强。还可以用红菊苣或洋蓟等其他食材来代替牛肝菌。最后在面团周围点上几滴用小牛肉汤做成的沙司。

103
Gnocchi ripieni con funghi
牛肝菌馅面团

西口大辅

粗面粉团子

直径 8cm

粗面粉团子

将粗面粉和牛奶熬成面糊，再倒入圆形模具中成型，就得到了这种粗面粉团子。虽然也叫面团，但形状却和一般的面团并不相同，为圆饼形。传统烹制方法是将其和融化的黄油以及帕玛森干酪一起放入烤箱中烤制。是罗马料理的一种，因此也被称作罗马风味面团（gnocchi alla romana）。

质地绵软的罗马风味面团

在传统做法中，粗面粉团子的配料中是有鸡蛋和帕玛森干酪的，而且烘烤的时候也会放入大量的黄油以及帕玛森干酪，但是这对现代人来说有些过于油腻。因此，本店对面坯的配料进行了小小的改动，去掉了鸡蛋和奶酪，只用牛奶、少量的黄油以及盐来和面，这样做出来的面团质地绵软、口味清淡，而且烘烤的时候也不再放入其他的辅料，只是简单的让面团上色出香，使整道料理看起来更加简单清爽。粗面粉团子与肉类炖菜很搭，所以这里选择用炖牛尾与之搭配。

104
Gnocchi di semola con ragù di coda di bue
牛尾沙司粗面粉团子

西口大辅

玉米糊面团

直径 1.3cm、长 1.5cm

玉米糊面团

这种面团常见于喜食玉米糊的威内托大区和伦巴第大区。玉米糊通常都是趁热食用，如果有剩余，人们会待其凝固后贮存起来，需要时再烹制出其他玉米糊料理，还可以作为馅料制成面饺或面团。不过在本店中，玉米糊和玉米糊面团是分开制作的，这里就向各位介绍如何制作玉米糊面团。其实做法和玉米糊差不多，将所有食材倒入锅中搅成十分黏稠的面糊，成型后煮熟即可。

玉米沙司配玉米糊面团

玉米糊面团常与威内托、伦巴第两大区的传统料理炖珍珠鸡、炖兔肉或各种以腌鳕鱼为原料的料理搭配食用。不过这里想向各位介绍一种样式简单、口味清淡的现代风格的玉米糊料理，由玉米沙司和玉米糊面团拌制而成。而且，这道将玉米粒用黄油炒熟，再用帕达诺干奶酪调味烹制而成的玉米沙司与同以玉米为原料做成的玉米糊面团可谓相得益彰，更加凸显了整道料理的玉米风味。

105
Gnocchi di polenta al tartufo nero

黑松露风味玉米糊面团

西口大辅

106
Gnocchi di melanzane con mozzarella di bufala

水牛乳奶酪茄子面团

西口大辅

茄子面团

直径 1.5cm、长 2.5cm

茄子面团

将炸茄子打成泥，然后和小麦粉一起搅成黏稠一些的面糊，成型后就得到了茄子面团。这是我从一位南意大利出身的料理师傅那里学来的，并且在意大利担任厨师长期间也经常烹制这道料理。回国之后对原本的配料进行了小小的改动，提高了茄子的比例，增加了茄子的风味。包括 P180 的"红芸豆面团"在内，近些年出现了许多不同风味的面团，基本都是先将各种食材打成泥，再和小麦粉一起搅成面糊制作而成。

烤制而成的茄子面团料理

这是一道用肉糜沙司拌上茄子面团，再撒上马苏里拉奶酪，然后放入烤箱中烤制而成的一道料理。不要说与茄子很搭的的肉糜沙司，其实只用最普通的切成小块的番茄和马苏里拉奶酪拌上茄子面团，烘烤后也已经十分美味了。制作茄子泥时，既可以如本书中所述使用炸过的茄子，也可以使用烘烤过的茄子。无论用哪种茄子，有一点需要注意，就是要事先用盐杀掉茄子中的水分后再进行烹制，这样才能充分发挥出茄子的香味。

炖菜馅面团

●面皮的配料

【2个面卷的量】

土豆	100g
00 粉（马里诺 Marino 公司）…… 40~50g	
蛋黄	1 个
肉豆蔻	少量
盐、黑胡椒	各少量

●制作炖牛肝菌馅料的配料

【2个面卷的量】

牛肝菌	200g
蒜瓣（拍扁）	1 瓣
纯橄榄油、盐、黑胡椒 ……… 各适量	
博洛尼亚风味炖菜（肉糜沙司，P245）	
	100g
面包糠	适量
帕达诺干奶酪	30g
盐、黑胡椒	各适量

粗面粉团子

●粗面粉团子的配料

【1 人份】

粗面粉（马里诺 Marino 公司）…… 100g	
牛奶	500ml
黄油	20g
盐	3g

※ 在传统做法中，和面的时候还会放入鸡蛋和奶酪，从而将面和得硬一些。而在这道料理中我们需要质地绵软、口感清淡一些的面团，所以没有放鸡蛋和奶酪，而是放了黄油。

#103

牛肝菌馅面团

西口大辅

●制作牛肝菌沙司炖菜馅面团

▽制作面皮

1. 用盐水将土豆煮软后去皮，然后趁热用土豆压泥器将其压成土豆泥。

2. 往土豆泥中依次放入盐、黑胡椒、肉豆蔻、蛋黄、00 粉，将所有配料搅拌到一起和成面团。和面的时间不要太长。和好后放置一段时间，使其冷却。

3. 以 00 粉（分量另算）为干粉，将和好的面团压成厚 1cm、25cm×15cm 的长方形面片。

▽制作炖牛肝菌馅料

1. 锅中热橄榄油，放入拍碎的蒜瓣和切成薄片的牛肝菌稍炒，放盐、黑胡椒。将牛肝菌倒入食物搅拌机中打碎。

2. 然后再将牛肝菌倒回锅中，倒入博洛尼亚风味炖菜翻炒片刻，接着倒入面包糠、盐、黑胡椒、少量帕达诺干奶酪，将所有食材搅拌均匀。留出一小部分备用，剩下的用于制作面团馅料。

▽成型

1. 将长方形面片竖着置于面板上，沿着面片的一侧放上炖牛肝菌馅料（宽度适宜），然后用刀将面片竖着 2 等切开。没有馅料的半张面皮先放于一边，将有馅料的部分卷成卷，用面皮将馅料包紧实，并将面皮的接口处压实。然后在另外半张面皮上也放上馅料，并卷成面卷。

2. 将做好的面卷（每根面卷为 2 人份）下入盐水中。待面卷浮起到水面后，用漏勺捞出，沥净水分后放到大方盘中冷却。

●沙司

1. 小牛肉汤倒入锅中，煮至汤汁黏稠，放入切碎的黑松露，搅拌均匀。

●最后工序

1. 将面卷切成 3~4cm 厚的圆片。

2. 将切好的面团摆在耐热容器中，使两个切口一个朝上一个朝下，然后撒上帕达诺干奶酪，淋上特级初榨橄榄油。放入高温烤箱中烘烤片刻，但是烤的时间不要太长。

3. 将烤好的面卷摆在盘中，为了美观可以摆出图案。将之前留出来的炖牛肝菌放在面卷上面，面卷周围点上几滴沙司。摆上 1 片意大利香芹叶装饰，最后撒上帕达诺干奶酪。

#104

牛尾沙司粗面粉团子

西口大辅

●制作粗面粉团子

1. 将牛奶、黄油、盐倒入锅中，开火加热，待锅中汤汁沸腾后，倒入粗面粉。将打蛋器放入锅中不断搅拌至所有食材均匀，搅拌至没有面疙瘩时将火改为小火，同时换用木铲继续搅动，一直搅至锅中面糊像玉米糊一样黏稠。

2. 将搅好的面糊倒入直径为 8cm 的模具中，深 4cm 左右即可。晾凉后放入冰箱中使其凝固。

●炖牛尾

1. 生牛尾清洗干净后用刀顺骨节斩成小段（10 段）。用盐、黑胡椒、中筋面粉拌匀，放入色拉油中煎制片刻。

2. 倒入炖锅中，开火加热，然后放入炒料头（P245，120g）、白酒（100ml）、葡萄干、松子、可可粉、番茄酱各适量，熬至锅中汤汁浓稠。然后倒入鸡汤（1~1.5L），煮沸后撇去浮沫，改小火炖约 4 个小时。

3. 稍稍凉一些后将牛尾捞出。煮汁在常温下冷却，将表面凝固的油脂撇净。

4. 牛尾去骨，将肉撕碎。倒回步骤 3 中的汤汁中，开火加热一下。

●最后工序

1. 不粘锅锅底刷一层色拉油，将面团从模具中取出，横着 2 等切开，摆在不粘锅中。放入 180℃的烤箱最下层烘烤 3 分钟左右，待底部变金黄色、烤出香味时，将面团翻个，将另一面也烤出金黄色、烤出香味。

2. 装盘（1 人份 3 个），倒上炖牛尾（1 人份约 100g），放 1 片意大利香芹叶作装饰。

玉米糊面团

● 玉米糊面团的配料

【1 人份 80g】

玉米粉（白，马里诺 Marino 公司）··· 500g
水···1.5L
牛奶···500ml
盐··18g
（将上述材料混到一起后取的 500g）
全蛋···1 个
蛋黄···1 个
00 粉（马里诺 Marino 公司）·········110g
盐、黑胡椒··································各适量

※ 白玉米粉为威内托州产，也可以使用伦巴第大区产的黄玉米粉。上述配料中的玉米粉的比例是一般比例的 1.5 倍，因此和出来的面坯要稍稍硬一些。此外，为了突出玉米的香味，还需注意其与小麦粉的搭配比例。

♯ 105
黑松露风味玉米糊面团　　　　西口大辅

● 制作玉米糊面团

1. 将水、牛奶、盐倒入锅中煮至沸腾，倒入玉米粉，搅拌 40 分钟左右。待锅中玉米糊呈十分黏稠的状态时关火。稍稍凉一些后取出 500g 用于制作面坯（剩下的用保鲜膜包好，放入冰箱中冷藏保存，下次再用）。

2. 往步骤 1 中面糊里打入全蛋和蛋黄，搅拌均匀。然后倒入 00 粉继续搅拌，搅至没有干面粉。放盐、黑胡椒调味。

3. 锅中烧盐水，将面糊倒入裱花袋（安上直径约 1.5cm 的圆形裱花嘴）中。待锅中水沸腾后，手持裱花袋置于锅上方，挤出面糊，每挤出长约 1.5cm 的面糊就用刀将其切断，使面团落入锅中。

4. 待面团浮到水面上后用漏勺捞出，倒入冰水中使其冷却。沥净水分后倒在大方盘中，用橄榄油拌匀，放入冰箱中冷藏保存。

● 玉米沙司

1. 用刀将玉米粒从玉米棒（1 人份 1/4 个）上剥下来。用盐水焯一下。

2. 将玉米粒和黄油一起炒熟做成沙司。

● 最后工序

1. 面团（1 人份 30 个）下入盐水中加热一下。

2. 捞出沥净水分后倒入玉米沙司中，撒上帕达诺干奶酪，搅拌均匀。

3. 装盘，摆上切成薄片的黑松露。

茄子面团

● 茄子面团的配料

【1 人份 100g】

米茄子···500g
盐、中筋面粉、色拉油··················各适量
蛋黄···2 个
中筋面粉（日清制粉公司 <LYSDOR>）
··适量
盐、黑胡椒··································各适量

♯ 106
水牛乳奶酪茄子面团　　　　　西口大辅

● 制作茄子面团

1. 炸茄子。米茄子去皮，切成 4cm 的小块，表面抹一层盐，放在筛网上，上面压上重物，放置 1 晚，杀出茄子中的水分。第二天裹上中筋面粉，用色拉油炸熟。

2. 用吸油纸将茄子中的油吸净，然后倒入食物料理机中绞碎。和盐、黑胡椒、蛋黄、中筋面粉混合到一起，搅拌均匀至没有面疙瘩。

3. 锅中烧盐水，将搅好的面糊倒入裱花袋（安上直径约 1.5cm 的圆形裱花嘴）中。待锅中水沸腾后，手持裱花袋置于锅上方，挤出面糊，每挤出长约 2.5cm 的面糊就用刀将其切断，使面团落入锅中。

4. 待面团浮到水面上后用漏勺捞出，倒入冰水中使其冷却。沥净水分后倒在大方盘中，盖上保鲜膜，放入冰箱中冷藏保存。

● 最后工序

1. 茄子面团（1 人份 30 个）下入盐水中加热一下。

2. 另置 1 个锅，倒入博洛尼亚风味炖菜（肉糜沙司，P245，1 人份约 80ml），再放入少量黄油和鸡汤加热片刻，然后倒入面团搅拌均匀。撒上帕达诺干奶酪拌匀。

3. 将锅中所有食材倒入耐热容器中，上面撒上水牛乳马苏里拉奶酪薄片，放入面火炉中或高温烤箱中烤至变色。

红芸豆面团

红芸豆面团

由近似于日本花扁豆的红芸豆（Borlotti）制作而成的面团。面坯的和制方法是将干豆泡1晚，煮软后搅成豆泥，然后再放入鸡蛋以及小麦粉揉制而成。松软热乎的豆泥很容易和面粉揉和到一起，成型也很简单。与土豆面团相比，红芸豆面团又是另一种不同的口感，豆味比较浓郁。

1.2~2cm

由红芸豆泥和面粉做出的面团

豆类面团常与肉类沙司搭配食用，所以在烹制红芸豆面团料理时也遵照了这种惯例，选择了炖肉肠沙司与之搭配。炖肉肠沙司由搅碎的意大利肉肠（一种大号的萨拉米香肠）和小牛肉汤一起炖制而成。烹制沙司时也可以放入一些芸豆，这样做出来的沙司和面团的风味会更搭。此外，烹制豆类面团料理时，最好选择与豆类具有相同地方特色的炖菜沙司，这样可以使整道料理的地域特色更加浓厚。比如在本道料理中，制作红芸豆面团时使用的是产自威内托大区等意大利北部地区的花扁豆（Borlotti），所以与之搭配的沙司也选择了同样具有北部特色的炖肉肠沙司。

面包团子

面包团子

这是一种由面包和腌猪肉（熟的）制作而成的香味浓郁的面团。因为腌猪肉常与面包或棍形面包一起食用，故此想到了这种将其和面包一起做成面团的烹制方法。面包选用的是法式长棍面包，将其用牛奶浸软，和腌猪肉、洋葱炒料头、蛋黄以及帕达诺干奶酪等配料搅拌到一起和成面坯，成型后就得到了面包团子。与特伦蒂诺–上阿迪杰大区的欧洲版狮子头（canederli）的感觉很像。

直径1cm多

以法式长棍面包和小麦粉为原料的面团

虽然面团的主要材料是法式长棍面包的面包心和小麦粉，但由于还放了腌猪肉、洋葱、蛋黄、奶酪等其他辅料，所以做出的面团很有嚼劲儿，而且口感丰富。为了能凸显出该面团独特的风味，需要搭配一种口味清淡的沙司，因此选择了洋苏叶风味的黄油沙司，这道沙司也是面团料理的百搭沙司，可以与各种面团搭配使用。

107
Gnocchi di fagioli borlotti con ragù di cotechino

肉肠烩红芸豆面团

西口大辅

108
Gnocchi di pane con prosciutto cotto al burro e salvia

面包腌猪肉面团

西口大辅

皮萨雷伊面团

109

Pisarei al ragù di cavallo con peperoni

皮亚琴察辣味马肉烩面团

长 1.5~2cm

皮萨雷伊面团

"pisarei" 为艾米利亚－罗马涅大区皮亚琴察地区的特产，是一种将面包糠和小麦粉混合到一起制作而成的面团。以前小麦粉的价格比较高，为了尽可能少用小麦粉，当地人们想到了将剩余的面包干燥后做成面包糠混到小麦粉中的办法，于是就诞生了这种面包糠面团。因此，可以说这是一道朴素却充满人类智慧的农家料理。据说，该面团的名字"pisarei"一词来源于古语，是"蛇"的意思。对于为什么会有这样一个名字已无从考证，也许是和成型的方法有关吧。为了更加凸显出面包糠的香味，可以事先将其炒制片刻，炒出香味。此外，在和面的时候还放入了牛奶、奶酪和猪油，这样做出来的面团口感更丰富，味道也更独特。

小池教之

皮亚琴察特色面包糠面团

皮萨雷伊面团料理中最有代表性的一道料理是和花扁豆炖番茄拌制而成的"pisarei e faso"，也是皮亚琴察地区最具有代表性的一道乡间料理。而这里要向各位介绍的是当地另外一道传统料理——由炖马肉沙司和皮萨雷伊面团烹制而成的皮亚琴察辣味马肉烩面团。沙司的做法是先将马肉切成小块，再用红酒和番茄酱炖熟，它的特色之处在于放入了红黄两种柿子椒。炖马肉和皮萨雷伊面团也很搭，这两者的相配程度绝不输于花扁豆炖番茄。

红芸豆面团

● 红芸豆面团的配料

【1人份80g】

红芸豆（花扁豆）泥······················120g
00粉（马里诺Marino公司）··········适量
蛋黄···1个
肉豆蔻·······································少量
帕达诺干奶酪·································少量
盐、黑胡椒·································各适量

肉肠烩红芸豆面团

西口大辅

● 制作红芸豆面团

1. 红芸豆放入锅中，用水泡1晚。第二天，将泡红芸豆的水倒掉，重新注入清水，用大火煮至锅中水沸腾，然后改小火继续煮1小时左右，直到将红芸豆煮软。

2. 用漏勺将红芸豆捞出后沥净水分，倒入碗中，然后放入蛋黄和少量面汤，用手持搅拌机搅成泥。然后倒在面板上，放入肉豆蔻、帕达诺干奶酪、盐、黑胡椒，视豆泥的软硬程度一点点放入00粉，将所有食材揉匀。

3. 将和好的面坯揉成直径1.2cm的长条形，切成宽2cm的小剂子，将剂子放在叉子背部搓一圈，搓卷儿的同时印上纹路。

4. 成型的面团下入沸腾的盐水中，待面团浮到水面后用漏勺捞出，倒入冰水中冷却。冷却后沥净水分，倒在大方盘中，用特级初榨橄榄油拌匀，放入冰箱中保存。

● 炖意大利肉肠

1. 用食物料理机将自家做的肉肠（P246，300g）绞碎，倒入热锅中，将表面煎一煎。然后放入炒料头（P245，30g）、小牛肉汤（100g）、泡发的牛肝菌（剁碎，15g）和泡干牛肝菌的水（30ml）、月桂，炖30~40分钟。

2. 然后将食材倒入炖锅中，慢慢熬至汤汁变浓稠。

● 最后工序

1. 红芸豆面团（1人份12个）下盐水中加热片刻。

2. 按人数取适量炖肉肠（1人份约100g），放入锅中加热，再放入切碎的迷迭香、黄油和帕达诺干奶酪，搅拌均匀。

3. 倒入红芸豆面团，搅拌均匀。装盘。

※ 意大利肉肠（cotechino）是艾米利亚-罗马涅大区的特产，在威内托大区还有另一种叫做"muse"的肉肠。可以使用这两种肉肠中的任何一种来烹制炖肉沙司。

◆ 小贴士

除了红芸豆，还可以使用干燥的蚕豆、兵豆、白芸豆（白腰豆）、新鲜的青豌豆等豆类来制作面团。

面包团子

● 面包团子的料

【1人份80g】

法式长棍面包的面包心（白色部分）
···125g
牛奶···40ml
腌猪肉（P246）······························60g
洋葱炒料头（P245）····················1大勺
蛋黄···1个
帕达诺干奶酪·····························1大勺
中筋面粉（日清制粉公司<LYSDOR>）
···50g
盐、黑胡椒·································各适量

面包腌猪肉面团

西口大辅

● 制作面包团子

1. 将法式长棍面包的面包心在牛奶中泡1晚，然后倒入食物料理机中打成糊。

2. 从腌猪肉上割下边角肉（包括肥肉），用食物料理机搅成肉泥。

3. 锅中化黄油，将腌猪肉肉泥和洋葱炒料头一起倒入锅中翻炒。晾凉后和面包糊混合到一起，放入蛋黄、盐、黑胡椒、帕达诺干奶酪拌匀。然后倒入中筋面粉，快速搅拌均匀，和成面坯。

4. 取少量和好的面坯，用手掌搓成直径1cm的面团。用同样方法将所有面坯都搓成面团。记得要在面团上撒上粗面粉（分量另算），以防止面团粘到一起。

● 洋苏叶黄油沙司

1. 烧热锅，将黄油（1人份30g）和洋苏叶（1枝）放入锅中翻炒，边化黄油边炒出香味。倒入少量面汤调汁。

● 最后工序

1. 面包团子下盐水中煮7分钟左右。

2. 煮好后捞出，沥净水分，倒入洋苏叶黄油沙司中拌匀，撒上帕达诺干奶酪，搅拌均匀。

3. 装盘，装点上洋苏叶叶片。

◆ 小贴士

面包团子宜与番茄沙司等样式简单的沙司搭配食用。

皮萨雷伊面团

皮亚琴察辣味马肉烩面团

小池教之

●皮萨雷伊面团的配料

【1 人份 50g】

00 粉（莫里尼 Morini 公司）	240g
面包糠	40g
牛奶	100ml
帕玛森干酪	20g
精制猪油	5ml
盐	3g
水（用于调整面坯的软硬程度）	少量

※ 最初是为了处理剩余的面包，所以才将面包干燥后捻成面包糠来制作面团，但是现在在和面时放入面包糠主要是为了使做出的面团具有面包的香味以及独特的口感。不过，如果面包糠的比例过高，无法和其他材料一起揉成面团，所以一般是作为辅料使用。但如果比例过低，又达不到想要的效果，所以要掌握好面包糠与小麦粉的比例不是一件容易的事情，这就需要各位在多次实践中自己慢慢摸索。

●制作皮萨雷伊面团

1. 面包糠倒入锅中干炒，炒出香味后离火。

2. 趁面包糠的香气没有消失之际，将所有配料混到一起揉成团，然后用塑料袋包好，醒 1 小时或更长时间，醒好后取出来继续揉。如此重复 2~3 次，最后一次装到塑料袋中后放入冰箱中醒 1 晚。

3. 取适量面坯，搓成直径 1cm 的长条形，然后切成宽 1.5cm 的小剂子。

4. 将剂子摆好，让剂子的切口仍旧朝向两侧。用拇指按压剂子的同时将其捻向自己的方向，将剂子捻成卷儿（具体操作步骤请参照 P53）。

●炖马肉

1. 将马肩肉（2kg）切成 3~4cm 的小块。将红酒（1 瓶）和香菜（迷迭香、洋苏叶、月桂）、香料（黑胡椒粒、杜松子、丁香、八角茴香、锡兰肉桂）倒在一起调制腌汁，将切好的马肉倒入腌汁中，放入冰箱中腌制 1 晚。

2. 将马肉捞出后沥净水分，倒入绞肉机中绞成肉泥。放盐、胡椒、锡兰肉桂粉拌匀。腌汁过滤后留起备用。

3. 锅中热特级初榨橄榄油，放入马肉泥炒散。另置 1 个锅，倒入炒料头（500g）加热，马肉翻炒片刻后倒入炒料头的锅中，然后倒入腌汁、番茄酱（2 汤勺），搅拌均匀后盖上锅盖焖 2 小时左右。中间如果汤汁不足了就再添一些水。

4. 锅中热特级初榨橄榄油，将切成细条形的红黄两种柿子椒（个 1/8 个）放入锅中，然后盖上锅盖焖制片刻。待柿子椒焖软后将步骤 3 中的炖马肉倒入锅中，再倒入少量水。接着放入番茄酱（1 汤勺）和新鲜的月桂，炖一小段时间，使所有食材的味道融合到一起。

●最后工序

1. 皮萨雷伊面团下盐水中煮 5 分钟。

2. 将煮好的面团捞出，沥净水分后和炖马肉沙司（1 人份 1 小长柄勺）混合到一起，搅拌均匀。

3. 装盘，撒上帕玛森干酪。

欧洲狮子头

直径 3.5cm

欧洲狮子头

将变硬的面包用水泡开，再与其他配料混合到一起制作而成的球状面团，是德国以及地处奥地利文化圈的南蒂罗尔地区的乡土料理。由于当地海拔较高、气候寒冷，不利于小麦的生长，所以小麦在当时是稀缺食材，因此以前的面包大都由荞麦粉或黑麦粉制作而成。而现在大部分餐厅都以小麦粉做成的面包为主料，再放入荞麦粉用于调味。和面时还放入了当地特产的熏火腿（熏制的猪肉火腿），更增添了欧洲狮子头的地域特色。

面包面团汤

欧洲狮子头的做法种类繁多，这里向各位介绍一种比较常见的做法。将变硬的面包干用牛奶泡软，然后和荞麦粉、熏火腿、当地特产格拉凯塞奶酪一起和成面坯，再揉成球形，就得到了欧洲狮子头。加了荞麦粉的欧洲狮子头很有弹性，而做成汤料后由于吸收了充足的水分，又带有了一丝绵软。欧洲狮子头大多用于做汤，也可以和沙司搭配食用。

110
Canederli di grano saraceno e formaggio grigio
荞麦粉奶酪狮子头

小池教之

意面碎

宽 8mm、长 3cm 左右

意面碎

"grattata" 是 "碎块" 的意思。将揉好的面坯用奶酪刨丝器擦成小片后就得到了意面碎。发源于以手工意面闻名世界的艾米利亚 – 罗马涅大区，其实该地区还有另外一种与意面碎在形状以及配料上都很相似的意面 "passatelli"。不过，"passatelli" 的配料主要为面包糠，质地比较柔软，并且由土豆压泥器压制而成，而与之相反，意面碎的配料主要为小麦粉，口感与普通的意面相近。

意面碎汤

如果将颗粒状的意面用于做汤，大部分都是将意面直接放入汤汁中煮熟，这道意面碎汤也是如此。汤汁一般使用的是比较普通的鸡汤或小牛肉汤，不过本书中使用了味道更加香浓的清炖肉汤。在意大利，每到圣诞节期间，人们都会用阉鸡熬成美味的鸡汤，用于制作意面汤。所以，如果汤汁比较高档，并且在意面的制作上再多下些功夫的话，即使是普通的农家料理也可以在高档餐厅的餐桌中占据一席。

111
Pasta grattata in brodo
意面碎汤

小池教之

德式面疙瘩

宽 5mm、长 1~2cm

德式面疙瘩

起源于德国、奥地利一带，之后传入了与之相邻的特伦蒂诺－上阿迪杰大区，并成为当地的特色意面。将水或是牛奶、鸡蛋等材料倒入小麦粉中调成面糊，通过一种类似于擦板的工具使面糊落入沸水中，就得到了口感软粘的德式面疙瘩。"Spaetzle"是德语词汇，来源于"Spätzle"一词，意为"小碎块"。而它在意大利语中的叫法是"Gnocchetti tirolesi 蒂罗尔风味面团"。本次尝试在面糊中放入了甜菜泥，做出的面疙瘩色泽鲜艳诱人。

起源于德国、奥地利的面疙瘩

本道料理中的沙司由特伦蒂诺－上阿迪杰大区的特产熏火腿、北意大利的红菊苣、黄油一起炒制而成。也是最常与德式面疙瘩搭配使用的一种沙司。熏火腿的烟熏香味配上杜松子和锡兰肉桂的香味，共同构成了这道风味独特的沙司，也使整道料理充满了浓郁的地域特色。

\# 112
Spätzli di barbabietra allo speck e radicchio
红菊苣火腿沙司面疙瘩

小池教之

比措琪里面

5mm~2cm

比措琪里面（基亚文纳风味）

比措琪里面多见于伦巴第大区北部瓦尔泰利纳的基亚文纳地区。该意面配料简单，仅由小麦粉、水和盐和制而成。左图所示的是利用擦板将面丝直接擦入锅中煮制而成的成品，也可以用手指、汤勺、塑料铲等做出面疙瘩。如果面疙瘩的长度过长，煮完之后可以用刀切一下。当地还有另外一种成薄片状的比措琪里面（P117），与颗粒状的面疙瘩相比，薄片状的比措琪里面要更为普遍。

颗粒意面和春季蔬菜做出的山间美食

在基亚文纳地区，最有代表性的一道比措琪里面料理是由比措琪里面、马铃薯以及当地产的奶酪烹制而成，有时也会放入皱叶甘蓝。由于一般在严寒的冬季食用该料理，所以味道香醇浓郁。而我们尝试将其与各种春季绿色蔬菜搭配，做出一道口感清淡的措琪里面料理。为了料理的整体感更强，应将蔬菜切成与措琪里面相同的大小。此外，为了与蔬菜的口感更搭，做出的比措琪里面最好比较有嚼劲儿。

\# 113
Pizzoccheri di Chiavenna
con verdure fresche
基亚文纳风味比措琪里面

西口大辅

欧洲狮子头

●欧洲狮子头的配料

【1人份80g】

面包心（变硬的面包的白色部分）…	200g
面包边（削下来的面包边）…………	15g
荞麦粉（马里诺 Marino 公司）………	40g
00 粉（莫里尼 Morini 公司）………	40g
牛奶……………………………………	100ml
全蛋………………………………………	1 个
熏火腿（剁碎）………………………	20g
龙蒿（切碎）…………………………	1g
细香葱（切小段）……………………	2g
格拉凯塞奶酪（牛乳制酸奶酪，刨成细丝）	
………………………………………	5g
帕达诺干奶酪…………………………	2g

※ 欧洲狮子头的软硬程度可随各位喜好自由决定，在泡面包干的时候，最好根据面包干的干燥程度调整牛奶的用量。做出的面团最佳状态是既不太硬，煮的时候又不会被煮散。如果只用面包和面，面坯会很粘手，所以要再放入一些荞麦粉中和一下。

※ 如果需要将多余的欧洲狮子头贮存起来，应该将其下入盐水中煮 1~2 分钟，使其表面稍稍变硬。沥净水分后放在大方盘中，然后放入冰箱中保存。

意面碎

●制作意面碎的配料

【1人份40g】

00 粉（马里诺 Marino 公司）………	200g
粗面粉（得科 De Cecco 公司）……	100g
面包糠……………………………………	45g
帕玛森干酪……………………………	35g
肉豆蔻…………………………………	1 撮
锡兰肉桂粉……………………………	1 撮
柠檬皮（擦碎）………………………	1/4 个
蛋黄………………………………………	100g
盐………………………………………	5g
水………………………………………	50ml

※ 不同的地域、不同的烹饪者在材料的选择以及配比上多多少少都会有所差异，而按照上述配料做出的意面碎有着柠檬、肉豆蔻以及锡兰肉桂的风味，与当地的意面碎相比，香味更浓郁，风味也更为独特。这里我们使用的是刨孔直径为 8mm 的工具。为了便于操作，可以将面坯和得硬一些。

#110

荞麦粉奶酪狮子头

小池教之

●制作欧洲狮子头

1. 将硬硬的面包心切成小块，放在容器中，注入牛奶，轻轻揉搓面包心，使牛奶很好地融进面包心中。

2. 待面包心变软后，将除了 00 粉和荞麦粉之外的所有材料都倒入容器中，不断揉搓所有食材，使它们互相很好地融合到一起。然后依次放入 00 粉和荞麦粉，每放入一种粉都要将所有食材搅拌均匀。最后和成的面坯要比白玉团子的面坯稍稍软一些。

3. 取少量面坯，揉成直径 3.5cm 的面球。按此成型方法将所有面坯揉成面球。

●制作清炖肉汤

1. 制作清炖肉汤。将牛肉粒（1kg）、蛋清（5~6 个）、洋葱碎（1/2 个）、胡萝卜碎（1/4 根）、香芹碎（1 棵）、黑胡椒碎（适量）、月桂碎（适量）、香菜碎（适量）、白酒（300ml）倒入锅中，搅拌均匀。

2. 往步骤 1 中注入小牛肉汤（3L），用小火熬制 3 小时左右。熬好后用网筛过滤一遍，得到清炖肉汤。

●最后工序

1. 加热清炖肉汤，放小茴香粉和盐调味。

2. 放入欧洲狮子头（1 人份 7 个）煮12~13 分钟，将面团整个煮透。

3. 装盘。撒上细香葱段和帕达诺干奶酪（如果是特伦托产的最好）。

#111

意面碎汤

小池教之

●制作意面碎

1. 将配料表中从 00 粉到柠檬皮的所有材料倒入 1 个碗中。另取一个容器，倒入蛋黄、盐、水搅拌均匀。然后倒入装有面粉的碗中搅匀，和成面团。

2. 将和好的面团放在面板上揉一段时间，然后用塑料袋包好醒 30 分钟，再将面团取出继续揉，重复此步骤 2~3 次。

●制作清炖肉汤

1. 将鸡肉块（1kg）、蛋清（5~6 个）、洋葱碎（1/2 个）、胡萝卜碎（1/4 根）、香芹碎（1 棵）、黑胡椒碎（适量）、月桂碎（干的，适量）、香菜碎（适量）、白酒（300ml）倒入锅中，搅拌均匀。

2. 往步骤 1 中注入鸡汤（3L），用小火熬制 3 小时左右。熬好后用网筛过滤一遍，得到清炖肉汤。

●最后工序

1. 取适量清炖肉汤倒入锅中加热，倒入蓝布鲁斯科酒（Lambrusco，艾米利亚 - 罗马涅大区产的微起泡红酒）和盐调味。

2. 一手拿着奶酪刨丝器置于汤锅上方，另一手握住揉好的面坯，用刨丝器擦成小块，擦好的意面碎直接落入锅中。待意面碎浮到水面上，再稍等片刻关火（成型的具体步骤请参照 P52）。

3. 装盘。淋上帕玛森干酪和特级初榨橄榄油。

◆小贴士

意面碎与洋苏叶黄油沙司、博洛尼亚风味炖菜（肉糜沙司）以及海鲜沙司搭配食用也很美味。

德式面疙瘩

●甜菜德式面疙瘩的配料

【1人份50g】

00 粉（马里诺 Marino 公司）………	300g
甜菜泥…………………………………	280g
水………………………………………	80ml
蛋黄……………………………………	3 个
盐………………………………………	5g
肉豆蔻…………………………………	少量

※ 质地稀一些的面糊下落的速度比较快，如果操作工具的速度跟不上，做出来的面疙瘩会比较长。反之，很黏稠的面糊下落速度比较慢，这时可以稍稍放慢工具的滑动速度。此外，如果面糊过稀，很容易融化在锅中，所以不要将面糊和得太稀。如果和面时还往里加入了其他食材，要根据不同食材中含水量的多少，适当调整水和蛋黄的用量。

比措琪里面

●比措琪里面的配料

【1人份80g】

00 粉（马里诺 Marino 公司）………	200g
水………………………………………	100~150ml
盐………………………………………	1 撮

※ 煮过的意面可以冷藏保存，但是最好第二天就全部用完。

♯112

红菊苣火腿沙司面疙瘩

小池教之

●制作德式面疙瘩

1. 制作甜菜泥。锅中注入足量清水（能没过甜菜）烧热，放盐、肉桂棒、丁香粒、大茴香、杜松子、月桂。然后将整棵甜菜带皮放入锅中，将甜菜煮软。

2. 将甜菜捞出去皮，重新放回煮汁中浸泡1日，使甜菜可以充分吸收煮汁的香味。

3. 将甜菜捞出，沥净水分后切成适当大小的小块，放入食物料理机中打成泥。

4. 取 1 个深口容器，将制作甜菜德式面疙瘩的所有材料都倒入容器中，用打蛋器将所有食材搅拌均匀至没有疙瘩。

●熏火腿红菊苣沙司

1. 锅中化黄油，放入拍碎的蒜瓣、切成长条形的熏火腿（20g）、几粒松子翻炒，炒出香味，并炒出熏火腿中的油脂。

2. 用手将红菊苣撕成大块，放入锅中翻炒，炒出红菊苣的香味。

3. 将蒜瓣和杜松子捞出，倒入小牛肉汤（1长柄勺）和少量鲜奶油，撒上锡兰肉桂粉，煮至汤汁变浓稠。

●最后工序

1. 锅中烧沸水，将工具放在锅上，面坯放入工具的四方形小盒中。左右来回滑动四方形小盒，让面坯透过擦板下面的擦孔落入锅中（具体步骤请参照 P53 比措琪里面）。

2. 待面疙瘩浮起来后用长把漏勺捞起，沥净水分后倒入大方盘中，用橄榄油拌匀。

3. 将熏火腿红菊苣沙司倒入容器中，上面倒上面疙瘩，最上面擦上少量熏制里科塔奶酪。

◆小贴士

除了甜菜，在制作德式面疙瘩时还可以放入菠菜、各种野菜或香草等其他各式各样的材料。此外，德式面疙瘩与各种炖肉也很搭。

♯113

基亚文纳风味比措琪里面

西口大辅

●制作比措琪里面

1. 将水和盐倒入 00 粉中搅拌均匀，搅成面糊。面糊的黏稠度以透过工具的擦孔能慢慢落入水中为宜。将和好的面糊放入冰箱中静置 1 小时。

2. 锅中烧热盐水，将工具置于锅上，将步骤 1 中和好的面糊放入工具的四方形小盒中。左右来回滑动四方形小盒，让面糊透过擦板下面的擦孔落入锅中。面疙瘩浮起来后再等一小会儿，用长把漏勺将其捞起，放入冰水中快速冷却（具体操作步骤请参照 P53）。

3. 将面疙瘩捞出，沥净水分后倒入容器中，用橄榄油拌匀，以免粘到一起。

●处理各种蔬菜

1. 锅中烧热水，水中放入适量盐，待水沸腾后，将处理好的青豌豆、蚕豆、扁豆、绿芦笋、西葫芦（切成适当大小）、油菜花、抱子甘蓝、羊肚菌分别倒入热盐水中焯一遍，焯好后放入凉水中冷却。捞出，沥净水分，都切成和青豌豆一般大小的小块。

2. 将部分青豌豆和蚕豆（各40g左右）、

洋葱炒料头（P245，20g）倒入鸡汤（150~200ml）中煮 5~6 分钟。然后用手持搅拌机打成糊。

3. 另置 1 个锅，锅中热纯橄榄油，将剩余食材全部倒入锅中炒熟。

●最后工序

1. 取适量上述步骤 3 中炒好的蔬菜（1人份70g）和步骤 2 中的豆糊（1大勺）倒入锅中加热，然后倒入少量泡发干牛肝菌的水、面汤、黄油拌匀。

2. 接着倒入煮好的比措琪里面搅拌均匀，撒上帕达诺干奶酪，将所有食材搅拌均匀后装盘。

◆小贴士

除了上面介绍的蔬菜沙司，比措琪里面还常与各种炖野味一起拌制食用。此外，还可以将拌好的料理放入烤箱中烘烤片刻后再食用。威内托州的人们还会在和面的时候打入蛋黄，并将这种放入了蛋黄的面疙瘩称为"黄金水滴"，拌上鲑鱼奶油沙司或各种炖菜食用，而且在狂欢节期间还会往面糊中放入菠菜或番茄酱，做出各种色泽鲜艳的面疙瘩。另外，上面介绍的蔬菜沙司与薄片状的比措琪里面也很搭。

疙瘩面

直径 1mm~1cm

疙瘩面

和古斯古斯面（见下方）以及撒丁岛颗粒面(fregole)的做法大体相同，只不过疙瘩面的颗粒更大，而且颗粒大小也不太均匀。"frascarelli"这个名字来源于"带叶子的树枝"，据说以前是用叶片将水滴掸在面粉上制作疙瘩面，故此得名。疙瘩面的一大特色就是每个疙瘩的形状大小不一，所以做出的成品中既可以有芝麻粒一般小的疙瘩，也可以有黄豆粒一般大的疙瘩，总之，各种大小不一的面疙瘩混在一起才最佳。

形状大小不一的疙瘩面

这是一道将马尔凯地区的两大特色乡土料理炖海螺和疙瘩面搭配在一起烹制而成的料理。将疙瘩面直接倒入由海螺肉、番茄沙司和水炖制的汤中煮熟，弹牙的海螺肉配上颗粒状的疙瘩面，嚼劲儿十足，而且两者都吸收了大量的汤汁，每嚼一下，浓浓的香味就在口中不断蔓延开来，也是一种绝妙的感觉。

香炒海螺疙瘩汤

小池教之

古斯古斯面

直径 2~3mm

古斯古斯面

通过向粗面粉中撒水的方式制作出小颗粒意面，将其蒸熟后就得到了古斯古斯面。"couscous"既是意面名也是料理名。古斯古斯面从摩洛哥等北非地区传入意大利，之后就扎根于西西里岛西北部一个叫做特拉帕尼的海港城市。在意大利，古斯古斯面常与鱼汤搭配食用。虽然可以直接从市面上买到现成的古斯古斯面，但这里还是向各位介绍一下手工制作的方法。

特拉帕尼风味海鲜面汤

正宗的特拉帕尼风味古斯古斯面料理仅由海鲜味浓郁的鱼汤和古斯古斯面烹制而成，不过现在也有许多餐厅还会往里面放入一些海鲜肉。其实，什么都不放才更能享受到每一粒古斯古斯面的口感。制作海鲜汤时必不可少的食材是菖鲉，可以只用菖鲉熬汤，也可以混入其他的海鲜。先用菖鲉熬鱼汤，过滤后留出一部分备用，剩下的和菖鲉混到一起继续炖一段时间，至鱼肉炖烂，然后再过滤出鱼汤，和之前的鱼汤混到一起，就得到了口感醇厚、海鲜味十足的海鲜汤。

特拉帕尼风味古斯古斯面海鲜汤

杉原一祯

疙瘩面

● 疙瘩面的配料

【1 人份 50g】

0 粉（马里诺 Marino 公司）……… 200g

温水……………………………………适量

● 制作疙瘩面

1. 将 0 粉倒入 1 个大方盘中。将刷子或其他工具的前端用水沾湿，然后将水掸到面粉上（也可以用喷壶将水喷到面粉上）。

2. 立即前后晃动大方盘，使水和面粉融合到一起形成面疙瘩。此步骤重复几次，大方盘中的面疙瘩越来越多，而且最开始做出的那些面疙瘩也变得越来越大。

3. 用网筛筛掉多余的面粉，得到大小不一的疙瘩面。在大方盘中平摊开，在

古斯古斯面

● 古斯古斯面的配料

粗面粉（加本 GABAN 公司）……… 150g

盐……………………………………… 1 撮

水……………………………………适量

※ 如按上述配料用量做出的古斯古斯面是烹制第一道菜，则可以做出 2 人份的量，如果用于烹制开胃前菜，可以做出 6 人份的量。

※ 用于制作古斯古斯面的粗面粉为粗磨的大颗粒粗面粉，而不是精磨粗面粉。

※ 如果一次性要做出许多古斯古斯面，可以先将盐化在水中，然后再将盐水喷洒在面粉上。

※ 制作古斯古斯面时，如果用手和汤勺掸水，水滴无法均匀地散在面粉上，那么颗粒便有大有小。据说，以前人们会再过一遍筛子，将大小两种颗粒的面分开（小颗粒比较高级）。

※ 如果一次性喷洒大量水分，容易形成面疙瘩，所以最好一点点喷洒。至于每次喷洒的水量则根据粗面粉的用量而定。

※ 蒸古斯古斯面之前要先风干，并用橄榄油充分揉搓，在其表面做出一层"油膜"。有了这层油膜，古斯古斯面就不会因为吸收过多的汤汁而变软。此外，如果裹上油膜后马上蒸，油膜易脱落，为了让古斯古斯面可以和橄榄油更好地融合到一起，最好过 30 分钟再蒸。

● 制作古斯古斯面

1. 准备 1 个大口径面盆。倒入粗面粉、

＃114

香炒海螺疙瘩汤

小池教之

室温下放置一段时间，让其表面变干（具体操作步骤请参照 P53）。

● 香炒螺肉

1. 处理海螺。将螺肉挑出，切掉唾液腺等内脏部分。

2. 锅中热特级初榨橄榄油，放入蒜末、红辣椒、香辛料（锡兰肉桂、丁香、大茴香）翻炒，炒出香味后将各种香辛料挑出。

3. 放入螺肉（12 人份 500g）继续翻炒，然后放入百里香碎、洋苏叶碎、迷迭香碎、月桂碎、整枝马郁兰和球茎茴香叶，翻炒片刻。

4. 注入白酒（200ml），用木铲刮一刮锅底，使粘在锅底的浓汁溶于白酒中。

然后倒入番茄沙司（1 长柄勺），倒入没过食材的水，放入茴香籽粉。

5. 盖上盖子焖 30 分钟，将螺肉焖软。

● 最后工序

1. 取适量香炒海螺（1 人份 1 长柄勺）倒入锅中加热，倒入适量水调汁。倒入疙瘩面煮 5 分钟左右。

2. 将事先用盐水煮软的青豌豆倒入锅中，搅拌均匀。

3. 装盘，装饰 1 片球茎茴香叶。

◆ 小贴士

除了用上述配料做成的疙瘩面之外，还有以粗面粉和玉米粉为原材料的疙瘩面。

＃115

特拉帕尼风味古斯古斯面海鲜汤

杉原一祯

撒些盐，将面粉和盐搅匀。

2. 将装有水的喷壶对着面粉喷 5 下。将 5 根手指张开，在面盆中来回大幅度搅动。

3. 待面粉和水充分融合并带有湿气之后，再喷几下水，继续搅动。重复此步骤 10 次。如果出现大颗粒，可以通过用手揉搓或用手背碾压面粉，将大颗粒碾开。

4. 待搓到面粉如奶酪一般有油滑的手感即可。将搓好的意面倒到布上后摊开，干燥 30 分钟左右（具体操作步骤请参照 P52）。

● 蒸古斯古斯面

1. 将古斯古斯面倒入容器中，放入洋葱末（1/4 个）、意大利香芹末（少量）、蒜末（1/2 瓣）、盐、特级初榨橄榄油（60ml），将双手放入容器中来回揉搓所有食材。待古斯古斯面吸收了水分变大一圈后用布盖住容器，在常温下静置 30 分钟。

2. 蒸锅中注水，淋上适量特级初榨橄榄油，再将洋葱等蔬菜的边角碎料（适量）倒入锅中，将水煮沸。蒸屉上撒上月桂（干的），将古斯古斯面平铺在蒸屉上面，然后盖上盖子蒸 45 分钟 ~1 小时。

3. 蒸好的古斯古斯面倒入容器中，用布盖好，放置于温度稍高的地方保存。

● 做鱼汤

1. 洋葱（1 个）切片、新鲜番茄（2 个）切大块。锅中热特级初榨橄榄油，先下

入洋葱翻炒，然后倒入番茄炖一段时间。

2. 将处理好的整条菖鲉（15 条）下入锅中，盖上锅盖焖一会儿。

3. 注入热水没过食材，放入少量番红花。炖 20 分钟左右，无需搅拌，否则会将鱼肉搅烂。

4. 将锅中食材用网筛过滤一遍，滤出汤汁。将 7/10 的汤汁留起备用，剩下的汤汁和菖鲉倒在一起继续炖 20 分钟左右。这次可以不时翻搅食材，炖出浓稠一些的汤汁。

5. 将锅中食材再用蔬菜过滤器过滤一遍，滤出汤汁，然后和之前留起的汤汁混合到一起。放盐和切碎的红辣椒调味。

● 最后工序

1. 取适量古斯古斯面（1 人份约 1 长柄勺）倒入容器中，待其恢复到常温时，注入少量热鱼汤（分量以古斯古斯面正好可以完全吸收为宜），静置 20 分钟，使古斯古斯面可以充分吸收汤汁的香味。

2. 装盘，然后注入足量的热鱼汤。

※ 如果还想在古斯古斯面汤中放入一些海鲜，最好放菖鲉。除此之外，还可以放入一些在处理鱼、虾、墨鱼等海鲜时留下来的杂碎部分。

意面名称小词典（按英文字母顺序排列）

[A]

agnolotti（意式饺子）

皮埃蒙特大区对意式面饺的叫法。也可以称为"agnellotti"。

agnolotti del plin（意大利手工饺子）

皮埃蒙特大区小型填塞意面。"plin"是皮埃蒙特大区的方言，是"捏"的意思，因为该意面是通过用手指捏的方式成型，也可以称为"agnolotti dal plin"。

anellini（圆圈面）

环形的小型干面。

[B]

bavette

一种发源于热那亚的断面呈椭圆形的长面。比"linguine"（意大利扁面条）要稍稍宽一些。

bigoli（意大利扁平细面）

用专用手摇压面机"bigolaro"（也叫 torchio）压出来的长条形意面，是威内托大区特有长面。由于面坯和得比较硬，而且又是施加了强大压力压制而成的意面，所以该意面的一大特点就是非常有弹性。

bleki（布雷克意面）

"bleki"是弗留利地区的方言，意为"撕成破布"或"打补丁"。标准语中的叫法是"stracci"。在当地的传统做法中，和面时要放入荞麦粉，然后将和好的面坯压成面皮，再切成适当大小的四边形或三角形，成型。

bucatini（细条通心粉）

"bucatini"为"中空"的意思，如名所示，是一种中空的长面。

[C]

calamari（鱿鱼圈意面）

为"长枪乌贼"之意。一种筒状通心粉，直径与帕克里面差不多，但是要比帕克里面短一些。由于形状与长枪乌贼圈类似，故此得名。

candele（蜡烛面）

"candele"为"蜡烛"之意，是一种那不勒斯粗管意面。比新郎面（zite）粗一圈，长50cm左右。用手将其折断后使用。

canederli（欧洲狮子头）

一种面包糠面团。为德国、奥地利文化圈、特伦蒂诺－上阿迪杰大区的代表性乡土料理。用水将干面包泡开，再倒入小麦粉、鸡蛋、奶酪等材料拌匀，做成丸子形状后煮熟。

cannelloni（意大利粗管面）

薄片状的面坯上摆上各式各样的馅料，再将其卷成筒状。来源于"Canna"（管）一词，"Cannelloni"是"大管"的意思。

cannolicchi

一种管状通心粉。意大利水管面。

capelli d'angelo

长面中最细的一种，意为"天使的发丝"。

capellini

"capellini"为"细发丝"之意，指的是直径为 0.9mm 左右的长面。

cappellacci

一种呈小戒指形状的艾米利亚－罗马涅大区填塞意面。小卷饺（tortellini）与其属于同一种意面。

cappelletti

为"小帽子"之意。为艾米利亚－罗马涅大区填塞意面。将对折后的面坯卷成环形后两端捏在一起。比小卷饺（tortellini）要稍稍大一些。

caramelle（糖果面饺）

意为"糖果""牛奶糖"，由于该面饺形似一粒粒包着糖纸的糖果，由此得名。

casarecce

"手工制作"的意思，一种断面呈 S 形的细通心粉。也可以称其为"casareccie"。

casarecce lunghe

长 casarecce 意面。

casonsei

伦巴第大区填塞意面。将面坯对折后再卷成 U 字形，也可以称其为"casoncelli"。

cavatappi

通过将管状细面卷成螺旋形的方式成型的通心粉。

"cavatappi"意为"红酒开瓶器"，因为该意面是模仿"红酒开瓶器"的形状制作而成，故此得名。

cavatelli（卡瓦特利面）
通过在小剂子上按压出小窝的方式成型的通心粉。在所有同种类型的意面中个头属于中小型。来源于"cavare"（意为挖洞）一词。用手指将圆形或短条形的剂子卷成卷儿，卷出一条狭长的小窝，使用的手指数不同，做出的小窝数量也不同。该意面起源于普利亚大区，现已普及到南部一带，不同的地区有不同的叫法，比如还有"cavatielli""cavatieddi""cavateddi""cavatiddi""cecaruccoli""Cortecce"等各式各样的叫法。

cavatieddi
与卡瓦特利面（cavatelli）为同一种意面。"cavatieddi"主要是西西里岛和南部3大区（普利亚、巴西利卡塔、卡拉布里亚）的叫法。

cecaruccoli（切卡鲁克里面）
卡瓦特利面（cavatelli）的一种。"cecaruccoli"主要为坎帕尼亚大区的叫法。

chifferi
一种弯曲的意大利水管面，呈 C 字形。

chitarra（吉他面）
由于这种意面是用一种名叫 chitarra（意为吉他）的绑有多根细丝的木质四边形小箱切割而成，因此就用工具的名字作为意面名。是阿布鲁佐大区久负盛名的长意面，正式的名称为"maccheroni alla chitarra"。切口呈正方形，与意大利细长面（tonnarelli，罗马、鞋带面（stringozzi，翁布里亚大区）形状相同。

ciriole
即 umbricelli（新鲜手搓粗面）。

cjalzons（半月形意饺）
一种弗留利 - 威尼斯朱利亚大区的半圆形意式面饺。特点是馅料中含有锡兰肉桂等酸中回甜的香辛料。也写作"cjarsons""cialzons"。

conchiglie
一种呈贝壳形状的干面。大一点的类型叫做"conchiglioni"，

小一些的叫做"conchigliette"，用于做汤。

cortecce（卷边手搓面）
与 cavatelli（卡瓦特利面）为同一种类型的意面。"cortecce"主要为坎帕尼亚大区的叫法，意面的小窝比较多。

corzetti（轧花圆面片）
①是一种用印章型模具压制而成的正反两面均带有花纹的圆形通心粉。是利古里亚大区热那亚以东一个叫"Levante"（东里维埃拉）的地方的特色意面。

②一种呈 8 字形的扁平通心粉。做法是将鹰嘴豆大小的剂子通过抻、捏、拧的方式成形。仅见于利古里亚大区热那亚周边的波尔塞弗拉（Polcevera）山谷地区。

couscous（古斯古斯面）
西西里岛西北部港口城市特拉帕尼地区的面疙瘩。通过不断重复向粗面粉中撒水的步骤制作出颗粒状意面，再将其风干或蒸熟，就得到了古斯古斯面。市面上也可以买到古斯古斯面干面。

crespelle（意式薄饼）
一种与法式薄饼十分相仿的意面，面坯由小麦粉、鸡蛋、牛奶、黄油、盐和制而成。

culingionis（麦穗意饺）
一种撒丁岛意式面饺。将馅料挤在圆形面皮上，然后用手指将馅料左右两侧的面皮交互捏出褶叠压在一起成型，形似麦穗。除了"culingionis"的叫法之外，还有"culingiones""culurgioni（e）s""ange Lotus"等许多别称。

[D]

ditali
用于烹制"minestra"（意面蔬菜汤）或"pasta e fagioli"（意大利面豆汤）等料理的小型环形意面。"ditali"指的是裁缝用的"顶针"，由于该意面与顶针的形状相似，故此得名。再小一些的叫做"ditalini"。

[E]

eliche
与螺旋面为同类意面，面身为螺旋形，形似螺旋桨或螺丝钉。

191

不过，这种形状的意面有时也被叫做螺旋面。

[F]

fagottini（包袱皮意饺）

"fagottini"是"小包袱皮"的意思，是一种在上方收口的填塞意面。包袱皮面饺主要有两种成型方法，一种通过将面坯四角捏在一起成型，还有一种是用茶巾包裹法成型。

farfalle（蝴蝶面）

"farfalle"是"蝴蝶"的意思，如名所示，是一种蝴蝶形的艾米利亚－罗马涅大区通心粉。而在同大区的摩德纳地区，当地人一直将这种蝴蝶形的意面叫做"strichetti"。可以通过用手揪起四边形薄面片中间部位成型，或是通过拧的方式拧出蝴蝶形。小一些的"farfalle"叫做"farfallette"。市面上可以很容易买到蝴蝶结干面。

fedelini

直径为 1.4cm 左右的细长面。别称"fidelini"。

fettucce（意大利宽面）

一种面身很宽的长面。"fettucce"为那不勒斯等南部地区的叫法，形状与传统宽面（pappardelle）类似。面坯基本由粗面粉和水和制而成。

fettuccelle（意大利长宽面）

一种带状长面。"fettuccelle"为那不勒斯等南部地区的叫法，形状与罗马地区的"fettuccine"（意大利宽面片）相似。面坯基本由粗面粉和水和制而成。为"fettucce"（意大利宽面）的缩小版。

fettuccine（意大利宽面片）

一种带状长面。该意面的形状和"tagliatelle"（意式干面）大体相同，只不过"fettuccine"要稍稍宽一些（8~10mm）。此外，"tagliatelle"这种叫法在其发源地艾米利亚－罗马涅大区以及整个意大利都通用，而"fettuccine"这种称法却仅见于罗马一带。"fettuccine"是"fettucce"（意大利宽面）的缩小版。

fileja（费力亚面）

卡拉布里亚大区的意大利水管面。将木棍斜着放到条状面坯上，然后慢慢向前方搓动木棍，将意面搓成卷儿，就得到了这种管状意面。

fiocchtti

蝴蝶形意面，与"farfalle"为同一种意面。

frascarelli（疙瘩面）

马尔凯等地的颗粒状意面。往大方盘中的小麦粉喷水，然

后来回摇晃大方盘，重复此步骤，得到颗粒状意面。疙瘩面的一大特色就是每个疙瘩的形状、大小不一。

fregola

撒丁岛颗粒状意面。往大方盘中的粗面粉中喷水，然后回摇晃大方盘，让粗面粉可以充分吸收水分，重复此步骤就可以得到这种颗粒状意面。在撒丁岛方言中的叫法为"fregula"。可以很容易在市面上买到干面。

fusilli（螺旋面）

一种如弹簧、螺丝、螺旋桨一般带有螺旋形刻纹的通心粉。

fusilli cilentani（奇伦托螺旋面）

一种中空手工长面。将细毛衣针或竹签压入长条形面坯中，然后来回滚动面坯将其搓成空心筒状。"cilentani"为奇伦托风味（cilento）之意，由于该意面发源于那不勒斯东南部的一个叫奇伦托的地方，便以"奇伦托"命名。

fusilli lunghi（长螺旋形意面）

"fusilli lunghi"为"长螺旋"之意，如名所示，为一种螺旋状的手工长面。通过将长条形面坯一圈圈缠到细扦上的方法成型。市面上也可以买到干面。在日本最常见的是短一些的螺旋面，但其实最先出现的是长螺旋意面。

[G]

garganelli（通心管面）

艾米利亚－罗马涅大区的管状通心粉。将小正方形面坯放在名为 Pettine 的带刻槽的木质模具上，然后用木棍将其卷成筒形，使其表面印上纹路。也可以称其为"maccheroni al pettine"。

gasse

一种呈蝴蝶结形的通心粉，形状与蝴蝶面（farfalle）相似。为利古里亚大区热那亚的传统意面。

gnocchi（面团）

来源于一种由小麦粉与水和制而成的小团子，因此从广义上来说，"gnocchi"可以算是一种通心粉，不过，如果现今单说"gnocchi"，一般指的都是土豆团子。将煮熟后捣碎的土豆泥和小麦粉、鸡蛋、奶酪揉在一起，成型后将其煮熟，再拌上各种沙司食用。同样，也可以使用南瓜等其他蔬菜或豆类、奶酪、面包糠等各式各样的食材来制作出不同风味的面团。

gnocchetti sardi（撒丁岛手工面团）

意为撒丁岛小面团，为撒丁岛传统意面，是撒丁岛螺纹贝壳粉（malloreddus）的标准语言叫法。为最古老的面团之一。

gnocchetti tirolesi（蒂罗尔风味面团）

意为蒂罗尔风味小型面团。是特伦蒂诺 – 上阿迪杰大区的颗粒状意面，为"spätzle"（德式面疙瘩）的标准语叫法。

gobbetti

一种半圆形的弯管意面，形似掰弯了的意大利水管面。"gobbetti"来源于有肿瘤之意的"gobbi"一词。

gramigna

一种弯曲的意大利水管面，呈C字形。有大弯的类型，也有小弯的类型。同时也是一种乔本科植物的名字，因为形状与该植物的种子相似，故此得名。

grandine

"grandine"为"冰雹"之意，是一种大小形状与冰雹类似的颗粒状意面，常用于做汤料理。

lagane

起源于南意的薄片状意面。为意大利最古老的意面之一，与"lasagne"为同义语。将其切成细条后就可以得到拉格耐勒面（laganelle）。

laganelle（拉格耐勒面）

将薄片状"lagane"（拉格耐面）切成细条形的长面，就得到了"laganelle"（拉格耐勒面），而"laganelle"正是小拉格耐面（lagane）的意思。该意面的历史十分悠久，"tagliatelle"（意式干面）等手擀长面就是从"laganelle"演变而来。有时也会将其制成短一些的类型。

[L]

lasagne（意大利千层面）

一种薄片状意面。最有名的千层面料理就是将千层面皮和各种沙司以及其他食材一起层层叠放，然后放入烤箱中烤制而成的料理。

lasagnette（小意式千层面）

小型意大利千层面。

linguine（意大利扁面条）

断面呈椭圆形的长面。

lorighittas（戒指面）

将细条形面坯在手指上绕两圈形成两个面圈，然后再将两者拧在一起成型。该意面发源于撒丁岛西部的奥里斯塔诺一带，在当地语言中，"lorighittas"是"戒指"的意思。

lumaconi（蜗牛壳意粉）

"lumaconi"为"大蜗牛"的意思。为一种管状通心粉，特点就是空心很大。

[M]

maccarrones（水管卷面）

撒丁岛的意大利水管面，是一种通过将毛线针压入条状面坯中揉搓成型的管状意面。市面上也可以买到干面。

maccarrune

卡拉布里亚大区和西西里岛地区最初的意大利水管面。通过将带状面坯缠在金属棒上的方式成型的空心意面。别称"maccaruni"。

maccheroni（意大利水管面）

①"maccheroni"就是日本的"macaroni"（一种中空的通心粉）。以前的意大利水管面都是手工制作出来的，通过将带状面坯缠在毛线针等工具上的方式成型，而现在多由模具压制而成，且手工、干面两者均很普遍。比该意面短一些的意面叫做"maccheroncini"。

②"maccheroni"是所有的意面的统称。中世纪以前，无论长短、是否空心，所有的意面都是"maccheroni"。"maccheroni alla chitarra"就是受其影响的一个典型代表。

maccheroncini（马克龙其尼面）

①一种中空的通心粉，比"maccheroni"要短一些。

②一种极细的长面。但由于意面刚产生时，无论是不是中空的，面身是长是短，所有的意面都被叫作水管面，所以名字就这么流传下来了。由于和挂面一样细，所以也被称为"capelli d'angelo"（天使的头发）。

mafalde（波浪面）

一种两端呈波浪状的的带状长面。细一些的"mafalde"叫做"mafaldine"。

malloreddus（撒丁岛螺纹贝壳粉）

通过在小剂子上按压出小窝的方式成型的通心粉。是所有同类型意面中最小的一种。一般只有1个小窝，面身表面印有刻纹。"malloreddus"为撒丁岛方言，也叫做"cicciones"。标准语中的叫法为"gnochetti sardi"。市面上也可以买到干面。

maltagliati

一种将薄片状面皮切成菱形或不规则四边形的手工意面。"maltagliati"为艾米利亚 – 罗马涅大区的叫法。与该意面同属一类的意面还有斯托拉奇面（stracci）。

manate

一种形似乌冬面的手搓长面。"manate"为巴西利卡塔大区的叫法，与其同属一类的意面还有"strangozzi"（鸡肠面，翁布里亚大区）、"umbricelli"（翁布里亚大区）、"pici"（尖头棱面，托斯卡纳大区）、"spaghettoni"（意大利直身面，南意）等。

marubini

伦巴第大区的意式面饺。

mezzelune（梅泽露娜面饺）

半月形的意式面饺。"mezzelune"正是"半月"的意思。

millerighe

一种与粗通心粉（rigatoni）形状大小相似的管状意面。"millerighe"意为"千根筋"，此名来源于面身表面的刻纹。

[N]

nocchette（领结面）

"nocchette"为"小蝴蝶结""小领结"的意思，是一种坎帕尼亚大区的蝴蝶结形意面。成型方法是将圆形面片相对的两端捏在一起，捏成中空的蝴蝶结样式。

[O]

occhi di lupo

中空的管状通心粉，形状近似切成小段的粗通心粉（rigatoni）。标准样式是表面没有刻纹，竖直切口，不过也有表面有刻纹或斜切口的制品。"Occhi di lupo"为"狼眼"之意。

orecchiette（耳朵面）

通过在小剂子上按压出小窝的方式成型的通心粉。在所有同种类型的意面中，个头属于中小型。只有一个小窝，小窝的形状并不是如卡瓦特利面（cavatelli）一般呈狭长形，而是近似于圆形。"orecchiette"一词意为"小耳朵"，如名所示呈耳垂形。起源于普利亚大区，市面上也可以买到干面。

[P]

paccheri（帕克里面）

一种坎帕尼亚大区的中空粗管状意面。烹饪时常使用干面，有时也会使用手工制作出来的成品。标准语中的说法为"schiaffone"。

pansotti（帕恩索蒂面饺）

利古里亚大区的三角形意式面饺。最常见的馅料是野菜奶酪馅料，由多种山间野菜和里科塔奶酪制作而成。

pappardelle（传统宽面）

面身最宽（3cm左右）的长面，发源于托斯卡纳大区。面坯由鸡蛋和软质小麦粉和制而成。

passatelli

一种以面包糠为主要配料的艾米利亚－罗马涅大区通心粉。来源于"passata（过滤）"一词。将面包糠、鸡蛋和奶酪和成面团，然后用一种带孔的专用工具按压面团，得到这种短条形的意面。常用土豆压泥器来成型。

pasta grattata（意面碎）

一种用奶酪刨丝器擦出来的小片状意面。

pastina

"pastina"即"小型意面"。是所有主要用于做汤的小型意面的总称。其中包含的意面样式多种多样，每种意面的名称也各不相同。

penne（斜管面）

"penne"是一种斜着切成的管状通心粉，由于其斜口处类似鹅毛笔笔尖的造型，故此得名。分为面身表面有刻纹的斜管面"penne rigate"和面身表面光滑的斜管面"penne·lisce"两种类型。

pennette（小斜管面）

"pennette"就是"小斜管面"的意思，如名所示，该意面比斜管面要细一圈。

perciatelli（粗条通心面）

一种中空长面。与"bucatini"（细条通心粉）为同一种意面，只不过"perciatelli"为那不勒斯一带的叫法。

picagge（皮卡哥面）

"picagge"为利古里亚大区的叫法，为一种呈条带状的意面。形状与"tagliatelle"（意式干面）以及"pappardelle"（传统宽面）大体相同。

pici（尖头棱面）

一种形似乌冬面的手搓长面。"pici"是托斯卡纳大区的叫法，发源于锡耶纳一带。该意面在不同的地区有不同的叫法，比如有的地方就将其称作"picci""pinci"等。与"strangozzi"（鸡肠面，翁布里亚大区）、"umbricelli"（翁布里亚大区）、"spaghettoni"（意大利直身面，南意）属于同一类意面。

pisarei（皮萨雷伊面团）

"pisarei"为艾米利亚－罗马涅大区皮亚琴察地区的特产，是一种将面包糠和小麦粉混合到一起制作而成的小型面团。

pizzoccheri（比措琪里面）

①瓦尔泰利纳风味的比措琪里面一种由荞麦粉和制而成的薄片意面。发源于伦巴第大区的北部山区——瓦尔泰利纳地区。经常将其切成短条形使用。

②基亚文纳风味的比措琪里面将小麦粉与水和成稍软一些

的面坯，然后利用滑动式擦板等工具将面坯直接擦入热水中，煮熟后就得到了这种小颗粒意面。该意面是位于伦巴第大区北部瓦尔泰利纳的基亚文纳地区的特有意面。

[Q]

quadretti
同"quadrucci"。两者有时也可以指代一种四边形的小号填塞意面。

quadrucci
一种边长为1cm的用于做汤的扁平型意面。来源于"quadro"（意为四边形、正方形）一词。

[R]

ravioli（意式面饺）
①所有填塞意面的总称。

②一种2片面片中间夹着馅料的意面。馅料可以由肉、海鲜、蔬菜、豆类、奶酪等各式各样的食材制作而成。形状也是多种多样，有正方形、三角形、圆形还有半圆形等。不过不同的地区叫法却有所差异，比如有些地方管这种样式的填塞意面叫做"agnolotti"（皮埃蒙特大区）或"tortelli"（中意到北意地区）。大一些的"ravioli"叫做"raviolone"，小一些的叫做"raviolini"。

reginette
与"mafaldine"为同一种意面。由于该意面的起源与马法尔达公主有关，所以有"regina（王女）"之意，将其命名为"reginette"，别称"reginelle"。

rigatoni（粗通心粉）
"rigatoni"意为"有条纹"，如名所示，这是一种带有竖条纹的管状意面。空心直径为1cm左右，该意面的特点就是面身直径较宽、管壁较厚。

rotolo
用薄片面皮将馅料卷起来，卷成筒状的意面。比意大利粗管面（cannelloni）要粗一些、长一些，然后将其切成小截后使用，特点是使用时切口要朝上。

ruote
断面呈车轮形的通心粉干面。

[S]

sagne
薄片状意面，南意固有叫法。

sagne a pezzi
切成小块的"sagne"，阿布鲁佐大区意面。

sagne n 'cannulate（长卷意面）
一种中空的手工长面。"sagne"为"薄片状意面"的意思。"n'cannulate"是"卷成筒状"的意思。将薄片状面坯切成长条形，然后一圈圈缠在细棍上卷成空心的筒形。为以普里亚大区为代表的南意地区的意面。"busiati"也是同一种类型的意面。

schiaffoni
一种中空的粗管形意面。与坎帕尼亚大区的帕克里面为同一种意面。

scialatielle
起源于坎帕尼亚大区阿玛尔菲地区的带状意面。宽度与意式干面差不多，不过要更厚一些，也要稍短一些。

scripelle
一种与法式薄饼十分相似的意面，面坯由小麦粉、鸡蛋、牛奶、黄油、盐和制而成。阿布鲁佐大区代表性意面，标准语中的叫法为"crespelle"。

semini
来源于"semi"（种子）一词。是一种用于汤品的意面，形似种子。

spaccatelle
与意大利水管面竖着切开后再掰弯的形状类似。"Spaccatelle"来源于"spaccare"（对半分开）一词。

spaghetti（意大利细面条）
断面呈圆形的长面，直径为1.9cm左右。

spaghetti spezzati（短意大利细面条）
"spezzati"为"折断"的意思。指的是将意大利细面条折断后的短意面。

spaghettini（意大利特细面条）
面身更细一些的"spaghetti"。

spaghettoni（意大利直身面）
①一种形似乌冬面的手搓长面。"spaghettoni"为南部地区的叫法。与该意面同属一类的"strangozzi"（鸡肠面，翁布里亚大区）、"umbricelli"（翁布里亚大区）、"pici"（尖头梭面，托斯卡纳大区）均由软质小麦粉与水和制而成，而属于南部地区的该意面则由粗面粉和水和制而成。"manate"（巴西利卡塔大区）也与该意面属同类型意面。

②比意大利细面条粗一圈的干长面。

spätzli（德式面疙瘩）

特伦蒂诺 – 上阿迪杰大区的颗粒状意面。将水或牛奶、鸡蛋等材料倒入小麦粉中调成面糊，通过一种类似于擦板的工具使面糊落入沸水中，就得到了这种德式面疙瘩。别名"spaetzle"，标准语中的叫法为"gnocchetti tirolesi"（蒂罗尔风味面团）。

stelline

用于汤品的星星形状的意面。

stracci（斯托拉奇面）

"stracci"是"撕成破布""打补丁"的意思，将薄片状面坯切成适当大小的通心粉。许多地方都有类似的意面，而"stracci"（斯托拉奇面）是所有同类型意面中最标准的叫法。形状多为菱形等四边形。

strangolapreti

面团的一种。许多地区都有这种意面，但做法却不尽相同，有的由菠菜和里科塔奶酪和制而成，也有的由小麦粉与水和制而成。意思与"strozzapreti"（手卷意粉）一样，均为"被卡住喉咙的和尚"。

strangozzi（鸡肠面）

翁布里亚大区的手搓长面，与乌冬面形状相似。面坯配料简单，仅由软质小麦粉与水和制而成，许多地方都有与之类似的意面。比如"umbricelli"和"ciriole"（翁布里亚大区）、"pici"（托斯卡纳大区）、"manate"（巴西利卡塔大区）、"意大利直身面"（南部）等。

strappata（斯托拉帕塔面）

一种翁布里亚大区通心粉。"strappata"为"扯掉"的意思。由于该意面成型的方式就是用手拽住薄片面坯的一角，用力扯下来，所以就得了这个名字。标准语种的叫法为"pasta strappata"。在相邻的托斯卡纳大区以及拉齐奥大区也能见到它的身影。

strascinati（卷边薄片面）

通过在小剂子上按压出窝的方式成型的通心粉。在同种类型的意面中属于大型。"strascinati"为"拖拽""拉长"之意，意面上的窝是由手指或刮刀按压出来的。该意面起源于普里亚大区和巴西利卡塔大区。

strichetti（蝴蝶结面）

一种艾米利亚 – 罗马涅大区的蝴蝶结形状通心粉，与"farfalle"（蝴蝶面）为同一类型的意面。"strichetti"为摩德纳地区的叫法。

strigoli（斯特力格力意面）

利古里亚大区的通心粉，"trofie"（特飞面）的一种，通过将短条状面坯搓成螺旋状制作而成。

stringozzi（鞋带面）

一种横截面呈正方形的翁布里亚大区长面。形状与"chitarra"（吉他面，阿布鲁佐大区）、"tonnarelli"（意大利细长面，罗马）相似，不过，一般面身要比吉他面以及意大利细长面稍细一些。面坯基本由 00 粉和水和制而成。

strozzapreti（手卷意粉）

发源于艾米利亚 – 罗马涅大区的手搓意面。通过用双手将短条状面坯搓成纸捻形状的方式成型，为稍短一些的长面。

[T]

tacconi（塔科尼面）

"tacconi"是"撕成破布"或"打补丁"的意思，将薄片状面坯切成菱形或其他形状的四边形做成这种通心粉。"tacconi"为阿布鲁佐大区周边的叫法。

taccozzette（塔科扎特面）

小菱形干面。分为边缘有起伏以及边缘平整光滑两种不同的类型。起源于阿布鲁佐大区，因为与有"补丁"之意的塔科尼面（tacconi）形状相似，故此得名。

tagliatelle（意式干面）

一种扁平长宽面，主要见于以发源地艾米利亚 – 罗马涅大区为中心的北意大利，不过已普及到南意地区。将 00 粉和鸡蛋和好的面坯压成薄面片，然后将面片卷或层叠起来，用刀切成厚 6~8mm 的长宽面。"tagliatelle"正是"切"的意思。细一些的"tagliatelle"（意式干面）就是"tagliolini"（意大利细宽面）。

taglierini

其实就是"tagliolini"（意大利细宽面）的另外一种叫法。

tagliolini（意大利细宽面）

断面呈长方形的手工长面。一般做法是将 00 粉和鸡蛋和好的面坯切成宽 2~3mm 的细长条。发源于艾米利亚 – 罗马涅大区，现在已普及到全境。来源于意大利语"切细"一词，还有的地方将其叫做"taglierini"。宽一些的"tagliolini"被称作"tagliatelle"（意式干面）。

tajarin（塔佳琳意面）

"tajarin"一词由意大利细宽面（jagliolini）的别名"taglierini"演变而来，为皮埃蒙特州的方言。特点就是该意面的面坯是由 00 粉与大量的蛋黄和制而成。比意大利细宽面要稍细一些。

testaroli

托斯卡纳大区西北地区的法式薄饼状意面。将软质小麦粉和水调成面糊，倒在一种浅底铁锅中烙成面饼，然后切成小块下盐水煮熟，得到这种意面。该意面的历史十分悠久，可以追溯到古罗马时代。

tonnarelli（意大利细长面）

一种诞生于罗马的长面。断面呈正方形，与"chitarra"（吉他面，阿布鲁佐大区）和"stringozzi"（鞋带面）的形状相同。"tonnarelli"原本为罗马地区方言，不过这种叫法现已普及到其他地区。

tortelli（意式馄饨）

①"ravioli"（意式面饺）的一种，为中意到北意地区的叫法。大一些的"tortelli"（意式馄饨）叫做"tortelloni"。

②环形填塞意面。为大一号的"tortellini"（小卷饺）。

tortellini（小卷饺）

艾米利亚-罗马涅大区的戒指形状填塞意面。将对折后的填塞意面的两端捏在一起，卷成环形。与"cappellacci"（三角帽面饺）、"agnoli"以及"agnolini"等均为同类型意面。

trenette

即"linguine"（意大利扁面条），为热那亚地区的叫法。

tripolini（的黎波里面）

将波浪面竖着两等分切开，就得到了这种单侧呈波浪状的的黎波里面。

troccoli（特洛克里面）

用表面带刻槽的擀面杖"torrocolaturo"在薄片状面片上擀出来的细长意面，横截面呈纺锤形。该意面发源于普利亚大区，面坯的主要配料为粗面粉和水。

trofie（特飞面）

一种呈银鱼形状的通心粉。为利古里亚大区代表性意面之一。既可以通过双手揉搓成型，也可以在面板上揉搓成型。此外，揉搓的程度不同，成品的具体形状也是各式各样，有近似于圆棍形的、表面带有指印凹凸不平的、螺旋状的等。

tronchetti（特伦凯蒂面）

用薄片面皮将馅料卷成筒状，切成小截后再捆在一起，使其看起来像是一个树桩。"tronchetti"是"小树桩子"的意思，通常情况下指的是一种圣诞节时食用的糕点的名字。

tubetti（顶针儿面）

"tubetti"为"顶针"之意。如字面意思所示，"顶针儿面"正是通过将长条形管面切成小段制成。产自坎帕尼亚大区，多用于做汤。一般说来，烹饪时常用干面，当然有时也会使用手工制作的顶针儿面。

[U]

umbricelli（新鲜手搓粗面）

一种形似乌冬面的手搓长面。由软质小麦粉和水和制而成。"umbricelli"是翁布里亚大区的叫法，也可以称其为"umbrichelli""umbrici"。与同属于翁布里亚大区的鸡肠面（strangozzi）、"ciriole"为同一种类型的意面。除此之外，意大利其他地方也有许多与之类型相似的意面，比如托斯卡纳大区的尖头梭面（pici）、巴西利卡塔大区的"manate"以及南部一带的"spaghettoni"等。

[V]

vesuvio（维苏威意面）

以那不勒斯有名的维苏威火山为原型制作而成的干通心粉。

vermicelli

在"spaghetti"一词还没有出现之前，就有这个词汇了，是长面的总称。包括粗长面和细长面等许多类型，不过，在说英语的国家，指的一般为细一些的长面。其实，最近意大利也不太使用这个单词了，而是将细长面称为"capellini"、"capelli d'angelo"，粗一些的长面称作"spaghetti"、"spaghettoni"。

[Z]

zite（新郎面）

发源于那不勒斯的大号中空管面。长度为30cm左右，通常都是将其折断后使用。别称"ziti"，粗一些的叫做"zitoni"。

LE PASTE SECCHE LUNGHE

第七章

长干面

意大利细面条

直径 1.8cm

意大利细面条

由位于那不勒斯的格拉尼亚诺地区的公司生产出的一种干面。由青铜模具压制而成，表面很粗糙。正因如此才可以很好地吸附沙司，所以适于和水分较多的沙司搭配食用。

♯116
Spaghetti al pomodoro
番茄意面

杉原一祯

那不勒斯家常的小番茄沙司

这是一道南意大利最常见的番茄沙司，由番茄、蒜、罗勒烹制而成。在日本，烹制番茄沙司时一般使用的是以"San Marzano"为代表的长番茄，而本道料理中使用的是由小番茄制作而成番茄沙司。在那不勒斯，普通人家也会经常烹制小番茄沙司。大番茄沙司果肉多，有浓厚的香甜味，而小番茄沙司口感清爽、酸甜适口，习惯了这个味道之后便会欲罢不能。本店会在夏天将小番茄装入瓶中封好，做好的瓶装小番茄保存期限很长，可以用一整年。

意大利细面条

生产厂商以及制作方法均与左页的意大利细面条相同。不过面身要稍粗一些，习惯之后便会发现它的魅力所在，无法自拔。

直径 1.8cm（Afeltra 公司）

充分保留菲律宾蛤仔的精华

这道料理完美的诠释了那不勒斯地区料理的风味。既不用倒入白酒，也无需放盐，只用蛤仔本身带有的咸味调味，所以蛤仔的鲜味十分浓郁。贝壳张开后马上将其捞出，可以保证贝肉多汁的口感。此外，要将煮蛤仔的煮汁煮至黏稠后再和意面拌到一起，通过将水和油乳化的方式可以去掉煮汁中的辛辣味。

Spaghetti alle vongole
菲律宾蛤仔意面

杉原一祯

意大利细面条

生产厂商以及制作方法均与左页的意大利细面条相同。用传统方法做出的意面与样式简单的沙司更搭。

直径 1.8cm（Afeltra 公司）

与洋蓟产地相同的意面料理

意大利各地都种植洋蓟，其中以坎帕尼亚大区的萨勒诺地区的洋蓟最为有名，而且将洋蓟炖熟后拌上意面烹制而成的这道洋蓟意面也是当地的传统料理。洋蓟沙司主要由蒜香油调味，而且除了洋蓟外基本不放其他的食材，只用少量腌刺山柑提香。对洋蓟的品种也没有限制，不过一定要使用当季的洋蓟。这道洋蓟沙司的美味之处就在于吃到嘴里时满口皆是洋蓟香味的美妙感觉。

118
Spaghetti con i carciofi
洋蓟意面

杉原一祯

♯116
番茄意面

杉原一祯

●**瓶装小番茄**

1. 小番茄去蒂，带皮 2 等分切开。瓶子用沸水消毒，将切好的小番茄塞满瓶子，瓶口再塞上适量整枝罗勒（那不勒斯品种，下同），封口。

2. 将瓶子放入 1 个大锅中，锅中注入足量清水没过瓶身，水沸腾后继续加热 1 小时左右。

3. 瓶子浸在水中直至自然冷却，捞出后在常温下保存即可（可保存 1 年）。

●**烹制番茄沙司**

1. 锅中热特级初榨橄榄油，放入拍碎的蒜瓣翻炒，炒出香味但没有变色前放入整枝罗勒（1 枝，取下 2~3 片叶片备用）继续翻炒。

2. 从做好的瓶装小番茄中取出适量小番茄（1 人份 8~10 个）放入锅中，同时倒入少量面汤，用叉子边翻炒边将番茄绞碎。

3. 放大粒盐（1 撮），烧 5 分钟左右，将罗勒捞出。

●**最后工序**

1. 意大利细面条（1 人份 90g）下盐水中煮 12 分钟。

2. 将煮好的意大利细面条和番茄沙司混合到一起搅拌均匀。将之前留起的罗勒叶用手撕碎（或用刀切成细丝）拌入意面沙司中。

3. 装盘。装饰上新鲜的罗勒叶。

※ 那不勒斯地区栽培有各式各样品种的小番茄，在制作瓶装小番茄的时候我们可以选择 Cannellino、Piennolo 等在日本也有种植的品种。这些种类的小番茄果皮较厚、果肉厚实且果汁较少，所以应该带皮烹制。而且，果皮有着如新鲜番茄一般的清香味，可以使做出的沙司味道更清淡爽口。

※ 在日本，提到罗勒，一般指的是热那亚罗勒，而这里我们使用的是那不勒斯罗勒。那不勒斯罗勒的特点是叶片大且边缘卷曲，香味浓郁。

◆**注意事项**

每次使用瓶装小番茄的时候，都应将其用蒜香油快速翻炒，这样可以做出应季番茄才有的新鲜风味。

菲律宾蛤仔意面

杉原一祯

●烹制菲律宾蛤仔沙司

1. 将菲律宾蛤仔（1人份12~15个）放入盐分浓度为2%的盐水中浸泡吐沙。

2. 锅中热特级初榨橄榄油，放入拍碎的蒜瓣煸炒，煸出香味后放入菲律宾蛤仔、意大利香芹末、小番茄（罐装，1人份1~2个），稍稍添少量水。

3. 盖上锅盖，用大火焖片刻，同时不断晃动炒锅。贝壳受热张开后，依次将完全张开的蛤仔拣出放入碗中。最后将蒜瓣挑出，然后将锅中两成的煮汁倒入装蛤仔的碗中，将碗放置于温度高一些的地方备用。剩下的煮汁留在锅中备用。

●最后工序

1. 意大利细面条（1人份90g）下盐水中煮12分钟。

2. 将煮蛤仔的锅加热片刻收一收汁，待煮汁变黏稠后放入煮好的意面，搅拌均匀，撒上黑胡椒。

3. 尝一尝味道，如果盐分不够再倒入适量留在碗中的备用煮汁。颠勺2~3次，使所有食材均匀地混合到一起。

4. 装盘，摆上菲律宾蛤仔，撒上意大利香芹末。

※ 在意面煮熟前的3~4分钟就可以开始制作沙司，这样意面煮好可以直接放入沙司中。

◆注意事项

不同地域的蛤仔口感也不同，其中河流入海口处的蛤仔肉质最佳。由于此处的蛤仔比海水中的蛤仔含盐量低，所以用于吐沙的盐水浓度也可以适当低一些。依据本人的经验，相同分量的大小两种不同的蛤仔相比较的话，小一些的蛤仔做出的料理海鲜味更加浓郁。此外，放入少量小番茄，可以起到中和咸味的作用，使整道料理的口感更佳。

洋蓟意面

杉原一祯

●处理洋蓟

1. 将洋蓟头部切掉1/3~1/2，剥掉外侧较硬的花萼以及茎部的外皮，然后将其切成两半，并将白色毛絮状物挖掉。

2. 放入滴有柠檬汁的水中浸泡防止其氧化。竖着将其切成厚2~3mm的薄片，重新浸入柠檬水中。

●炖洋蓟

1. 锅中热特级初榨橄榄油，放入拍碎的蒜瓣煸炒，煸出香味后放入洋葱碎（1人份1大勺）翻炒。

2. 放入沥净水分的洋蓟（1个半）、腌刺山柑（将盐渍刺山柑用清水冲洗干净，沥净水分，8粒）、意大利香芹末，放入少许盐，翻炒片刻。

3. 倒入少许面汤，焖至洋蓟变软。

●最后工序

1. 意大利细面条（1人份90g）下盐水中煮12分钟。

2. 捞出后沥净水分，倒入炖洋蓟的锅中拌匀。然后放入黑胡椒、意大利香芹末、帕玛森干酪，将所有食材搅拌均匀。

3. 装盘，撒上帕玛森干酪。

※Spinoso洋蓟没有什么涩味，一般用于制作沙拉等生食料理。所以，在烹制炖洋蓟这道料理的时候，最好使用"Spinoso"洋蓟以外的洋蓟品种。每年3月份市面上就开始销售意大利进口洋蓟了，5月份产的洋蓟也开始上市了，3月份到5月份这一段期间是洋蓟的最佳食用期间。

◆小贴士

除了意大利细面条，炖洋蓟与口感弹牙的细条通心粉（bucatini）以及由粗面粉和水制作而成的质地紧实的手工"spaghetoini"（比意大利细面条稍粗一些的细长面条）也很搭。

意大利细面条

意大利细面条

同 P200 的意大利细面条。

直径 1.8cm（Afeltra 公司）

黑橄榄、腌刺山柑、鳗鱼风味沙司

这道料理的意大利文叫法是"spaghetti alla puttanesca"，其中"puttanesca"一词意为"烟花女风味"，指的是一种由放入了黑橄榄和腌刺山柑的沙司拌制而成的意面料理。关于它的起源有许多种说法，其最初的形态是南部地区的橄榄腌刺山柑意大利长宽面，那不勒斯的伊斯基亚岛的人们将其中的意大利长宽面换成了意大利细面条，将其命名为"puttanesca"，并传到整个意大利。这道料理中沙司的特点就是浓郁的橄榄风味，而烹制的关键在于先将黑橄榄和腌刺山柑充分翻炒，使橄榄的香味融入油中，使所有食材的香味融合到一起。

意大利细面条

同 P200 的意大利细面条。

直径 1.8cm（Afeltra 公司）

洋溢着 19 世纪料理风格的炖鳗鱼

用番茄炖白鳝，压成泥后做成沙司，再拌上意大利细面条，就得到了这道卡瓦尔康蒂风味鳗鱼意面。这是我在那不勒斯学艺时所在餐厅菜单中的一道料理，也是最受欢迎的一道料理。原本以鳕鱼（大西洋鳕鱼）为原料，但是由于用日本产的鳕鱼很难还原出同样的风味，所以尝试着用白鳝来烹制出近似于当地的风味。料理名中的"卡瓦尔康蒂"是一位那不勒斯贵族的名字，他同时也是一位活跃于 19 世纪初期的料理研究学者。而这道"鳕鱼料理"就记载于由他所著的书籍中。

119
Spaghetti alla puttanesca
烟花女酱汁意粉

杉原一祯

120
Spaghetti al sugo di anguilla alla Cavalcanti
卡瓦尔康蒂风味鳗鱼意面

杉原一祯

意大利细面条

由位于那不勒斯的格拉尼亚诺地区的公司生产出的一种干面。由青铜模具压制而成，表面很粗糙，可以很好地吸附沙司。在本人看来，海鲜类沙司与产自那不勒斯的意面最搭。

直径 1.9mm（Liguori Pastificio dal 1820 Spa 公司）

用虾肉和墨鱼肉烹制而成的沙司

这是一道海鲜风味的肉糜沙司意面。将虾肉、墨鱼肉、虾夷盘扇贝肉搅成肉糜，然后炒成肉松状，再和番茄酱、水等食材一起炖一段时间。最初的海鲜肉糜是由一些边角碎肉烹制而成，除了鱼肉之外，还会放入其他一些甲壳类、墨鱼、八带鱼、贝类等味道十分鲜美且即使经过长时间的炖制肉质也不会变柴的食材。要想做出的沙司更加美味香浓，关键是要在一开始就将肉糜中的水分炒净。

121
Spaghetti al ragù di pesce
海鲜肉糜意面

西口大辅

122
Spaghetti alla pescatora
海鲜沙司意面

意大利细面条

与上述意大利细面条相同。

直径 1.9mm（Liguori Pastificio dal 1820 Spa 公司）

海鲜味十足的沙司

如名所示，这是一道使用了大量海鲜食材烹制出的意面料理，可谓是海鲜味十足。选择食材时可以将各种甲壳类、墨鱼、八带鱼、贝类食材进行适当的组合。其中贝类的带壳菲律宾蛤仔和贻贝是必须要有的，因为贝壳中含有十分美味的汁液，正是海鲜味的主要来源之一。此外，由于贝汁本身含有盐分，仅用这种纯天然的盐分就足够了，无需再放盐。这道料理本来是一道那不勒斯料理，现今已十分普及。

西口大辅

♯119
烟花女酱汁意粉
杉原一祯

● **制作蒜香鳀鱼沙司**

1. 锅中热特级初榨橄榄油，放入拍碎的蒜瓣煸炒，煸出香味后放入去籽黑橄榄（1人份7~8颗）、腌刺山柑（将盐渍刺山柑用清水冲洗干净，沥净水分，7~8粒）、鳀鱼鱼脊肉片（不到1条），用小火翻炒。翻炒的过程中要注意火候以及锅中的水量，如果锅中水分变少，倒入少量面汤，要保证锅中汤汁一直处于噗噗作响的沸腾状态。

2. 待炒出橄榄中的水分、锅中油变黑、所有食材的香味融合到一起后，放入小番茄（罐装，7~9颗），用叉子边搅拌食材边将小番茄搅碎。捞出蒜瓣，继续翻炒片刻，使番茄的香味和其他食材的香味融合到一起，然后焖一小段时间，焖至油和食材处于稍稍分离的状态。

● **最后工序**

1. 意大利细面条（1人份90g）下盐水中煮12分钟。

2. 将煮好的意面捞出，沥净水分后倒入碗中，撒上少量帕玛森干酪、佩科里诺奶酪、意大利香芹末，快速搅拌均匀。然后倒入八成的沙司，将所有食材搅拌均匀。

3. 装盘，淋上剩下的沙司，撒上少量帕玛森干酪。

◆ **注意事项**

在烹制沙司的时候，如果翻炒的时间过短，黑橄榄和腌刺山柑的香味便无法融合到一起，品尝起来的感觉也只是简单的将食材混在一起而已。正确的烹制方法是先将橄榄、腌刺山柑、鳀鱼一起下入锅中充分翻炒，炒至三者的香味充分融合到一起，然后再放入番茄继续翻炒，再将番茄的香味与其他食材的香味融合到一起。此外，为了整道料理的口感富有层次感，先将煮好的意面和奶酪搅拌均匀，使意面充分吸附奶酪香甜浓郁的味道，然后再拌上蒜香鳀鱼沙司。

♯120
卡瓦尔康蒂风味鳗鱼意面
杉原一祯

● **烹制鳗鱼沙司**

1. 用刀刮掉白鳝（重约300g的白鳝一条，为8人份）身上的黏液，然后将白鳝用清水冲洗干净，将其切成大块（无需剔骨）。

2. 锅中热特级初榨橄榄油，放入切好的洋葱片（1/2头）翻炒。洋葱变软后倒入切好的白鳝和搅碎的小番茄(罐装，200g)，盖上锅盖，炖40分钟左右。

3. 去掉白鳝的鱼骨，将鱼肉和汤汁一起用食物研磨器（FOOD MILL）碾成糊状。

4. 然后重新倒回锅中加热，放盐、黑胡椒、马沙拉白葡萄酒调味。最后放入少量黄油。

● **最后工序**

1. 意大利细面条（1人份90g）下盐水中煮11分钟。

2. 捞出后沥净水分，倒入鳗鱼沙司中，撒上少量意大利香芹末和帕玛森干酪，搅拌均匀。

3. 装盘，淋上锅中剩余的沙司，撒上帕玛森干酪和意大利香芹。

◆ **注意事项**

要想将白鳝做的美味，秘诀就是炖的时间要足够长。出锅的最佳时间是一揭开锅盖，立即有一股浓浓的香气迎面扑来。

◆ **小贴士**

除了白鳝之外，还可以用康吉鳗来制作鳗鱼沙司，味道也十分鲜美。

海鲜肉糜意面

●炖海鲜肉糜

1. 制作海鲜肉糜（约 2 人份）。将明虾虾身（3 只）、去皮长枪乌贼（1 只）、虾夷盘扇贝的闭壳肌（3 个）一起放入食物料理机中，搅成肉糜。

2. 将海鲜肉糜和纯橄榄油一起倒入平底锅中，用打蛋器一边翻炒食材一边将肉糜搅散。待将海鲜肉糜中的水分炒净、肉糜有些酥脆时关火。

3. 另置 1 个锅，锅中倒入纯橄榄油，将炒好的海鲜肉糜倒入此锅中，开火加热。然后放入炒料头（P245，1 大勺）、月桂、番茄酱（15g）和白酒（2 大勺）。注入海鲜汤（300ml）。

4. 往步骤 2 的锅中倒入白酒（1 大勺），用大火加热，将凝在锅底的炒汁化开，倒入步骤 3 中的锅里。

5. 锅中汤汁沸腾后改小火继续炖，每隔 20 分钟往锅中注入海鲜汤（300ml），加两次海鲜汤后再继续炖 20 分钟。

●最后工序

1. 意大利细面条（1 人份 80g）下盐水中煮 10 分钟。

2. 取适量炖海鲜肉糜（1 人份 5 大勺）倒入平底锅中，放入特级初榨橄榄油、蒜香番茄沙司（P244，3 大勺）、少量面汤，加热。

3. 将煮好的意面捞出，沥净水分后倒入海鲜肉糜沙司中拌匀，撒上意大利香芹末，将所有食材搅拌均匀。装盘。

◆注意事项

在烹制海鲜肉糜沙司时，既可以像本书中介绍的放入蒜香番茄沙司来增加番茄的风味，也可以选择不放蒜香番茄沙司，这样做出来的沙司口味更清淡一些。

122

海鲜沙司意面

●处理明虾

1. 用厨房用剪刀剪去明虾的虾须、虾足，剥掉虾壳，用牙签挑出虾线，无需去头。

●烹制海鲜沙司

1. 平底锅热纯橄榄油，倒入菲律宾蛤仔（2 人份 14 只）和贻贝（4 个），淋入白酒（40ml）。盖上锅盖焖至贝壳张开。关火，将两种贝类捞出后放入碗中，置于温度高一些的地方备用。

2. 将明虾（4 只）和长枪乌贼圈（4 只）放到步骤 1 中的锅里，用余温焖一段时间将其焖熟。然后放入贝类的碗中。

3. 往步骤 2 的锅中倒入蒜香番茄沙司（P244，180ml）加热，和煮汁搅拌均匀。锅中汤汁沸腾后放入意大利香芹末，淋上特级初榨橄榄油提香。

●最后工序

1. 意大利细面条（1 人份 80g）下盐水中煮 10 分钟。

2. 将煮好的意面和海鲜沙司混合到一起搅拌均匀。

3. 先将意大利细面条盛到盘中，然后将之前留在碗中的菲律宾蛤仔、贻贝、明虾、长枪乌贼倒入海鲜沙司中搅拌均匀，用沙司中的余温温一温。

4. 将锅中食材倒在意大利细面条上。

◆注意事项

如果加热时间过长，虾肉和乌贼肉容易变硬，所以只用余温将其焖熟即可。此外，在将意大利细面条和海鲜沙司混在一起搅拌之前，要先将海鲜从沙司中捞出，待意面装盘后再将其放回到沙司中温一温，这样肉质便不会变硬。

意大利细面条

意大利细面条
由位于莫利塞州坎波巴索地区的公司生产出的一种干面。由涂有特氟龙材料的模具压制而成，口感爽滑。适于和蒜香油等油类沙司搭配食用。

直径 1.7mm（La morisana 公司）

以蒜香味定成败的意面料理

由橄榄油、蒜、红辣椒烹制成香辣蒜香沙司，然后拌上意大利细面条制作出香辣蒜香意大利面，这道料理也是所有油类沙司拌意面中最基本的一道。关于它的起源地众说纷纭，有人说发源于罗马，也有人说发源于那不勒斯，由于所有材料都是南意大利的特产，所以可以确定这是一道南部地区的料理。此外，在意大利，这道料理并不在高级餐厅的菜单中，而一直是作为晚餐料理出现在普通人家的餐桌上。虽然使用的食材十分普通，但是所有食材的香味和辣味都绝妙地融合到了一起，让人百吃不厌，而且每次都能尝出不同的滋味。

♯ 123
Spaghetti aglio, olio e peperoncino
香辣蒜香意大利面

西口大辅

意大利细面条
与上述意大利细面条相同。

直径 1.7mm（La morisana 公司）

金枪鱼风味的蘑菇沙司

如名所示，这是一道"山林风味"的意面料理，是由新鲜的蘑菇为主料搭配其他食材烹制而成，一般搭配的是金枪鱼。居住在山中的居民很难吃到海鲜，但是可以买来油渍金枪鱼罐头食用，而且金枪鱼美味可口，且富含多种营养成分，又与蘑菇口味相合，所以才产生了这道将两者搭配使用的意面料理吧。虽然也有不使用番茄的烹饪方法，但是一般都会放入番茄沙司调味。此外，各位还可以尝试用各种不同种类的蘑菇来烹制这道料理。

♯ 124
Spaghetti alla boscaiola
山珍番茄意面

西口大辅

意大利直身面

125
Spaghetti alla norcina

诺尔恰风味香肠松露意面

直径 2.2mm（Rustichella d'Abruzzo 阿布素公司）

意大利直身面

这道料理中使用的是比意大利细面条要粗上一圈的意大利直身面。不同的厂家生产出的意大利直身面的粗细也有所差异。无论使用的是面身较细的意大利特细面条（spaghettini），还是面身稍粗的意大利直身面，在许多料理名中都会将其统一称作"意大利细面条"。

小池教之

诺尔恰两大特产烹制而成的冬季料理

诺尔恰是翁布里亚大区的一个小镇，当地从古罗马时代起就是制作"salumi"（猪肉加工品）的圣地，被称为意大利的肉制品之都。而且，当地还是上等黑松露的重要产区。这里向各位介绍的这道料理就是由诺尔恰最负盛名的两大产物烹制而成的当地传统意面料理。虽然样式简单，但是十分美味，是一道冬季的珍馐佳肴。一般使用的是意大利细面条，因为又放入了少量生奶酪，使沙司的口感比较浓郁，所以这里选用的是意大利直身面。

♯123

香辣蒜香意大利面

西口大辅

●烹制蒜香沙司

1. 平底锅热纯橄榄油（2 人份 30ml），放入蒜末(5g)、切小段的红辣椒(1 个)，开中火，晃动炒锅，使蒜末平铺整个锅底。

2. 待蒜末稍稍变色时，立即倒入意大利香芹末（3g）。关火，让橄榄油充分吸收蒜香和意大利香芹香。

3. 然后倒入面汤（3 大勺），降低锅中的温度，防止蒜末变焦。

●最后工序

1. 意大利细面条（1 人份 80g）下盐水中煮 10 分钟。

2. 在意面快要煮好之前热一热沙司。煮好的意面沥净水分后倒入沙司中，用颠勺的方法使食材均匀地混合到一起。放盐。

3. 待锅底没有多余汤汁、沙司完全吸附在意面上后装盘。

◆注意事项

制作蒜香沙司时，除了如本书中介绍的使用蒜末外，还可以使用拍碎的蒜瓣或切成薄片的蒜片，蒜的形状不同，煸香的方法也稍有差异，各位可随个人喜好自由选择。此外，为了防止受热不均，最好将蒜切成同样的大小以及形状。烹制过程中，待蒜稍变色时就应立即关火，这是蒜香味最佳的时候，如果再继续加热就容易煸出焦味。

♯124

山珍番茄意面

西口大辅

●处理金枪鱼和蘑菇

1. 取 1 个碗，上面放上筛网，将金枪鱼罐头（2 人份 1 小罐，80g）整个倒在筛网上，用叉子用力按压罐头，压净金枪鱼中的油脂。

2. 用浸湿的厨房用纸巾擦拭牛肝菌（80g）的菌盖外表面，用削皮器削去菌柄的外皮。将菌盖和菌柄切小块。

●烹制金枪鱼蘑菇沙司

1. 锅中热纯橄榄油，放入切好的牛肝菌翻炒，中途放盐。炒熟后关火，倒入蒜香番茄沙司（P244，2 人份 200g）拌匀。

2. 重新开火加热，放入金枪鱼快速翻炒。

然后倒入少量面汤，撒上意大利香芹末，淋入特级初榨橄榄油，将所有食材搅拌均匀。

●最后工序

1. 意大利细面条（1 人份 80g）下盐水中煮 9 分钟。

2. 捞出后沥净水分，倒入金枪鱼蘑菇沙司中搅拌均匀，装盘。

◆注意事项

如果没有将金枪鱼中的油脂去净，意面会发黏，并且整道料理会比较油腻。所以，一定要用叉子尽可能多地将其中的油脂压出。此外，由于金枪鱼罐头本身就是熟的，所以倒入沙司中只需稍稍加热一下即可。

♯125
诺尔恰风味香肠松露意面

小池教之

●**烹制诺尔恰风味沙司**

1. 锅中热特级初榨橄榄油，放入拍碎的蒜瓣煸炒，煸出香味后将其捞出。放入香肠馅（P248，1人份约50g）炒散，将其搅得更碎一些。

2. 馅料变色后放入切碎的黑松露末（2g），轻轻翻炒，炒出香味。

3. 倒入鲜奶油（30ml）和小牛肉汤（1长柄勺），煮至汤汁变黏稠。

●**最后工序**

1. 将意大利直身面（1人份60g）下盐水煮15分钟。

2. 捞出后沥净水分，倒入诺尔恰风味沙司中拌匀，撒上西比里尼蒙提羊奶酪，将所有食材搅拌均匀。

3. 装盘，再撒上一层西比里尼蒙提羊奶酪，摆上几片黑松露薄片。

◆**小贴士**

在当地，除了意大利细面条，诺尔恰风味沙司还经常与斜管面（penne）、手工意式干面（tagliatelle）以及翁布里亚大区的特色鸡肠面（strangozzi）搭配食用。

※ 西比里尼蒙提羊奶酪（Pecorino dei Monti Sibillini）是产自马尔凯州山间的奶酪。

意大利扁面条

意大利扁面条

一种断面呈椭圆形的长意面。左图中所示的是面身稍宽一些的意大利扁面条,宽度为4mm,其实不同的厂家生产出的意大利扁面条的大小或多或少都有些差异。与断面呈圆形的意大利细面条相比,意大利扁面条的厚度与宽度的比例不定,所以口感更富于变化,并且吸附沙司的能力也更强。

宽4mm(Afeltra公司)

百吃不厌的鲜奶油沙司

这是一道本店独创的料理,由奶油沙司与意大利直身面拌制而成,沙司中没有大块的食材,主要由鲜奶油烹制而成。沙司口感浓郁且非常耐饥,为了避免乳糖的口味过浓,又放入了红辣椒和蒜末,用辛辣味和蒜香味来中和奶香味。这种烹制方法以传统的苏莲托风味核桃沙司(P216)为原型。放入了咸鱼子干是因为它与乳制品很搭。在没有食欲的炎热的夏日可以唤醒食客味蕾,是非常受顾客欢迎的一道料理。

#126
Linguine con bottarga e panna al peperoncino
香辣奶油鱼子干意面

杉原一祯

#127
Linguine con abalone e funghi
鲍鱼冬菇意面

意大利扁面条

与上述意大利扁面条相同。由于不同的厂家生产出的成品表面的触感也有所不同,所以最好根据与之搭配的沙司来选择。在这道料理中,与之搭配的是菌类沙司,所以选择了表面光滑一些的类型。

宽4mm(Afeltra公司)

口感爽滑的贝类与意面

将鲍鱼蒸熟,和香菇一起烹制成鲍鱼香菇沙司,再拌上意大利扁面条,制作出这道鲍鱼冬菇意面。香菇选用的是鸟取县原木栽培的菌盖没有完全张开且菌肉肥厚的冬菇。受热后的冬菇鲜香味美,入口爽滑,再配上同样有嚼劲儿的鲍鱼肉,美味得到更进一步升华。冬菇可以切成碎末和薄片两种形状,使料理的口感更富于变化,鲍鱼蒸熟后切薄片。此外,还可以将鲍鱼的肝脏制成肝泥沙司,不仅充分利用了所有食材,又为料理增添了一些日本风味。

杉原一祯

Linguine con polipi alla luciana

桑塔露琪娅风味八带鱼番茄意面

宽 4mm（Afeltra 公司）

意大利扁面条

与上页的意大利扁面条相同。在那不勒斯地区，常与海鲜沙司（特别是以八带鱼和贝类）为原材料做成的沙司搭配食用。

杉原一祯

八带鱼番茄沙司拌意大利扁面条

这是一道那不勒斯意面料理，烹制方法是先将整只八带鱼和番茄一起炖熟，然后将八带鱼剪成小块放回锅中，再拌上意大利扁面条。那不勒斯是意大利八带鱼的主要供应地，料理名中的"桑塔露琪娅"地区自古以来就是捕获八带鱼最多的地区。八带鱼沙司一般都是由八带鱼与番茄一起炖制而成，由于八带鱼本身所含的水分中有着浓郁的香味，所以应少放番茄，而以八带鱼本身所含的水分为主，这也是想要烹制出美味十足的八带鱼料理的一个关键所在。在那不勒斯，甚至有这样一句谚语：用八带鱼中的水分炖八带鱼，足以见出其重要性。

♯126
香辣奶油鱼子干意面

杉原一祯

● 鲜奶油沙司

1. 锅中热特级初榨橄榄油，放入切成不到 3mm 的小蒜块和红辣椒翻炒，炒出香味。

2. 过网勺，将小蒜块沥出，将油重新倒回平底锅中。重新开火，放入意大利香芹末、面汤（50ml）、鲜奶油（80ml），煮一段时间，使锅中汤汁变浓稠。

● 最后工序

1. 意大利扁面条（1 人份 90g）下盐水中煮 11 分钟。

2. 捞出后沥净水分，倒入鲜奶油沙司中，削一些咸鱼子干细丝（自家制，

P251）到锅中，搅拌均匀。

3. 装盘，再削一些咸鱼子干，同时将留起来的小蒜块洒在上面。

◆ 注意事项

在烹制这道沙司时，无需倒入任何煮汤，只有这样才能在入口的瞬间感受到浓郁的奶香，而且又会马上消失，不会留有余味。

◆ 小贴士

放入了咸鱼子干的奶油沙司也可以与手工意大利直身面搭配食用。

♯127
鲍鱼冬菇意面

杉原一祯

● 处理鲍鱼和香菇

1. 将带壳鲍鱼（1 个，重约 100g）放入锅中蒸 30 分钟左右。冷却后将其取出，去掉贝壳，将贝柱、鲍鱼膜、肝脏分开。贝柱切成 5mm 厚的薄片，肝脏用网筛压成泥，用于制作肝泥沙司（鲍鱼膜不用）。

2. 将香菇清洗干净，取其中的一半（1 人份 1.5 个）剁碎，剩下的一半切薄片。

● 烹制鲍鱼香菇沙司

1. 锅中热特级初榨橄榄油，放入蒜片煸炒，煸出香味后倒入香菇（全部）轻轻翻炒。倒入少量面汤和百里香，盖上锅盖焖一段时间。

2. 待香菇焖熟后，放盐、黑胡椒调味，放入鲍鱼片（100g）翻炒。

● 烹制肝泥沙司

1. 取 1 个小锅，将鲍鱼肝泥（1 个）倒入锅中加热，然后倒入面汤、特级初榨橄榄油、黄油（各少量），搅拌均匀。

● 最后工序

1. 意大利扁面条（1 人份 90g）下入盐水中煮 11 分钟。

2. 将煮好的意面捞出后沥净水分，倒入鲍鱼香菇沙司中，然后放入帕玛森干酪、黑胡椒、柠檬汁、意大利香芹末（各少量），开火加热，将所有食材搅拌均匀。

3. 装盘，淋上肝泥沙司（1 人份 2 汤勺）。

◆ 注意事项

不要将肝泥沙司和鲍鱼香菇沙司混合到一起，而要在意面装盘后单独淋在意面上，并且食用的时候也不要和意面拌到一起，这样可以使整道料理的口感层次分明，富于变化。

◆ 小贴士

鲍鱼香菇沙司与长意面干面非常搭，长螺旋形意面（fusilli lunghi）以及意大利长面条与之搭配食用都很美味，但不适宜与手工意面搭配食用。

桑塔露琪娅风味八带鱼番茄意面

杉原一祯

●番茄炖八带鱼

1. 将八带鱼（1 只，500~600g）用清水冲洗干净，冲的时候要用手不停搓洗，去掉鱼眼、牙齿和内脏。

2. 锅中热特级初榨橄榄油，放入拍碎的蒜瓣、整只八带鱼、松子和葡萄干（各 1 撮）、腌刺山柑（盐渍，少量）、意大利香芹、稍稍搅碎的小番茄（罐装，1 罐），然后放入少量盐，盖上锅盖炖至八带鱼变软。会从八带鱼中炖出一些水分，将这些水分基本炖干即可（本次用时 30 分钟左右）。

3. 用厨房用剪刀将八带鱼剪成适当大小，重新放回锅中（如果放在案板上用刀切，八带鱼中的红色汁液会流在案板上，很难洗掉）。

●最后工序

1. 意大利扁面条（1 人份 90g）下盐水中煮 11 分钟左右。

2. 意面煮好后将其捞出，沥净水分后与番茄炖八带鱼（1 人份 1 长柄勺）混合到一起搅拌均匀。

3. 装盘，撒上意大利香芹末。

◆注意事项

在日式料理中常使用重 1kg 左右的八带鱼，而意大利料理中常用的是 500~600g 的小八带鱼。在烹制炖菜料理的时候，可以将好几只这种小八带鱼整只放入锅中，用这种方式烹制出的八带鱼料理更加美味香浓。

◆小贴士

番茄炖八带鱼还可以作为前菜使用。

粗条通心面

直径 2mm、长 50cm（全长，
Pastai Gragnanesi 公司）

粗条通心面

这是一种中空的长意面。和下页的
细条通心粉为同一种意面，只不过
"perciatelli"为那不勒斯一带的叫
法。市面上还有一种名为"vermicelli
bucati"的意面，也和粗条通心面
是同一种意面。不同的厂家生产出
的成品的粗细也有所差异，左图中
所示的是直径为 2mm 的稍细一些
的类型，煮熟后很有弹性。该意面
本身长 50cm，包装时是将其弯曲
后进行包装的，所以要在弯曲的地
方将其折成两半后再使用。

传统核桃奶油沙司

苏莲托以柠檬著称于世，其实它还是核桃的产地。这里的核
桃奶油沙司就是一道充分发挥出了核桃风味的传统沙司。将
核桃研碎、炒熟，然后和鲜奶油一起煮一段时间，就得到了
这道沙司，虽然样式简单，但飘散四溢的核桃香绝对可以唤
起食客的食欲。坎帕尼亚大区的意面料理中很少使用鲜奶油，
这道料理可以说是一个例外，为了防止鲜奶油的甜味过于浓
郁，同时又放了红辣椒，用辣酱的辛辣味来中和鲜奶油的甜
味，不仅方法独特，效果也颇佳。

直径 2mm、长 50cm（全长，
Pastai Gragnanesi 公司）

粗条通心面

同上述粗条通心面。这种很有弹性
且细长形的意面与西葫芦沙司搭配
食用也很美味。

那不勒斯特色西葫芦沙司

这是一道充满着那不勒斯地域风味的意面料理，其中的西葫
芦沙司由炸西葫芦烹制而成。据说这道料理发源于苏莲托近
郊的一座海港城市雷拉诺。要想沙司做得美味可口，关键在
于要将西葫芦炸得外焦里嫩，而做到这种程度的秘诀就在于
要先将西葫芦切成厚 1cm 左右的圆片（最好每片厚度都有些
许差异），并用 160~170℃的油炸制。这也是西葫芦最美味
的吃法。

129
Perciatelli alle noci
苏莲托风味核桃沙司意面

杉原一祯

130
Perciatelli con gli zucchini
那不勒斯风味西葫芦意面

杉原一祯

细条通心粉

细条通心粉

是一种中空的意面, 其名 "bucatini" 也正是 "中空" 的意思。与稍粗一些的意大利细面条同等粗细。该意面韧劲十足, 适宜与口味浓郁的沙司搭配使用。在日本常将其与辣味番茄肉酱沙司搭配使用, 而在西西里岛, 细条通心粉与沙丁鱼沙司也是固定搭配。

直径 2mm 多 (Masciarelli 公司)

罗马风味细条通心粉意面料理

细条通心粉与辣味番茄肉酱沙司简直就是标配。番茄肉酱沙司的意大利语说法为 "amatriciana", 来源于 "amatrice" (阿马特里切) 一词, 是拉齐奥区一座山中小镇的名字。小镇有一道传统意面料理, 由腌猪脸肉、当地产的佩科里诺奶酪和意大利细面条烹制而成 (见 P61)。大概在 20 世纪初期, 当地的一些厨师在原来配料的基础上加入了番茄, 并将其传到了罗马。但是, 罗马人在烹制这道料理时并不使用意大利细面条, 它们认为最正宗的辣味番茄肉酱意面是由粗条通心粉与佩科里诺罗马诺奶酪烹制而成。

S 形长意面

S 形长意面

"casareccie" 意为 "手工制作", 一种断面呈 S 形状的意面, 也有人将其称作 "caserecce"。长度为 5cm 左右的类型比较普遍, 而左图所示的是长一些的类型。直接使用的话长度过长, 所以一般都将其 2~3 等分折断后再使用。因为两面有 2 条沟槽, 所以能很好地吸附沙司。

长 25cm 左右 (LA FABBRICA DELLA PASTA 公司)

S 形意面

那不勒斯有一道名为青酱炖肉 (P235) 的炖猪肉料理, 将猪肉换成八带鱼, 就得到了这道意面料理的沙司。这是一道比较 "年轻" 的那不勒斯料理, 出现至今也才 20 年左右。利用洋葱和八带鱼本身含有的水分将其炖熟, 可以使洋葱黏软香甜, 使八带鱼充分发挥出其独特风味。再配上 S 形长意面特有的弯曲形状, 使整道料理的口感十分鲜明。

131
Bucatini all' amatriciana
罗马风味辣味番茄肉酱意面

小池教之

132
Casarecce lunghe al ragù genovese di polipi
清香八带鱼意面

杉原一祯

♯129
苏莲托风味核桃沙司意面

杉原一祯

●核桃沙司

1. 将核桃放入 160℃的烤箱中烘烤 15 分钟，然后用研钵研成碎末。

2. 锅中热特级初榨橄榄油，放入蒜片和红辣椒煸炒，煸出蒜香味后放入意大利香芹末、核桃碎（1 人份 1 大勺），注入少量面汤，用小火翻炒食材，炒出核桃香味。

3. 放入鲜奶油（80ml），煮至锅中汤汁变浓稠。

●最后工序

1. 粗条通心面（1 人份 90g）下入盐水中煮 10 分钟。

2. 将煮好的意面捞出后沥净水分，和核桃沙司混合到一起搅拌均匀，撒上帕玛森干酪和佩科里诺奶酪，将所有食材搅拌均匀。

3. 装盘，撒上帕玛森干酪。

◆小贴士

核桃沙司与卷边手搓面（cortecce）搭配食用也很美味。

♯130
那不勒斯风味西葫芦意面

杉原一祯

●烹制西葫芦沙司

1. 将西葫芦（1 人份 1/2 根）切成厚 7~8mm 的圆片，放入 160~170℃的葵花籽油中炸熟。

2. 炸好的西葫芦片盛入碗中，将盐、罗勒碎（那不勒斯品种）、腌刺山柑（将盐渍刺山柑用清水冲洗干净，沥净水分）、猪油、帕玛森干酪、蒜末（各少量）倒入碗中。再倒入少量炸西葫芦的油，将所有食材搅拌均匀，置于温度高一些的地方备用。

●最后工序

1. 粗条通心面（1 人份 90g）下入盐水中煮 10 分钟左右。

2. 将煮好的意面沥净水分后倒入装有炸西葫芦的碗中，撒上帕玛森干酪和罗勒碎（那不勒斯品种），搅拌均匀。

3. 装盘，撒上帕玛森干酪。

◆注意事项

西葫芦的品质决定了沙司的口味。本店使用的是一种表皮纹路突出、质地较嫩、略带一丝苦味的西葫芦品种。

◆小贴士

西葫芦沙司与长条形的意大利干面是固定搭配，除了粗条通心面，当地也常将其与意大利细面条搭配使用。当然也可以与细条通心粉（bucatini）拌制食用。

细条通心粉

＃131
罗马风味辣味番茄肉酱意面

小池教之

●制作猪脸肉沙司

1. 锅中热特级初榨橄榄油，放入拍碎的蒜瓣和红辣椒爆香，然后倒入切成条状的腌猪脸肉（腌渍猪脸肉）翻炒。炒出腌猪脸肉中的油脂，如果锅中的油脂过多可以适量倒出一些。

2. 放入洋葱切片（沿着与纤维垂直的方向切成厚 2~3mm 的薄片，1/6 个），快速翻炒。盖上锅盖焖制片刻，待洋葱变软，汤汁中有丝丝香甜味道时，倒入番茄沙司（90g），再焖一段时间，使所有食材的香味融合到一起。

●最后工序

1. 细条通心粉（1 人份 60g）下入盐水中煮 10 分钟。

2. 煮好的意面沥净水分后倒入猪脸肉沙司中拌匀，撒上佩科里诺罗马诺奶酪，将所有食材搅拌均匀。

3. 装盘，再撒上一层佩科里诺罗马诺奶酪。

◆注意事项

对于烹制沙司时是否使用蒜瓣和洋葱，各位可随个人喜好自由选择。本人一般两者都用，尤其是洋葱。沿着与纤维垂直的方向切片，可以最大限度地发挥出洋葱中的香甜味道。

◆小贴士

辣味番茄酱与意大利细面条、斜管面以及粗通心粉（rigatoni）也很搭。

S 形长意面

＃132
清香八带鱼意面

杉原一祯

●炖八带鱼

1. 将真蛸（1 只，500~600g）用清水冲洗干净，冲的时候要用手不停搓洗，去掉鱼眼、牙齿和内脏。

2. 锅中热特级初榨橄榄油，放入洋葱薄片（1 头）翻炒，待洋葱变软后，将整只八带鱼放入锅中。盖上锅盖用小火炖 30~40 分钟。八带鱼变软后关火，放盐调味。

●最后工序

1. 将 S 形长意面（1 人份 90g）3 等分折断，下入盐水中煮 7 分钟。

2. 将八带鱼捞出，将鱼腕切段（长一些），身体切小块，然后重新倒回锅中。

3. 另置 1 个锅，取适量炖八带鱼（1 人份 1 长柄勺）倒入锅中加热，待意面煮好后捞出，沥净水分后倒入锅中，拌匀。

4. 装盘，撒上黑胡椒和意大利香芹末。

◆注意事项

炖八带鱼的时候要先将整只放入锅中炖，这样炖出来的八带鱼肉质松软滑嫩。然后再将其切开，为了能更好地品尝到它的美味，切的块要稍大一些。

◆小贴士

因为沙司容易进入 S 形长意面的沟槽中，沙司的口味容易变得过于浓郁，因此比较适宜与能充分发挥出食材口味的油类沙司搭配食用。

波浪面

波浪面

据说这种两端呈波浪状的意面的起源与维克托、伊曼纽尔三世（意大利王国第三代国王）的女儿马法尔达有关。也许是模仿公主的某件连衣裙的荷叶边制作而成，亦或是模仿公主漂亮的波浪卷发制作而成。煮熟后，波浪形的两边与扁平的中间部位软硬度有所不同，且吸附沙司的程度也有所差异，这些都使波浪面料理的口感富于变化。与其他意面相比，煮的时间要稍稍长一些，要煮20分钟以上。

宽1.7cm、长（U字形的一半）25cm（Vicidomini公司）

以公主名字命名的波浪形意面

这道料理由特拉帕尼风味酱和波浪面拌制而成。在很久以前，热那亚与特拉帕尼两地船舶贸易往来频繁，青酱就从热那亚传到了特拉帕尼，随着时代的变迁，特拉帕尼当地的人们在烹制这道酱汁的时候开始加入了当地特产杏仁和番茄，慢慢就演变成了颇具当地特色的"特拉帕尼风味酱"。以罗勒和坚果为主要原材料制作而成的特拉帕尼风味酱口味独特，绝对不输于存在感很强的波浪面。

133

Mafalde al pesto trapanese

特拉帕尼风味香蒜波浪面

小池教之

的黎波里面

的黎波里面

将上述波浪面竖直两等分切开，就得到了这种单侧呈波浪状的的黎波里面。该意面的起源也同样与马法尔达公主有关。虽然不比波浪面，但是煮熟后的的黎波里面看起来也是分量十足又经饱，褶皱部分也可以很好地吸附沙司。

宽9mm、长（U字形的一半）24cm（Pastai Gragnanesi公司）

由加了墨鱼汁的海鲜沙司和褶边意面拌制而成的料理

这是一道由炖海鲜和的黎波里面烹制而成的意面料理。炖海鲜中的食材十分丰富，虾、墨鱼、八带鱼、银鱼、贝类等各类海鲜可谓应有尽有。烹制时还放入了墨鱼汁，不仅可以起到提鲜提香的作用，还使整道料理给人以视觉上的冲击。因为的黎波里面可以很好地吸附沙司，如果沙司的口味再过于浓郁的话，食客很容易产生腻的感觉，所以烹制过程中要尽量少放盐。

134

Tripolini alla pescatora
con macchia di nero di seppia

墨鱼汁海鲜的黎波里面

杉原一祯

混合长意面

长 20~22cm（Pastai
Gragnanesi 公司）

混合长意面

"mistalunga"是"混搭长意面"
的意思，即1袋中装有7种不同
类型的长意面。上图所示的就是
这7种意面的具体种类，从下到
上依次是的黎波里面（tripolini）、
细波浪面（mafaldine）、意式
干面（tagliatelle）、意大利扁
面条（linguine）、意大利特细
面条（spaghettini）、细条通
心粉（bucatini）、粗条通心面
（perciatelli）。由于波浪形、中
空形、扁平形等各式各样形状的
意面混在一起，所以烹制出的意
面料理的口感也是相当富于变化。
除了和沙司拌制食用外，还可以
将其折成小段用于烹制意面汤。

135
Mista lunga con soffritto di maiale
那不勒斯风味猪杂意面

杉原一祯

种类丰富的意面和猪杂沙司

炖猪杂是那不勒斯当地居民在冬季都会食用的一道料理。将
各种不同的猪杂切成小块，炒净异味，然后和番茄沙司同
炖，就做成了这道炖猪杂。由风味各异的多种食材混合做成
的猪杂沙司，再配上7种不同类型的形状各异的意面，使这
道意面料理在味道、口感等方面十分富于变化。当地人也常
将炖猪杂涂抹在面包上食用，这使它有另外一个名字"zuppa
forte"（香辣汤）。

♯ 133
特拉帕尼风味香蒜波浪面

小池教之

●烹制特拉帕尼风味酱

1. 将去皮杏仁（10g）、少量蒜瓣放入搅拌机中，再滴几滴特级初榨橄榄油，将所有食材搅成糊状。

2. 依次放入罗勒叶（1包）和小番茄（带皮带籽，10个），每放入一种食材搅拌一次。

3. 淋入适量特级初榨橄榄油调整浓度。

●最后工序

1. 波浪面（1人份40g）下盐水中煮20分钟左右。

2. 锅中热特级初榨橄榄油，放入对半切开的小番茄（1人份3个），待番茄变软后捞出，放在温度稍高的地方备用。然后取适量特拉帕尼风味酱（1人份1汤勺）倒入锅中，将其煮沸后放盐调味。

3. 将煮好的波浪面沥净水分后倒入特拉帕尼风味酱中，搅拌均匀。然后倒入

留起来的小番茄，轻轻搅拌几下。再撒上佩科里诺西西里羊奶酪，将所有食材搅拌均匀。

4. 装盘，撒上烘烤过的杏仁片，摆上1片罗勒叶。

◆注意事项

煮后的波浪面看起来分量十足，也很经饱，而且放入了坚果的沙司口味也很浓郁，所以很容易让食客产生腻的感觉。所以，波浪面要煮得软一些，沙司的口味也不要过于浓郁。此外，可以将本应在制作特拉帕尼风味酱的过程中就放入的佩科里诺奶酪，改为在沙司和波浪面拌制的过程中放，这样不仅可以降低沙司的浓郁口感，还可以延长沙司的保存期限。

◆小贴士

在特拉帕尼当地，也常将这道特拉帕尼风味酱与意大利细面条、意大利扁面条、斜管面等意面拌制食用。

♯ 134
墨鱼汁海鲜的黎波里面

杉原一祯

●处理海鲜

1. 将带壳带头鲜虾（基围虾、明虾、赤足虾、挪威海螯虾等）的虾线剔出。

2. 将墨鱼清洗干净，摘掉墨囊，将每条腕切下来，身体切细条。

3. 将真蛸用流水冲洗干净，冲的时候要用手不停搓洗，洗掉黏液。放入盐水中煮15~40分钟（根据真蛸的肉质决定煮的时间），将其煮软。将真蛸触须切成适当大小，煮汁留起备用。

●炖海鲜

1. 锅中热特级初榨橄榄油，放入拍碎的蒜瓣和红辣椒翻炒，待蒜瓣变色时放入鲜虾（4人份8只）和墨鱼腕（1只墨鱼的1/2），小火炒出香味。撒盐。待炒出虾味时将虾挑出，继续翻炒墨鱼腕。

2. 放入小番茄（7~8颗）、意大利香芹末，淋入少量白兰地。

3. 将切成小段的真蛸触须（2条）和少量煮真蛸的煮汁倒入锅中，炖至汤汁浓稠。倒入少量鱼汤以及墨鱼汁，再炖2~3分钟。

4. 将取出的虾剥皮，虾肉切小块，重新放回锅中。

●最后工序

1. 的黎波里面（1人份70g）下盐水中煮9分钟。

2. 另置1个锅，取适量炖海鲜（1人份1长柄勺）倒入锅中，银鱼（20g）切小段倒入锅中，再放入3个菲律宾蛤仔，炖至蛤仔贝壳张开。

3. 将锅端至一边，倒入煮好的意面和墨鱼丝，将所有食材搅拌均匀，用余温热熟墨鱼丝。装盘。

◆注意事项

最后放入墨鱼丝，可以起到乳化汤汁的作用。以前都是用橄榄油乳化沙司，但还是不放橄榄油的沙司口感更清淡，而且还可以更好地品尝出经过长时间炖制后炖出的独特的海鲜香味。

◆小贴士

这道炖海鲜与意大利扁面条（linguine）是固定搭配。

♯135
那不勒斯风味猪杂意面

杉原一祯

●烹制猪杂沙司

1. 烹制番茄沙司。锅中热特级初榨橄榄油，将洋葱薄片（1.5 个）倒入锅中翻炒。待洋葱变色后放入红辣椒、迷迭香、番茄汁（passata di pomodoro，700ml），放盐，炖 30~40 分钟。

2. 将猪肺、猪脾、锁骨、猪喉结、猪肝（各 500g）切成 2cm 的小块。平底锅热猪肉，将所有猪杂一起倒入锅中，中火翻炒。

3. 待将猪杂中的水分炒净后放盐，淋入红酒（200ml）继续翻炒，炒至酒精蒸发。

4. 将炒好的猪杂倒入步骤 1 的锅中，炖 30~40 分钟。待沙司变为浅殷虹色时出锅。

●最后工序

1. 混合长意面（1 人份 90g）下盐水中煮 8~9 分钟。

2. 煮好的意面沥净水分后与猪杂沙司（1 人份 1 长柄勺）混合到一起，撒上佩科里诺罗马诺奶酪，搅拌均匀。

3. 装盘，再撒上一层佩科里诺罗马诺奶酪。

◆注意事项

炒猪杂的时候一定要注意火候，如果猪杂变色，证明火大了，如果锅中有水分聚集，证明火小了。最佳的火候为从猪杂中炒出的水分以固定速度蒸发。这也是决定猪杂沙司是否美味的关键所在。

◆小贴士

猪杂沙司与细条通心粉（bucatini）为最佳搭配。

LE PASTE SECCHE CORTE

第八章

通心粉干面

斜管面

直径 8mm、长 5cm
（Pastai Gragnanesi 公司）

斜管面

"penne" 是一种管状意面，由于其斜口处类似鹅毛笔笔尖的造型，所以得名 "penne"（以前为羽毛的意思）。在日本比较常见的是 "penne rigate"（表面有刻纹斜管面），而在这道料理中我们使用的是 "penne·ziti"、"penne·lisce"（表面光滑的斜管面）。与 "rigate" 相比，"lisce" 要细一些，也稍短一些，特点是煮熟后表面色泽光亮、爽滑可口。

意式辣番茄酱斜管面

这道料理还有一个为大家所熟知的名字——愤怒的斜管面，由香辣番茄沙司和斜管面拌制而成。之所以如此称呼它，是因为它非常辣，辣得直叫人火冒三丈。要达到此种效果，关键就在于烹制时要将拍碎的蒜瓣和大量的红辣椒充分翻炒，直至炒出浓浓的香辣味。此外，还要撒上罗马当地的奶酪佩科里诺罗马诺奶酪才算完美。虽说这道料理现在是一道最普遍的意面料理，但其实是 20 世纪初期才出现的。

136
Penne all' arrabbiata

愤怒的斜管面

小池教之

小斜管面

直径 7mm、长 5cm
（Pastai Gragnanesi 公司）

小斜管面

"pennette" 就是 "小斜管面" 的意思，如名所示，该意面比斜管面要细一圈。左图中所示的是由青铜模具制作出来的成品，表面比较粗糙。由于该意面中的淀粉很容易融到沙司中，从而可以起到勾芡的作用，所以即使是和油脂较多的沙司拌制食用，也不会感到油腻。

与油脂较多的沙司也很搭的小斜管面

这是一道那不勒斯传统农家料理，由猪油沙司和小斜管面拌制而成。将熟成后的猪背脂用刀剁成泥，然后和洋葱以及小番茄同炒，炒至所有食材的香味融合到一起，这道猪油沙司就完成了。对于一位土生土长的那不勒斯人来说，这道料理有着能唤起乡愁的味道。

137
Pennette allardiate

香浓猪油小斜管面

杉原一祯

直径 7mm、长 5cm
（Pastai Gragnanesi 公司）

小斜管面

意面的大小以及生产厂商均与上页的小斜管面相同。也可以用粗一些的斜管面来烹制这道料理，不过碳烤沙司与细一些的小斜管面更搭。

猪肉蛋汁小斜管面

杉原一祯

由小斜管面烹制而成的那不勒斯风味

"carbonara" 是意大利料理中很有代表性的意面料理，发源于罗马近郊地区，现已普及到整个意大利，并且每个地域都有自己不同的风格。这里要向各位介绍的是那不勒斯地区的烹饪方法。特色在于烹制时使用的意面为小斜管面（或斜管面），并且鸡蛋是呈丝带状挂在意面上的。鸡蛋的火候要掌握好，不要将鸡蛋完全炒熟，但也不能是一点没熟的生蛋液，而是半熟的蓬松软绵状。由于没有使用鲜奶油，也没有黏黏的生蛋液，所以一点也不会腻。同时还放入了少量的洋葱，其丝丝香甜的味道也可以起到中和浓郁鸡蛋香味的作用。此外，"carbonara" 是 "烧炭人" 的意思，在其最原始最基本的烹饪方法中使用的是意大利细面条。

※ "penne·ziti" 是 "penne" 和 "ziti"（P234）
两种意面名字的结合体。"ziti" 是一种表面
光滑、管壁较薄的管状意面，用刀将其斜着
切开后就得到了 "penne·ziti"。市面上还
有一种名为 "penne·ziti·rigate" 的产品，
是为了将 "penne·ziti"（或 "penne·lisce"）
与 "penne·figate" 区分开来而起的名字。

＃136
愤怒的斜管面

小池教之

●烹制香辣番茄酱

1. 锅中热特级初榨橄榄油，放入拍碎
的蒜瓣（1 人份 1 瓣）和红辣椒（2 个）
翻炒，炒出香辣味。

2. 倒入番茄沙司（2 长柄勺），注入少
量面汤调汁，煮至汤汁浓稠。

●最后工序

1. 斜管面（1 人份 50g）下盐水中煮 10
分钟左右。

2. 煮好的意面沥净水分后倒入香辣番
茄酱中拌匀。撒上佩科里诺罗马诺奶
酪，搅拌均匀。装盘。

＃137
香浓猪油小斜管面

杉原一祯

●烹制猪油沙司

1. 用刀背将腌猪背脂（1 人份 25g）剁
成肉泥（可以连着腌料一起剁）。

2. 锅中热特级初榨橄榄油，将洋葱切
成厚一些的圆片（1/2 个）放入锅中翻炒，
不要炒太长时间，炒至稍稍变色即可。
然后放入腌猪背脂肉泥继续翻炒。炒至
所有食材的香味融合到一起。这期间，
如果开大火很容易将腌猪背脂的香味炒
没，所以要一直用中火翻炒。

3. 放入小番茄（罐装，12 个），一边
翻炒一边将其搅碎，如果需要放盐就放
入少量大粒盐。然后炖一段时间，至锅
中水分基本蒸发。

●最后工序

1. 小斜管面（1 人份 70g）下盐水中煮
9～10 分钟。

2. 煮好的意面沥净水分后倒入容器中，
然后取适量猪油沙司倒入意面中拌匀。

3. 装盘，撒上佩科里诺罗马诺奶酪。

◆注意事项

这道料理是否美味，完全取决于腌猪背脂的
质量。所以，必须选用经过充分熟成后的猪
背脂。如果使用的是高级一些的熟成猪背脂，
比如产自托斯卡纳大区科隆纳塔地区的熟成
猪背脂，可以使整道料理洋溢着一股高级料
理的气息。

如果使用新鲜番茄，浓郁的酸味会掩盖住猪
背脂的味道，所以最好使用酸味很淡的罐装
制品或瓶装制品。

要想减轻料理的油腻感，小斜管面和猪油沙
司的搭配比例很重要。所以，在将两者混合
拌到一起的时候，要一点点往小斜管面中倒
入沙司，这样才能找到两者最佳的平衡点，
达到极致的香味。

◆小贴士

与长意面相比，猪油沙司更宜与通心粉、空
心意面等意面搭配食用。所以，除了小斜管
面之外，与 "ziti" 以及 "penne·ziti" 也很搭。

猪肉蛋汁小斜管面

杉原一祯

●煮小斜管面

1. 小斜管面（1 人份 70g）下盐水中煮 10 分钟左右。与正常的意面相比，要煮得软一些。

●炒腌猪肋条肉

（小斜管面出锅前 3 分钟开始烹制）

1. 锅中热特级初榨橄榄油，放入切成短条形的腌猪肋条肉(1 人份 30g)翻炒。炒至瘦肉变色，炒出油脂，炒出肉香。

2. 放入洋葱碎（1 小勺）快速翻炒。翻炒片刻后注入少量面汤，关火。这样做是为了保留洋葱的香味，面汤的用量以能很快蒸发掉为宜。

●最后工序

1. 煮好的意面沥净水分后倒入碳烤沙司中，撒上帕玛森干酪和佩科里诺罗马诺奶酪，快速搅拌均匀。

2. 开中火，待意面与沙司中的油脂起反应后发出噗噗的声音时，将鸡蛋液（1 人份 1 个）转圈淋入锅中，配合鸡蛋凝固的速度，用长柄勺大幅度翻搅食材。鸡蛋熟后再过 10 秒出锅。

3. 装盘，撒上少许捻成颗粒状的黑胡椒。

◆注意事项

将蛋液淋入锅中搅拌的时候，如果搅拌的速度过快，鸡蛋会被搅得过散；反之，如果搅拌的速度太慢，鸡蛋会凝成大块，这两种结果都会导致鸡蛋与意面没有整体感。所以在搅拌的时候，一定要保证搅拌的频率与鸡蛋凝固的速度相一致。

◆小贴士

还可以用意大利细面条来烹制这道料理，不过鸡蛋可能会稍稍发干，所以需要加入少量面汤，使其变得滑嫩爽口。

粗通心粉

"rigatoni"意为"有条纹"，是一种带有竖条纹的管状意面。虽然现在有各式各样带条纹的意面，但其实最初产生的带条纹的意面就是粗条通心粉。空心直径为1cm，管壁较厚，通过将管状长意面切成小段成型。其空心的造型与表面条纹可以很好地吸附沙司，烹制方法也是多种多样，既可以与口味浓郁的沙司拌制食用，也适合烤食。与斜管面、螺旋面并列为意大利三大意面。

直径 12mm、长 4cm
（得科 De Cecco 公司）

典型罗马粗通心粉料理

粗通心粉料理中最为大家所熟知的就是这道由牛小肠和番茄同炖烹制而成的牛小肠番茄沙司粗通心粉。这也是罗马料理中最具有代表性的料理之一。据说，这道料理起源于位于罗马郊外的泰斯塔乔（Testaccio）市场，其实那里也是一个屠宰场，在屠宰场辛苦工作了一天的贫苦屠夫们下班时可以得到一些处理下来的内脏等杂碎，他们会将其拿到附近的小饭馆中，拜托厨师帮他们用这些仅有的材料烹制出一顿晚餐，由此诞生了这道料理。

帕克里面

一种中空的粗管意面。"paccheri"是坎帕尼亚大区的方言，它的标准语叫法为"schiaffone"。意大利是只使用干面，而本人是使用手工制作帕克里面（P100），手工做出的帕克里面与干面在大小以及厚度上都有所差异，需要根据沙司的种类选择与之搭配的意面。在这次要烹制的料理中，需要与口味浓郁的梭子蟹沙司搭配使用，所以选择了要煮24分钟左右的管壁稍厚的干面。

直径 2~2.5cm、长 4~5cm
（Afeltra 公司）

由管壁稍厚的帕克里面和口味浓郁的蟹酱烹制而成

选一只重约700g的大号梭子蟹，将蟹肉、蟹黄、蟹壳等所有部位都用于烹制沙司，再拌上帕克里面，制作出浓香梭子蟹帕克里面。为了与口味浓郁的梭子蟹沙司相搭，帕克里面要选用嚼劲儿十足的管壁稍厚一些的类型。烹制时需要先将梭子蟹带壳整个放入油锅中并用其自身所含水分将其烧熟，这样做不仅可以使甲壳的香味充分融入油中，而且做出的蟹肉也更加鲜嫩可口。

139
Rigatoni con pajata
牛小肠番茄粗通心粉

小池教之

140
Paccheri al granchio
浓香梭子蟹帕克里面

杉原一祯

帕克里面

大号的帕克里面。也可以买到长度为其一半的帕克里面。无论是标准语说法的"schiaffone"还是"paccheri"，两词的本意均为"拍打"。

直径 2.5~3cm、长 5cm
（antonio amato 公司）

蒜香风味海鲜沙司

帕克里面本是南部坎帕尼亚大区的意面，现在已普及到北意大利，常与由海鲜和蔬菜一起烹制而成的沙司搭配使用。这道料理由老头鱼、黑橄榄以及腌刺山柑、新鲜番茄炒制而成。看起来比较清淡，但其实在蒜香油的作用下充分发挥出了橄榄以及刺山柑的香味，所以是一道有着浓郁口味的沙司，和帕克里面很搭。

鱿鱼圈意面

鱿鱼圈意面

由于形似鱿鱼圈，故此得名，为那不勒斯地区特色意面。管壁厚 1mm 左右，与同为那不勒斯意面的帕克里面一样，给人感觉很有质感，不过要比帕克里面稍短一些，也更容易一口吞下。虽然意面表面平整光滑，但是却能很好地吸附沙司。

直径 2~2.5cm、长不到 2cm
（Pastai Gragnanesi 公司）

由常备食材（奶酪和番茄）烹制而成的意面料理

这道料理名称的起源众说纷纭，其中比较令人信服的是其来源于那不勒斯西班牙社区（Quartieri Spagnoli）众多的鞋匠工房。由于全家都挤在小小的工房中劳作，所以需要用常备食材简简单单地做出一道料理，由此诞生。随着时间的推移，人们开始往里加入了生火腿，也会使用更高档一些的意面。这里利用小番茄使料理看起来更加清新，又放入了腌猪肋条肉，使沙司更加浓香美味。再配上当地特色鱿鱼圈意面，使整道料理洋溢着浓浓的地域特色。

＃141
Paccheri con rana pescatrice e pomodoro fresco
老头鱼番茄帕克里面

西口大辅

＃142
Calamari allo scarpariello
鞋匠风味鱿鱼圈意面

小池教之

231

♯139
牛小肠番茄粗通心粉

小池教之

●烹制牛小肠番茄沙司

1. 处理牛（或小牛）小肠。将小肠（1kg）煮2小时左右，煮掉黏液和油脂。然后过一遍凉水，刮净粘在小肠壁上的脂肪。再将其切大块。

2. 锅中热特级初榨橄榄油，放入拍碎的蒜瓣和红辣椒翻炒，炒出香味后放入精制猪油和切好的小肠，继续翻炒。

3. 淋入适量白酒，炒至酒精蒸发，然后倒入番茄沙司（500ml），小火炖2小时左右。

●最后工序

1. 粗通心粉（1人份50g）下盐水中煮13分钟。

2. 另置1个锅，取适量牛肠番茄沙司（1人份2小长柄勺）倒入锅中，然后倒入少量小牛骨汤或番茄沙司加热，调整沙司的浓度。

3. 煮好的意面沥净水分后倒入牛肠番茄沙司中，搅拌均匀。撒上佩科里诺罗马诺奶酪拌匀。

4. 装盘，在撒上一层佩科里诺罗马诺奶酪。

◆注意事项

虽然说处理牛肠时要处理彻底、干净，但是如果煮的时间过长，会影响牛肠的口感以及香味，所以一定要注意煮牛肠的时间。此外，据说最初这是一道做给屠夫食用的料理，为了体现出它的这种特性，烹制时最好将粗通心粉煮得稍稍硬一些，并且还要放入大量佩科里诺罗马诺奶酪来调味。

♯140
浓香梭子蟹帕克里面

杉原一祯

●烹制梭子蟹沙司

1. 将梭子蟹（1只，重约700g，3人份）清理干净并去掉蟹盖，摘除砂囊、蟹肺，蟹黄掏出备用。剪掉蟹脚、蟹钳。

2. 锅中热特级初榨橄榄油（150~160ml），将蒜瓣切厚片、红辣椒撕碎，倒入锅中翻炒，炒出香味后放入蟹脚、蟹钳和蟹身，接着一边撒盐和黑胡椒一边翻炒。用小火烧出蟹中的水分，用其本身的水分将其烧熟，并使蟹香融入橄榄油中。

3. 待蟹脚和蟹身变色后捞出，将锅中的油倒入容器中备用。挑出蒜瓣和辣椒。

4. 这时锅中还剩有蟹钳，再将步骤1的蟹盖也放入锅中，注水至没过食材，熬40分钟左右。待快将锅中的水分熬没时添入足量的水。如此反复几次，熬出浓稠的汤汁。然后用中式细网筛（Chinois）过滤汤汁，过滤的同时用擀面杖将蟹壳敲碎。

5. 留一半的汤汁作为浓蟹汤备用，另一半倒回锅中烧热，放入蟹黄，在汤汁沸腾前将锅端至一边。用搅拌机搅成蟹黄汤。

6. 将步骤3中捞出的蟹脚和蟹身的蟹壳去掉，蟹肉留起备用。将蟹壳放入水中煮20分钟左右，过滤后得到蟹清汤。

7. 烹制梭子蟹沙司（1人份）。将步骤3中的蟹油（2汤勺）、步骤5中的浓蟹汤（3汤勺）、蟹黄汤（3汤勺）混合到一起烧热，用步骤6中的蟹清汤调整汤汁的浓度。放入瓶装的小番茄（P250，对半切开3个）、去皮番茄酱（去籽、用手碾碎，不到1大勺）、切成小块的新鲜番茄（1大勺），炖10分钟左右。

●最后工序

1. 帕克里面（1人份8个）下盐水中煮24分钟。

2. 意面煮好沥净水分后和梭子蟹沙司混合搅拌到一起。放入蟹肉，搅拌均匀，注意不要将蟹肉搅烂。

3. 装盘，撒上意大利香芹末。

◆注意事项

选用个头较大的梭子蟹，剔下来的蟹肉也是大块，这样即使和沙司混合到一起也能保持其本身的风味。搅拌的时候最好先将意面和蟹汤拌匀，然后再放入蟹肉快速搅拌。

◆小贴士

梭子蟹沙司与卷边薄片面（strascinati）也很搭。

＃141
老头鱼番茄帕克里面

西口大辅

●烹制老头鱼番茄沙司

1. 锅中热纯橄榄油，放入拍碎的蒜瓣和红辣椒翻炒，待炒出香味、食材变色时捞出。

2. 将老头鱼鱼肉（1人份40g）切成1.5cm的小块，放入锅中轻轻翻炒，然后放入切成小块的番茄（35g）、剁碎的黑橄榄（3个）、腌刺山柑（2g）、意大利香芹。倒入少量面汤，将鱼肉炖熟。

●最后工序

1. 帕克里面（1人份70g）下盐水张煮14分钟。

2. 将煮好的意面沥净水分后和老头鱼番茄沙司（1人份90g）混合搅拌均匀。

3. 装盘，撒上意大利香芹末。

◆小贴士

除了直接和沙司拌制食用外，还可以在煮熟的帕克里面里填赛上酸甜茄子（ciambotta）或马苏里拉奶酪和番茄等馅料，然后将其切开做成冷盘。此外，也可以像意大利粗管面（cannelloni）面那样烹制或放入烤箱中烘烤。

鱿鱼圈意面

＃142
鞋匠风味鱿鱼圈意面

小池教之

●烹制小番茄沙司

1. 锅中烧热特级初榨橄榄油，放入拍碎的蒜瓣和红辣椒煸炒，煸出香味后放入切成短条状的腌猪肋条肉（1人份30g）翻炒。

2. 倒出多余的油脂，将小番茄（5个）对半切开，切口朝下摆在锅中。小火慢慢烧出小番茄中的水分。然后放入罗勒（2~3片），通过不时晃动炒锅的方式翻炒，这样才不会破坏小番茄的形状。

3. 撒上黑胡椒碎，注入蔬菜汤（或面汤）稍稍没过食材，炖一段时间。最后将罗勒捞出。

●最后工序

1. 鱿鱼圈意面（1人份50g）下盐水中煮17~18分钟。

2. 意面煮好后沥净水分，倒入小番茄沙司中拌匀。撒上佩科里诺卡拉布里亚奶酪，淋上特级初榨橄榄油，将所有食材搅拌均匀。

3. 装盘，撒上撕碎的罗勒叶、黑胡椒碎和佩科里诺卡内斯特拉托奶酪。

◆小贴士

在当地也常用意大利细面条和帕克里面代替鱿鱼圈意面来烹制这道料理。

新郎面

直径 1cm、长 27cm 左右
（LA FABBRICA DELLA
PASTA 公司）

新郎面

发源于那不勒斯地区，是一种中空的管状意面。长度一般为 30cm 左右，烹制料理的时候要用手将其折断后使用，不过最近市面上也出现了将其切短后的成品。名字来源于当地方言 "zit"（新郎新娘的意思），以前多见于婚宴的餐桌上。和意大利细面条的配料（上等粗面粉）以及制作方法相同，虽然面皮比较薄，但是很有弹性。还有一个别称是 "ziti"。

新郎面的固定搭配是炖肉类沙司

新郎面的固定搭配为那不勒斯风味炖菜和青酱风味炖菜（下页均有介绍），不过这里要向各位介绍的是一款颇具现代气息的白酒炖香肠沙司。虽说是现代沙司，不过调味还是以那不勒斯传统方法为主，即用猪油、罗勒、佩科里诺奶酪调味，又在此基础上做了小小的改良，用香肠代替猪油，通过将香肠的香味融入橄榄油中，使沙司的口味更加香浓。

奶酪香肠新郎面

杉原一祯

新郎面

同上述新郎面。

直径 1cm、长 27cm 左右
（LA FABBRICA DELLA PASTA 公司）

贺宴餐桌上的新郎面夹心馅饼

这是一道用面包坯包裹上意面和沙司，然后放入烤箱中烤制而成的一道料理。虽然是那不勒斯传统料理，但很少日常食用，多见于结婚、庆生、洗礼等值得庆贺的场合，是一道比较豪华高档的料理。至于中间夹的意面的类型，一般只要是中空的管状意面都可以，不过那不勒斯地区的人们基本都会选用新郎面。沙司的种类也十分丰富，包括贝夏美沙司、牛肉末馅料、烧牛肉粒等。这道料理比较适合冷却后食用，所以最好不要将刚刚从烤箱中取出的馅饼直接端给顾客。

那不勒斯风味夹心烤馅饼

杉原一祯

蜡烛面

蜡烛面

这是那不勒斯特色粗管状意面，"candele"即为"蜡烛"之意。比新郎面（上页）要粗一些，长50cm左右，同新郎面一样，也是要先将其折成10cm左右的小段后再使用。由于该意面爽滑且不失筋道的口感，所以即使很少的量也有吃饱的感觉。此外，由于该意面个头稍大一些，所以和沙司拌制的时候每个部位所吸附沙司的量都所有不同，也使整道料理口感十分富于变化。

直径 1cm、长 50cm

（ Pastai Gragnanesi 公司 ）

由那不勒斯传统风味炖菜和空心意面烹制而成的料理

这是一道那不勒斯传统料理，以那不勒斯风味炖菜作为沙司和蜡烛面拌制而成。那不勒斯风味炖菜与博洛尼亚风味炖菜被称为意大利两大炖菜。博洛尼亚风味炖菜是用红酒炖肉糜烹制而成，而那不勒斯风味炖菜是用番茄汁炖整块肉、猪皮和猪骨，其特色就是只用炖菜的炖汁拌意面，比起肉本身，更重视带有肉香的番茄汁。本书中还放入了里科塔奶酪和斯卡莫札奶酪，使整道料理的口味更加浓郁。

#145
Candele al ragù napoletano con la ricotta

那不勒斯风味炖菜奶酪意面

杉原一祯

#146
Candele al ragù genovese

青酱风味炖菜拌面

蜡烛面

同上述蜡烛面。本道料理中也是一样将其折成 10cm 左右的小段后使用，并且折断时产生的碎片也可以一同使用。

直径 1cm、长 50cm

（ Pastai Gragnanesi 公司 ）

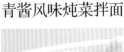

由那不勒斯另一道传统炖菜烹制而成

在那不勒斯地区，除了那不勒斯风味炖菜之外，还有另外一道传统炖菜——热那亚风味炖菜。与那不勒斯风味炖菜一样，也是将肉整块炖制，不过并不使用番茄炖肉，而是用大量的洋葱，利用洋葱中所含水分将肉炖熟。当地也有许多人用牛肉代替猪肉，但是考虑到与洋葱以及腌猪肋条肉的相宜性，最好还是使用猪肉烹制。虽然也可以同那不勒斯风味炖肉一样，只用炖汁拌制意面，但还是加入肉块后更加美味一些。

杉原一祯

＃143
奶酪香肠新郎面

杉原一祯

●烹制香肠沙司

1. 锅中热特级初榨橄榄油（100ml），放入洋葱薄片（1个洋葱的量）翻炒。待洋葱变软后放入切成长 12cm 左右的香肠（自家制，P249）继续翻炒。

2. 洋葱变色后淋入白酒（50ml），放大粒盐，烧一段时间。

3. 待香肠熟后捞出，切成小块重新放回锅中。罗勒叶（那不勒斯品种）切大块，放入锅中拌匀（要多放一些）。关火。

●最后工序

1. 将新郎面（1人份70g）3 等分折断，下盐水中煮 14 分钟。

2. 意面煮好后沥净水分，和香肠沙司（1人份约 50ml）、少量里科塔奶酪、帕玛森干酪、佩科里诺罗马诺奶酪混合搅拌均匀。

3. 装盘，再撒上一层帕玛森干酪。

◆小贴士

还可以用斜管面代替新郎面来烹制这道料理。

＃144
那不勒斯风味夹心烤馅饼

杉原一祯

●马沙拉白葡萄酒风味面包坯

1. 将 00 粉（500g）、黄油（100g）、马沙拉白葡萄酒（5 大勺）、蛋黄（5 个）、盐（适量）、水（适量）分别倒入面盘中，和至"三光"——面光、手光、盆光。

2. 揉成四方形面团，用塑料袋包好后放入冰箱中醒 2~3 小时。

●烹制烧牛肉

1. 将迷迭香（1 枝）、香芹（1 根）、月桂贴在去了筋膜的整块牛里脊肉（400g）表面，用风筝线绑好。

2. 锅中化黄油，放入洋葱薄片（2 个洋葱的量）翻炒，洋葱变软后放入牛肉，小火煎牛肉。

3. 待牛肉表面变色后注入没过牛肉的热水，盖上锅盖炖 2 小时左右，将牛肉炖软。

4. 然后将锅盖拿走，收汤（至锅中基本没有汤汁），待水和油脂发生反应后噗噗作响时，淋入少量白酒，稍等片刻将汤汁收干。漂亮的褐色牛肉烧汁就做好了，此时洋葱已完全融化。

5. 解开风筝线，将牛肉切小块。

●烹制牛肉馅料

1. 锅中热特级初榨橄榄油和黄油（两者比例相同），放入洋葱碎（1/2 个）翻炒，待洋葱变透明，倒入剁碎的泡发牛肝菌（20g），翻炒片刻。

2. 接着放入绞碎的牛肉（300g）和剁碎的鸡肝（80g），继续翻炒。

3. 倒入用盐水煮熟的青豌豆（300g），搅拌均匀后放盐和黑胡椒调味。

●煮新郎面

1. 将新郎面（350g）用手折成长 8cm 左右的小段，下盐水中煮 7 分钟左右。要比正常煮出的意面稍稍硬一些。

2. 捞出后沥净水分，和足量的帕玛森干酪、适量牛肉烧汁、贝夏美沙司（约 500ml）混合到一起拌匀。

●成型

（整个成品的大小为 25cm×10cm，高 8cm）

1. 在制作夹心烤馅饼模具的内侧涂上一层黄油。用擀面杖将马沙拉白葡萄酒风味面包坯擀成厚 6mm 的薄面皮，按照模具底面以及周围三面的大小切出 4 张面片，并分别贴在模具四面上。剩下的面坯可以用来盖在最上面，如果还有

剩余，可以用于装饰用。

2. 取 1/3 的新郎面铺在模具最下面一层，上面放上烧牛肉（一半的量）、牛肉馅料（一半的量）以及适量马苏里拉奶酪刨丝。重复此步骤 1 次。最后将剩下的新郎面摆在上面。

3. 最上面铺上一层面包坯，如果还有多余的面包坯，可以再拼出花样装饰。然后在顶部靠边的某处开个小孔用于排气。

4. 将模具放入 180℃ 的烤箱中烘烤 40~60 分钟。待面包坯变色、馅饼定型后将其取出。稍稍晾凉。

5. 然后放置于温度稍高一些的地方使其冷却。切开后食用。

◆注意事项

原本是用圆形模具来烘烤夹心馅饼的，不过圆形的馅饼不好分切，新郎面容易变得凌乱散碎，所以推荐使用方形模具。此外，以上任何一个步骤都需要用心烹制，否则都会影响到馅饼的味道以及口感。

●材料准备

1. 用风筝线将整块猪里脊肉（2kg，约20人份）绑好。

2. 猪皮（300g）切成10~15cm的小块，上面撒上松子、葡萄干、意大利香芹末、蒜条、佩科里诺罗马诺奶酪擦丝，然后将猪皮卷成卷儿，用风筝线绑好。

●那不勒斯风味炖菜

1. 锅中热特级初榨橄榄油，放入拍碎的蒜瓣翻炒，炒至变色，放入处理好的猪肉和猪皮以及猪骨（猪肩胛骨、猪膝盖骨），放盐，小火烧20~30分钟，至烧出肉香。期间要不时翻动猪肉，以免将肉表烧硬。

2. 放入洋葱碎（1.5个）翻炒，炒至断生。

3. 倒入红酒（200ml）、番茄酱（30g）轻轻翻炒，炒出番茄的香味时，注入番茄汁（"passata di pomodoro"，瓶装）至没过食材（3L），放月桂。

♯145
不勒斯风味炖菜奶酪意面
杉原一祯

4. 小火炖8小时。期间要不时往锅中添适量水，防止汤汁过于浓稠，炖至沙司呈暗褐色，木铲可以垂直立在锅中为宜。锅中汤汁变浓稠后容易冒出锅外，所以最好将锅盖留出一条缝。

5. 出锅之前放盐调味。将猪肉、猪皮和猪骨捞出。

●最后工序

1. 将蜡烛面（1人份60g）折成长10cm左右不等的小段。下盐水中煮14分钟左右。折断时产生的碎片也可以一起下入锅中。

2. 另置1个锅，倒入里科塔奶酪（1汤勺）和少量面汤，搅拌均匀。然后倒入炖菜的汤汁（2汤勺）、煮好的蜡烛面、罗勒（那不勒斯品种）、少量切成小块的烟熏斯卡莫札奶酪（"Scamorza Affumicata"，南意大利特产的烟熏牛乳制奶酪），将所有食材搅拌均匀。

3. 装盘。撒上帕玛森干酪，摆上罗勒叶。

※ 捞出的猪肉和猪皮常用作第二道菜或其他料理的材料。本人一般会切下来一些另放在1个盘中搭配这道料理食用。

◆注意事项

烹制那不勒斯风味炖菜时，可以用牛肉代替猪肉，也可以将猪肉和牛肉混合一起使用。但不管选用哪种肉，都要保证炖菜的材料中既有瘦肉、肥肉，还有富含胶原蛋白的肉皮和骨头，这样才能炖出风味独特、香浓味美的炖菜。一次性烹制10人份以上的量才更加美味。

用小火烧肉主要是为了烧出肉汁，同时用油温使肉汁中的水分蒸发，从而达到使肉汁中的精华融合到油脂中的目的。不过，如果火太小，无法炒净猪肉的异味，所以一定要掌握好火候。

◆小贴士

在所有可与那不勒斯风味炖菜搭配食用的意面中，新郎面最得人们的喜爱。

♯146
青酱风味炖菜拌面
杉原一祯

●烹制青酱炖菜

1. 锅中热特级初榨橄榄油，放入洋葱薄片（8个洋葱的量）翻炒，洋葱断生后放入切成小块的腌猪肋条肉（60g），继续翻炒。炒至两者的香味融合到一起。

2. 放入用风筝线绑好的整块猪里脊肉（重1kg，约12人份），再放入大粒盐。盖上锅盖，利用洋葱所含水分炖2小时左右。炖至洋葱变糖稀色。

3. 倒入番茄酱（20g）和白酒（80ml），再炖一段时间将猪肉炖软，以竹签能顺畅戳透猪肉为宜。

●最后工序

1. 将蜡烛面（1人份60g）折成长10cm左右不等的小段。下盐水中煮14分钟左右。折断时产生的碎片也可以一起下入锅中。

2. 取适量炖肉（按人数），切成小块，然后放回锅中。开火加热片刻。

3. 另置1个锅，煮好的意面沥净水分后倒入锅中，然后放入帕玛森干酪、黑胡椒、撕碎的罗勒、切成小块的炖肉和炖汁（适量）加热，搅拌均匀。

4. 装盘，撒上一层帕玛森干酪。

◆小贴士

除了蜡烛面，青酱炖菜与同为空心意面的新郎面、粗通心粉（rigatoni）、帕克里面也很搭。此外，将肉捞出，只使用炖汁还可以与意式干面（tagliatelle）等长意面搭配食用，也十分美味。

短意大利细面条

直径 1.9mm、长 4cm 左右
（Afeltra 公司）

短意大利细面条

"spezzati" 一词为 "折断" 的意思。人们常将长面折断，用于烹制意面汤料理。折的时候注意要折成适当的小段，以便于用汤勺将其舀起以及食用。此外，表面粗糙的意面，其淀粉很容易溶于汤中，可以增加汤汁的黏稠度，也可以提升整道料理的整体感。

将意大利细面条折断后用于做汤

由折断的意大利细长面和那不勒斯青叶菜 "broccoli neri"（一种深颜色的花椰菜）烹制而成的汤面料理。那不勒斯的人们喜食各种青菜，因此那不勒斯也被称为 "吃青菜的城市"。特别是冬季，更是有各种各样的青菜料理。在和意面一起烹制时，常与意面一起做成蔬菜意面汤。将 "broccoli neri" 用热水焯烫后和腌猪背脂一起翻炒，再注入焯蔬菜的水炖制，通过这种方式烹制出的意面汤蔬菜风味十分浓郁。

＃147
Minestra di pasta e broccoli neri
蔬菜奶酪意面汤

杉原一祯

螺旋面

长 4cm（Molisana 公司）

螺旋面

如弹簧、螺丝、螺旋桨一般带有螺旋形刻纹的意面。其螺旋形状的刻纹易于粘附沙司。不同的产品，其刻纹的间距也有所差异，此外，有的产品其螺旋形刻纹的突出部分是带弧度的，也有的是扁平的，总之形状各异。其中，刻纹间隔较窄且突出部分有弧度的类型吸附沙司的能力更强，口感也更佳。

刻纹较多的螺旋面搭配黏稠的沙司

海胆是西西里岛以及南意大利常见食材，也常将其炒熟后用作沙司与意面拌制食用。在本道料理中，为了突出生海胆鲜美的味道以及滑腻的口感，要尽量保持海胆的新鲜度，不要全熟。如果直接将海胆放入热油中，瞬间就会熟透，所以要先关掉火，然后将其堆在一处，淋入蒜香番茄沙司后再搅拌，使海胆沙司滑腻黏稠的口感达到极致。一般与长面搭配食用，不过与易于粘附沙司的螺旋面也很搭。

＃148
Fusilli con ricci di mare
生海胆沙司螺旋面

西口大辅

混合短意面

长 4~5cm（Afeltra 公司）

混和短意面

将数种干制短意面混到一起的产品，常见于那不勒斯地区。左图所示的产品中混有 8 种不同类型的短意面，其中有一些是通过将长意面折成 4~5cm 的小段得来。这 8 种意面分别为意大利细面条、细条通心粉、意大利扁面条、意大利长宽面、细波浪面、螺旋面、马克龙其尼面、S 形意面。最常见的烹制方法是直接下入浓稠的沙司中煮。

由种类丰富的海鲜与混合短意面烹制而成的汤料理

意大利有一道将各种海鲜混合到一起炖制而成的海鲜浓汤料理——"Zuppa di pesce"，与面包搭配食用，汤汁较少。而这里要向各位介绍的这道海鲜料理是"Zuppa di pesce"的变形，创新之处在于将意面直接下入海鲜汤中煮，汤汁较多。将形状各异的混合短意面下入海鲜汤中，意面中的淀粉会溶于汤汁中，与自然煮烂的海鲜共同起到勾芡的作用，使汤汁变黏稠。此外，为了使口感更富于变化，又放入了手擀拉格耐勒面（laganelle，P117）。

\# 149
Minestra di pasta mista
con piccoli pesci di scoglio e crostacei
海鲜烩混合短意面

杉原一祯

塔科扎特面

3~4cm 的四边形
（Pastai Gragnanesi 公司）

塔科扎特面

该意面的特点是形状呈小菱形，分为边缘有起伏（如左图所示）以及边缘平整光滑两种不同的类型。起源于阿布鲁佐大区，由于与有"补丁"之意的塔科尼面（tacconi）形状相似，故此得名。该意面与以豆类为主烹制而成的料理很搭，在那不勒斯地区，人们主要将其用于烹制"蚕豆浓汤（favata）"，本书就向各位介绍"favata"的烹制方法。

与豆类很搭的菱形意面

意大利有一道叫"pasta e fagioli"（意大利面豆汤）的料理，是由意面和豆类烹制而成，而每个地区使用的意面和豆的种类却不尽相同。本书中介绍的这道"favata"就是"Pasta e fagioli"的蚕豆版本。南意大利地区盛产蚕豆，那里的人们也喜食蚕豆，除了新鲜的蚕豆，还常会将干蚕豆用于烹制料理，"favata"就是其中一个例子。

\# 150
Favata con salsiccia di polipi
八带鱼香肠配蚕豆浓汤意面

杉原一祯

♯147
蔬菜奶酪意面汤

杉原一祯

●处理材料

1. 将意大利细面条（1人份60g）折成长4cm左右的小段。

2. 锅中烧热水，稍稍放一点盐，待水沸腾后，将"broccoli neri"（一种意大利蔬菜，500g）放入热盐水中焯软，以能用手指将其捏烂为宜，挤净水分。取其中的7/10切成大块，剩下的剁碎，将两者混合到一起。焯蔬菜的水留起备用。

3. 将腌猪背脂（60g）的肉皮切小块，肥肉用刀剁成肉泥。

4. 炒锅中热特级初榨橄榄油，放入蒜末和红辣椒翻炒，炒出香味后放入猪肉皮和猪肉泥，继续翻炒。

5. 将猪皮炒熟后放入"broccoli neri"，炒出香味。

●烹制蔬菜汤

1. 取适量炒好的"broccoli neri"放入锅中（1人份3汤勺）。然后放入焯蔬菜的水（100g意大利细面条放入350ml的水），煮出蔬菜香味。

2. 放入意大利细面条，煮11分钟左右，将意面煮软。煮至锅中食材如菜粥一般的浓度。

●最后工序

1. 锅中热特级初榨橄榄油，放入蒜末煸炒，将蒜末炒酥。

2. 往蔬菜汤中放入帕玛森干酪和佩科里诺罗马诺奶酪，大幅度搅拌，使汤汁更加黏稠，同时起到降温的作用。

3. 盛入容器中，撒上炒酥的蒜末、帕玛森干酪和佩科里诺罗马诺奶酪。

※"broccoli neri"要选用花蕾较小、叶片较大的品种，只食用叶片部分。虽然生食有丝丝苦味，不过加热后甜味也更加浓郁。

◆注意事项

要想做得美味可口，关键在于要将"broccoli neri"煮得足够软，至能用手将其捏烂，然后再充分翻炒。此外，将其切成2种不同的大小，可以使蔬菜汤口感更富于变化。

◆小贴士

除了意大利细面条，还可以用混和短意面或是顶针儿面（tubetti）来烹制这道料理。

♯148
生海胆沙司螺旋面

西口大辅

●烹制生海胆沙司

1. 将生海胆倒扣在容器中，倒出卵肉，检查一下是否有海胆壳碎渣掉落，有的话用小汤勺等将其挑出。

2. 锅中热纯橄榄油，将带皮拍碎的蒜瓣放入锅中翻炒，炒至蒜皮稍稍变色，关火。将海胆卵肉（2人份100g）堆在锅中某一处。

3. 往海胆上淋上蒜香番茄沙司（P244，35ml）以及极少量面汤。用汤勺搅拌均匀，搅成黏稠状的沙司。整个过程都处于关火状态。

4. 撒上意大利香芹末，淋上特级初榨橄榄油提香。

●最后工序

1. 螺旋面（1人份70g）下盐水中煮12分钟。

2. 开火将生海胆沙司温热一下，倒入煮好的意面搅拌均匀。

3. 装盘，撒上意大利香芹末。

◆小贴士

海胆沙司与面身细一些的意大利细面条也很搭。

混合短意面

●拉格耐勒面的配料

【1人份】

粗面粉（卡普托 Caputo 公司）······ 100g
水······ 50ml

●本道料理中所用的鱼的种类以及用量

黑鲔鱼······ 3 条
真蛸（重 500~600g）······ 1 只
（1人份用 1/2 只的腕）
（以下为 1 人份）
康吉鳗······ 15g
日本龙虾······ 1/2 只
木叶鲽（小）······ 1/3 条
生蚝（生蚝肉）······ 1 个
短沟对虾（赤足对虾）······ 1 只
鹰爪对虾······ 4 只
江户布目蛤······ 4 个

●制作拉格耐勒面

1. 用擀面杖将揉好的面坯擀成厚 1mm 的面皮，然后切成宽 1cm、长 3cm 的长条。

●黑鲔鱼沙司

1. 将黑鲔鱼两侧的鱼肉整片从鱼骨上片下来。鱼杂用于黑鲔鱼沙司，鱼肉用于炖菜。

2. 用厚底锅热特级初榨橄榄油（与鱼杂的分量相同），放入拍碎的蒜瓣和红辣椒翻炒。炒出香味后放入鱼杂、罗勒、黑胡椒粒、盐，然后立即盖上锅盖焖一段时间，至焖出黑鲔鱼的香味。

塔科扎特面

●烹制蚕豆沙司

1. 将干蚕豆（250g）在足量清水中泡一晚。

2. 用盐水（约为蚕豆体积的 1.5 倍）将泡好的蚕豆煮软。如果使用的是蚕豆瓣，煮 20~30 分钟即可，如果是整个蚕豆，需要煮 2 小时左右。

3. 炒锅热特级初榨橄榄油，倒入洋葱末（1/2 个）、切成小块的腌猪肋条肉（80g）翻炒，待将腌猪肋条肉中的油脂炒净时，将煮好的蚕豆连同煮汁一起倒入锅中，放入月桂。

4. 小火炖 40 分钟左右。由于之后还会将塔科扎特面下入其中煮熟，最好意面

#149

海鲜烩混合短意面

杉原一祯

3. 揭开锅盖，让附在锅盖上的水滴落入锅中。倒入适量水（分量为步骤 2 中倒入的特级初榨橄榄油橄榄油的 1/3），不盖锅盖烧 15 分钟左右。

4. 然后用中式细网筛（Chinois）过滤汤汁，过滤的同时用擀面杖将食材捣碎。

●处理各种海鲜

1. 康吉鳗去骨，鱼肉切成 1.5cm 的小块。

2. 将整只真蛸用流水冲洗干净，冲的时候要用手不停搓洗，洗掉黏液。然后放入煮沸的盐水中煮 15~40 分钟（具体时间根据真蛸的肉质决定），将真蛸煮软。然后将其切成 1.5cm 的小块。煮汁留起备用。

3. 将日本龙虾竖着 2 等分切开，剔出虾肉和虾黄，虾肉撕成小块。虾壳留起备用。

4. 木叶鲽刮鳞去头，片成 5 部分。

5. 新鲜生蚝撬开壳，撬下蚝肉，去掉贝柱。

●海鲜烩意面

1. 锅中热特级初榨橄榄油，放入拍碎的蒜瓣和红辣椒爆香，然后将短沟对虾和鹰爪对虾连头带壳整只放入锅中，不断翻炒，使虾香味融入橄榄油中。

2. 放入瓶装小番茄（P250）。对半切开，1 人份 2~3 个），快速翻炒，接着放入康吉鳗和真蛸。

3. 倒入煮真蛸的煮汁（1 人份 50ml）、鱼汤（150ml）、黑鲔鱼沙司（50ml），将锅中汤汁煮沸，撇净浮沫。

4. 捞出短沟对虾和鹰爪对虾，掰下虾头，

将虾头重新放回锅中。剥掉虾壳，将虾肉撕成小块备用。

5. 接着将日本龙虾的虾壳倒入锅中，待锅中汤汁再次煮沸时，放入江户布目蛤和混合短意面（1 人份 60g），煮 6 分钟左右。

6. 然后放入木叶鲽肉和黑鲔鱼肉、拉格耐勒面，煮不到 6 分钟。

7. 将短沟对虾和鹰爪对虾的虾头捞出。

8. 放入日本龙虾的虾肉和虾黄、短沟对虾和鹰爪对虾的虾肉、生蚝肉，不断搅拌锅中食材 1 分钟左右。待将鱼肉煮烂、汤汁边黏稠时，将锅端至一边。

9. 将江户布目蛤的贝壳去掉，贝肉重新放回锅中。将所有食材搅拌均匀。

10. 装盘。

◆注意事项

炖海鲜的时候要以容易出香的小型礁栖鱼为主体，炖出香味浓郁的料理。本店在烹制这道料理时，黑鲔鱼和康吉鳗是必不可少的。此外，还可以放入比目鱼类的海鲜，因为其鱼皮上的黏液可以起到淀粉勾芡的作用，使汤汁变黏稠。也可以放入甲壳类、贝类、章鱼等各种其他类型的海鲜，不过需要注意，如果放入的量过多，整道料理的口味会过于浓郁，反而会起反作用。还有一点，如果像大杂烩一样将所有食材一起放入锅中炖，有一些海鲜的肉会变柴，所以要计算好每种食材需要加热的时间，选择合适的时机下入锅中，才能保证其有最佳的口感。

#150

八带鱼香肠配蚕豆浓汤意面

杉原一祯

煮熟时锅中食材也能达到浓度适宜的状态，所以炖的时长可视具体情况灵活把握。

●制作八带鱼香肠

1. 用绞肉机将真蛸（100g）搅成肉泥，和自家做的香肠馅料（P249，40g）混到一起搅匀。放入意大利香芹末和盐，搅拌均匀。

2. 灌入清洗干净的羊肠中（1 根 30g），在适当的地方打结。放入冰箱中冷藏 1 日。

3. 平底锅中煎熟后使用。

●最后工序

1. 将塔科扎特面下入蚕豆沙司中（1 人

份约 180ml），小火煮 10 分钟左右，煮至软硬适中。

2. 淋入特级初榨橄榄油、撒上黑胡椒粒调味。

3. 装盘，摆上煎好的八带鱼香肠。

◆注意事项

蚕豆的形状不同（蚕豆或蚕豆瓣）、干湿程度不同，煮的时间也是不同的。此外，由于很容易将煮后的蚕豆煮烂，所以无需用网筛将其压成泥，直接炖制即可。干蚕豆建议使用意大利产的品种。

蜗牛壳意粉

蜗牛壳意粉

物如其名，一看就给人以"大蜗牛"的印象。弯曲的形状以及中空的粗管使该意面具有很好地吸附沙司以及各种食材的能力。蜗牛壳意粉是最近几年才出现的意面，是压制意面模具样式不断创新以及干燥技术不断进步的产物。由于其质地厚实且能很好地吸附沙司，所以使用的范围很广，使用的频率也很高。

长径 4cm、高 2cm

（ Dalla costa 公司 ）

由蜗牛形状的意面以及蜗牛烹制而成的料理

蜗牛形状的意面配上蜗牛肉做成的沙司，真是一种很有趣的搭配组合。拌制的时候，蜗牛肉会钻到意面的管中，仿佛真如带壳的蜗牛一般，可以引起食客无限想象。这道蜗牛沙司来源于颇具罗马特色的一道传统料理"圣约翰蜗牛"。据说在 6 月 24 日的圣约翰节前夜，罗马拉特兰圣约翰大教堂前的广场上会举办盛大的魔女的晚宴，晚宴的餐桌上一定会有一道蜗牛料理，因此得名。"触角"在当地是污秽的象征，而在圣约翰节前夜吃带有"触角"的蜗牛，可以起到净化的作用。

维苏威意面

维苏威意面

以那不勒斯当地有名的维苏威火山为原型做出的意面。形状比较复杂，和螺旋状的滑梯比较相似。是 2000 年左右才出现的新面孔。因为当时还有一款新推出的甜品也叫做维苏威，也许该意面的命名只是因为维苏威这个名字是当时的一种流行也说不准。

底面直径 2.2cm、高 2.8cm

（ Afeltra 公司 ）

维苏威意面与食材的大杂烩

将墨鱼、土豆、洋蓟 3 种食材同炖，再拌上维苏威意面，就烹制出了这道料理。墨鱼炖土豆是坎帕尼亚大区阿玛尔菲地区的传统料理，本店对其进行了稍稍的改动，放入了与墨鱼很搭的洋蓟，使炖菜的口味更加丰富。一般来说，意面沙司中很少有大块的食材，不过与维苏威意面这样的小型意面搭配在一起却很有整体感。是一道比较有现代气息的意面料理。

＃151

Lumaconi alle lumache

蜗牛烩面

小池教之

＃152

Vesuvio con totani, patate e carciofi

墨鱼土豆洋蓟意面

杉原一祯

♯ 151
蜗牛烩面

小池教之

● 烹制蜗牛沙司

1. 处理蜗牛（焯水后真空包装的那种）。将蜗牛肉（1kg）用清水清洗干净。用热水焯 2~3 回，每次要换新水。去掉蜗牛的腥味以及涩味。

2. 锅中热特级初榨橄榄油，放入蒜末（3瓣）和红辣椒爆香，放鳀鱼肉片（4片），快速翻炒。

3. 倒入蜗牛肉继续翻炒，翻炒片刻后淋入白酒，炒至酒精蒸发。倒入番茄沙司至没过食材，放入切碎的调味料（迷迭香、百里香、洋苏叶、马郁兰、薄荷）炖一段时间，至炖出蜗牛香味。中途放盐（多放一些）。

4. 放入冰箱中冷藏 2~3 天。

● 最后工序

1. 蜗牛意粉（1人份50g）下盐水中煮 12~14 分钟。

2. 另置 1 个锅，取适量蜗牛沙司（1人份 1 长柄勺）倒入锅中加热。倒入少量鸡汤或面汤调汁。

3. 煮好的意面沥净水分后倒入蜗牛沙司中，搅拌均匀。撒上佩科里诺罗马诺奶酪，将所有食材搅拌均匀。

4. 装盘，撒上撕碎的薄荷叶，再撒上一层佩科里诺罗马诺奶酪。

◆ 注意事项

在意大利，蒜有驱邪和精华的作用，所以这道料理中也放入了许多蒜。

◆ 小贴士

除了这种烹饪方法以外，还常将里科塔奶酪等馅料填塞到蜗牛意粉中食用。

♯ 152
墨鱼土豆洋蓟意面

杉原一祯

● 处理食材

（每种食材准备 1kg）

1. 将太平洋斯氏柔鱼处理干净后，带皮切成厚 1cm 的墨鱼圈，取 2 根触须放在一起切段。

2. 土豆削皮，切成厚 4mm 的薄片。

3. 将洋蓟上部 1/3~1/2 的部分切掉，剥掉外侧较硬的花萼以及茎部的外皮，然后其切成两半，并将毛絮状物挖掉。放入柠檬水中浸泡防止其氧化。沥净水分后将其 6~8 等分切成半月状，再次浸泡到柠檬水中。

● 烹制太平洋斯氏柔鱼土豆洋蓟炖菜

1. 锅中热特级初榨橄榄油，放入拍碎的蒜瓣翻炒，炒出浓浓的蒜香味。放入土豆片，继续翻炒，使土豆表面裹上一层油脂。

2. 土豆炒至 6 成熟时，放入洋蓟，继续翻炒。

3. 洋蓟炒至半成熟时，放入切好的太平洋斯氏柔鱼。炒至土豆和洋蓟完全熟透，放盐、黑胡椒调味。

● 最后工序

1. 维苏威意面（1人份60g）下盐水中煮 14 分钟左右。

2. 将煮好的意面沥净水分后和炖菜（1长柄勺）混合到一起，然后放入佩科里诺罗马诺奶酪、黑胡椒、意大利香芹末，将所有食材搅拌均匀。装盘。

※ 本店常将这道炖菜作为前菜使用，除此之外，也可以用作肉汁烩饭或第二道菜。

◆ 小贴士

拥有大块食材的沙司与鱿鱼圈意面(calamari)也很搭。

补充菜单

以下按照著者分别对本书中出现的各种汤汁、浓汤、基本沙司、自家制食材等的烹制方法进行说明介绍。

西口大辅

●鸡汤
材料

鸡架	1kg
洋葱	100g
胡萝卜	30g
香芹	30g
月桂	1枝
水	3.5L

※ 蔬菜直接整个使用。

①用流水将鸡架冲洗干净，冲掉鸡架表面附着的杂质。
②将所有材料全部倒入锅中，煮沸。改小火熬2~3小时，不时撇去汤汁表面的浮沫和油脂。
③过滤掉食材，稍稍晾凉后放入冰箱中冷藏1天。将表面凝固的油脂撇掉后使用。

●珍珠鸡鸡汤
※ 使用珍珠鸡的鸡架熬成，其他的配料以及烹制方法与鸡汤一样。

●鱼汤
材料

银鱼骨	1~2条
洋葱（剁成3cm的小块）	170g
胡萝卜（剁成3cm的小块）	30g
香芹（剁成3cm的小块）	30g
月桂	1枝
水	适量

①将鱼骨用流水冲洗干净。和洋葱、胡萝卜、香芹、月桂一起放入锅中。
②注入足够多的水没过食材（多放一些水），煮至沸腾。改小火熬2小时左右，随时撇出浮沫。
③滤掉食材，得到汤汁，稍稍晾凉后放入冰箱中，冷藏1天后使用。

●小牛骨汤
材料

小牛骨	3kg
洋葱（剁成3cm的小块）	1个
胡萝卜（剁成3cm的小块）	洋葱的一半
香芹（剁成3cm的小块）	洋葱的一半
月桂	1枝
红酒	400ml
番茄酱	3大勺
水	适量

①小牛骨放入180℃的烤箱中烤1小时以上。以烤净水分重量变轻为宜。
②将烤好的小牛骨、洋葱、胡萝卜、香芹、月桂放入锅中，开火加热，注入红酒，稍等片刻让酒精蒸发。放入番茄酱翻炒片刻，注入足量水。
③锅中汤汁沸腾后撇去浮沫，改小火熬11个小时。期间锅中汤汁快烧干时再添些水。
④过滤得到汤汁，稍稍晾凉后放入冰箱中冷藏1天。去掉表面凝固的油脂后使用。

●番茄沙司
材料

去皮番茄	800g
洋葱炒料头（P245）	30g
月桂	1枝
盐	3g
色拉油	1大勺

①碗上置1个筛网，在筛网上用手掰开去皮番茄，扣掉番茄籽和芯，果肉放入另1个碗中。用打蛋器按压番茄籽和番茄芯，使番茄汁流入碗中。
②将色拉油和洋葱炒料头倒入锅中，中火翻炒，接着倒入步骤①中的果肉和果汁，用打蛋器轻轻翻搅，将果肉压碎。然后放入月桂和盐。
③待番茄变软后，将火调小一些，如果锅中还有番茄块，用打蛋器将其碾碎。再烧10分钟左右即可。

●蒜香番茄沙司
材料

去皮番茄	800g
蒜瓣（剁碎）	15g
纯橄榄油	3大勺
盐	3g

①碗上置1个筛网，在筛网上用手掰开去皮番茄，扣掉番茄籽和芯，果肉放入另1个碗中。用打蛋器按压番茄籽和番茄芯，使番茄汁流入碗中。
②将纯橄榄油和蒜末倒入平底锅中，平摊在锅底。中火翻炒，炒至蒜末边缘呈淡咖啡色时关火。
③倒入步骤①中的果肉和锅中，开中火。用打蛋器将果肉压碎。放盐，将火调小一些，用汤勺翻搅锅中食材，

如果锅中还有番茄块，用汤勺将其碾碎。再烧 5~6 分钟即可。

※ 是一种带有蒜香味的番茄沙司。冷冻保存可以放置 2 周左右。由于蒜末很快就会熟透，所以要冷油下锅，慢慢将其炒熟，待蒜末边缘稍一变色立即关火。只稍稍带有一丝蒜香味即可，如果炒至蒜末完全变色，那么蒜味就过于浓郁了，也不适宜制作沙司。

● 博洛尼亚风味炖菜（肉糜沙司）
材料

绞肉	500g
色拉油	40ml
炒料头（P245）	150g
月桂	1 枝
红酒	200ml
番茄酱	40g
鸡汤	1.6L
盐	1 小勺
黑胡椒	适量

①将色拉油和绞肉倒入平底锅中，开大火，用打蛋器将绞肉炒散。炒出水分后改小火，继续翻炒 30~40 分钟，炒至肉松状。将肉炒得干干的。
②将炒料头、月桂、步骤①中炒好的肉倒入炖锅中。往步骤①中的平底锅里倒 100ml 的红酒，开大火，用木铲将凝在锅底的炒汁刮掉，使其溶于红酒中。然后倒入炖锅中。
③将剩下的红酒和盐都倒入炖锅中，开大火，炖至锅中汤汁快要烧干。
④倒入番茄酱和 450ml 的鸡汤，待有浮沫浮起后改小火，并将浮沫撇净。

⑤待锅中汤汁稍稍沸腾，盖上锅盖炖一段时间。期间如果发现锅中汤汁快要烧干且能看见肉末时，添入少量剩余的鸡汤，如此反复炖 2 小时左右。放盐、黑胡椒调味。

● 贝夏美沙司
材料

中筋面粉	100g
黄油	100g
牛奶	1L
肉豆蔻、盐、黑胡椒	适量

①锅中化黄油，倒入中筋面粉翻炒，注意不要将面粉炒焦。
②注入牛奶，翻炒至汤汁黏稠。
③放入肉豆蔻、盐、黑胡椒调味。过滤后得到贝夏美沙司。

● 玉米糊
材料

玉米面（白）	180g
牛奶	500ml
水	500ml
盐	7g

①将牛奶和水倒入锅中，烧至沸腾，放盐搅匀。
②改中火，一边倒入玉米面一边用打蛋器翻搅，搅至没有疙瘩。期间会从锅边开始变浓稠，所以要随时刮锅边，防止变焦。
③待玉米糊可以挂在打蛋器上时，将火调小，煮 40 分钟左右。期间用木铲不时从锅底翻搅玉米糊，防止糊锅。
④煮好后倒入容器中，让其冷却凝固。

● 番茄干
材料

新鲜番茄（L 号）	2 个
盐、绵白糖	各适量
百里香（折成小段）	8 段
蒜（切片）	8 片
纯橄榄油	适量

①用刀在西红柿两面划十字形的刀口，锅中烧开水，放入西红柿，划十字的地方就会裂开，捞出番茄入冷水中，冷却后把皮剥掉。然后将去皮番茄 4 等分切开。
②烤盘上铺一层锡纸，将切好的番茄摆好（靠近表皮一侧朝下）。撒上盐和绵白糖，每瓣番茄上放 1 段百里香和 1 片蒜片，淋上纯橄榄油。
③餐厅打烊后将烤盘放入切断电源的烤箱中，放置 1 晚。第二天检查番茄中的水分是否被烘干，如果没有，中午营业时间过后再将其放到烤箱中，用烤箱的余温将其烘干。
④泡在橄榄油中保存，泡成如杏脯一般的质感。

● 炒料头
材料

圆葱	200g
胡萝卜	50g
香芹	50g
色拉油	3 大勺

①将圆葱、胡萝卜、香芹切碎（也可以用搅拌器打碎）。
②锅中倒色拉油，将步骤①中切好的食材倒入锅中慢慢煸炒。用木勺搅动食材，注意不要炒焦。待将食材中的

水分炒干即可出锅，大约需要炒 40 分钟。

●洋葱炒料头
材料

洋葱	500g
色拉油	3 大勺

①将洋葱切碎（也可以用搅拌器打碎）。

②锅中倒色拉油，将切好的洋葱碎倒入锅中慢慢煸炒。用木勺搅动食材，注意不要炒焦。待将食材中的水分炒干即可出锅，大约需要炒 40 分钟。

●奶油鳕鱼
材料

腌鳕鱼干（将 1kg 盐渍鳕鱼干用水泡后去皮去骨）	700g
牛奶	约 1L
月桂	2 枝
黑胡椒	适量
柠檬皮（小片）	2 片
纯橄榄油	约 500ml
蒜瓣（蒜末）	1 小勺
意大利香芹（剁碎）	1 大勺
黑胡椒	少量

※ 在威尼斯地区，烹制这道"奶油鳕鱼"时使用的是"Stoccafisso"（一种没有经过盐渍的鳕鱼干），而本店选用的是盐渍鳕鱼干。

①将腌鳕鱼干在凉水中泡几天，去掉盐分（期间要换几次清水，也可以省略此步骤，但用其烹制料理时就无需放盐了）。炖之前将鳕鱼去皮去骨。

②将处理好的鳕鱼倒入锅中，注入足量牛奶没过鳕鱼。放入月桂、黑胡椒粒、柠檬皮，开火煮至沸腾。然后改小火炖 30 分钟左右。

③待鱼肉开始炖烂的时候，用筛网将鱼肉捞出，另取出少量牛奶汤汁备用。

④将鳕鱼肉倒入碗中，一边淋入纯橄榄油，一边用木勺大幅度搅拌。最后，用少量牛奶汤汁调整浓度。

⑤放入蒜末、意大利香芹末、黑胡椒，搅拌均匀。放入冰箱中冷藏 1 日。

●香肠
材料

猪肉（梅花肉）	1250g
盐	13.5g
黑胡椒	适量
蛋清	60g
奶油	200ml
猪肠	适量

①将梅花肉切成拇指大小的方丁，放入料理机中，再放入盐、黑胡椒、蛋清、奶油，将所有食材打成糊。

②将打好的食材倒入碗中充分搅拌，在冰箱中放置 1 晚。

③将肠衣用水泡开、洗净，然后将做好的馅料灌入肠衣中，每隔一段距离打个结。

●腌猪肉
材料

猪肉（里脊肉）	1kg
大粒盐 a	200g

腌汁的材料

水	2L
洋葱	100g
大蒜	50g
香芹	50g
黑胡椒粒	7 粒
大粒盐 b	80g
月桂	1 枝

※ 蔬菜都是整个使用，无需切开。

①猪肉块表面抹上厚厚一层大粒盐a，大方盘上架一张金属丝网，将猪肉放在金属丝网上，放入冰箱中腌 3 天。

②将腌料中的所有材料都倒入锅中，煮至沸腾，关火使其冷却。

③将腌好的猪肉用清水冲洗干净，洗净大粒盐，放入腌汁中。要保证腌汁没过猪肉，然后将其放入冰箱中腌 4 天。

④取出猪肉放在 1 个深口容器中，用极细的水流冲洗猪肉大约 8 小时，冲净猪肉中的盐分。

⑤大锅中注入足量的清水，沸腾后放入猪肉煮 1 小时，需要使水温一直保持在 80℃。

⑥将猪肉捞出晾凉后放入冰箱中冷藏保存。

●意大利肉肠（Cotechino）
材料

（两根直径 5~6cm、长 20cm 的肉肠）

猪脸肉	500g
猪舌	300g
猪背脂	100g
猪耳朵	200g
鲜奶油	3 大勺
调味蔬菜（洋葱、胡萝卜、香芹，比例 2:1:1）	适量
盐	8.5g

黑胡椒粒（碾碎）…………… 少量

①将猪脸肉、猪舌、猪背脂切成适当大小的小块，放入食物料理机中绞碎。中途放入鲜奶油，无需过度搅拌，搅至所有食材能粘在一起即可。

②将猪耳朵和各种调味蔬菜一起倒入热水中焯烫，然后切成小块。将猪耳朵倒入步骤①中，放盐、黑胡椒粒，轻轻搅拌均匀。

③将食物搅拌机中的馅料倒入碗中，用手将馅料揉和到一起。放入冰箱中冷藏 1 天。

④用保鲜膜将馅料包好，揉成直径 5~6cm、长 20cm 的肉肠。然后装入塑料袋中，抽净空气。放入锅中，用小火煮 4 小时左右。捞出后立即放入冰水中让其冷却，再放入冰箱中冷藏 1 晚。

※ 将凝固在袋子中的脂肪去掉后使用。

小池教之

●鸡汤
材料

鸡骨架…………………… 6 个
洋葱（8 等分切开）………… 2 个
胡萝卜（切成厚 7~8cm 的圆片）
………………………… 1/2 个
香芹（厚 2cm 的小块）…… 2 根
调味香料（百里香、迷迭香、洋苏叶、月桂）………… 各适量
水 ………………………… 5L

①用流水将鸡架冲洗干净。和洋葱、胡萝卜、香芹、调味香料一起放入锅中，将水注入锅中。

②大火将水煮沸。然后将火调小一些，保持水处于稍稍沸腾的状态熬 5~6 小时，不时撇去汤汁表面的浮沫和油脂。

③过滤得到鸡汤，晾凉后放入冰箱中冷藏 1 天。将表面凝固的油脂撇掉后使用。

●鸭汤
※ 将鸡汤中的鸡骨架换成鸭架熬制即可。

●野鸡汤
※ 将鸡汤中的鸡骨架换成野鸡架熬制即可。

●兔汤
※ 将鸡汤中的鸡骨架换成兔骨架熬制即可。

●小牛肉汤
材料

小牛骨…………………… 2kg
小牛筋和牛边料（如果有的话）
………………………… 适量
洋葱（8 等分切开）………… 2 个
胡萝卜（切成厚 7~8cm 的圆片）
………………………… 1/2 个
香芹（厚 2cm 的小块）…… 2 根
调味香料（百里香、迷迭香、洋苏叶、新鲜月桂）………… 各适量
水 ………………………… 5L

※ 熬制方法与鸡汤相同。

●山羊骨汤
材料

小山羊骨…………………… 半头
小山羊筋和山羊边料………… 半头
洋葱（8 等分切开）………… 2 个
胡萝卜（切成厚 7~8cm 的圆片）
………………………… 1/2 个
香芹（厚 2cm 的小块）…… 2 根
调味香料（百里香、新鲜月桂）
………………………… 各适量
水 ………………………… 5L

※ 熬制方法与鸡汤相同。

●鱼汤
材料

银鱼（加吉鱼等）鱼杂……… 1kg
洋葱（厚 5mm 的薄片）…… 1 个
胡萝卜（厚 3mm 的薄片）… 1/3 个
香芹（厚 5mm 的薄片）…… 1 根
调味香料（百里香、迷迭香、洋苏叶、新鲜月桂）………… 各少量
水…………………………… 3L

特级初榨橄榄油……………… 适量

①将银鱼鱼杂倒入沸水中焯烫，去掉
黏液和腥味。或是在燃烧器以及煤气
炉上烤一烤。
②炒锅中热特级初榨橄榄油，放入洋
葱、胡萝卜、香芹翻炒，炒出香甜味。
③将鱼杂倒入炒锅中，添水煮至沸腾。
然后将火调小，保持水处于稍稍沸腾
的状态熬 2 个小时，不时撇去汤汁表
面的浮沫和油脂。
④过滤得到鱼汤，当天就可以使用。

● 康吉鳗鱼汤
材料
康吉鳗鱼杂（选用重量为 300g 以上
的康吉鳗）…………… 6 条
洋葱（厚 5mm 的薄片）…… 1 个
胡萝卜（厚 3mm 的薄片）…1/4 个
香芹（厚 5mm 的薄片）…1/2 根
调味香料（百里香、洋苏叶、新鲜月
桂）………………… 各少量
香辛料（黑胡椒粒、香菜粒）
………………………… 各 1 撮
水………………………… 3L
特级初榨橄榄油……………… 适量

※ 熬制方法与鱼汤相同。

● 蔬菜汤
材料
洋葱（切片）…………… 1 个
胡萝卜（切片）…………1/4 个
香芹（切片）…………1/2 根
水………………………… 2L

※ 如果有处理下来的蔬菜皮，也可

以用于熬汤。

①将洋葱、胡萝卜、香芹倒入锅中，
添水，煮至沸腾。撇去浮沫，然后将
火调小，保持水处于稍稍沸腾的状态
煮 30 分钟。
②过滤后得到蔬菜汤，当天就可以使
用。

● 小牛浓汤（Sugo di carne）
材料
小牛骨………………… 5kg
洋葱（剁碎）…………… 3 个
胡萝卜（剁碎）………… 1 个
香芹（剁碎）…………… 1 根
蒜（带皮）…………… 1 头
红酒…………………… 750ml
番茄酱………………… 70g
黑胡椒粒……………… 5g
调味香料（百里香、洋苏叶、迷迭香、
新鲜月桂）…………… 各少量
水……………………… 10L
色拉油………………… 适量

①往小牛骨上淋上一层色拉油，放入
230℃的烤箱中烘烤 30 分钟左右。烤
至变色。
②锅中热色拉油，放入洋葱、胡萝卜、
香芹翻炒至变色。
③将步骤①、②以及其他所有材料都
倒入炖锅中，烧至沸腾。改小火熬 8
个小时。随时撇去浮沫。
④过滤得到汤汁。将小牛骨和蔬菜留
在锅中。重新注入清水至没过食材，
继续用小火熬制。熬好后过滤出汤汁，
和第一次得到的汤汁倒在一起。如此
反复，一直熬至汤汁浓稠。

● 番茄沙司
材料
去皮番茄…… 1 罐（1 罐 =2.55kg）
蒜（拍扁）…………… 1 瓣
洋葱（剁碎）…………1/2 个
胡萝卜………………1/12 个
香芹…………………1/4 根
月桂（新鲜）………… 3 枝
罗勒叶柄……………… 1 根
特级初榨橄榄油……… 适量
盐……………………… 适量

①锅中热特级初榨橄榄油，放入蒜瓣
煸炒，煸出香味后将其捞出。放入洋
葱，用风筝线绑到一起的胡萝卜、香
芹、月桂，炒至洋葱变半透明。
②放入去皮番茄，烧至沸腾。改小火
炖将近 2 小时，随时撇去浮沫。
③将用风筝线绑着的蔬菜捞出。用打
蛋器将番茄果肉压扁，放入罗勒叶柄，
开大火将锅煮沸，使所有食材的香味
融合到一起。
④最后放盐调味。

● 青酱
材料
罗勒叶………………… 2 包
松子…………………… 1 汤勺
蒜…………… 少量（约 1/8 片）
特级初榨橄榄油（Taggiasca 品种）
……………………… 适量

※ 一般来说，制作青酱时还要放入
奶酪，但由于意面料理最后都会撒一
层奶酪，所以这里就没有使用奶酪。

①将松子和蒜倒入搅拌机中，淋上少

量特级初榨橄榄油，搅匀。

②然后放入罗勒叶，一点点加入特级初榨橄榄油并搅拌均匀。最后搅至如用研钵捣碎一般的感觉即可。

●红柿子椒酱

材料

红柿子椒…………………… 5个

特级初榨橄榄油…………… 适量

①红柿子椒去蒂去籽，切成小块，倒入锅中，淋上特级初榨橄榄油，盖上锅盖将其焖熟。

②然后用搅拌机打成糊。

●蒜香调味酱（Sofrito）

材料

蒜（蒜末）………………… 3瓣

洋葱（1cm的块儿）……… 4个

胡萝卜（1cm的块儿）…… 1个

香芹（1cm的块儿）……… 4根

特级初榨橄榄油…………… 适量

①特级初榨橄榄油煸炒蒜末，煸出香味后倒入切好的洋葱、胡萝卜和香芹。

②盖上锅盖，压上重物，调成小火焖2小时，期间要不时搅动一下食材，至食材变为暗黄色即可。

●香炒面包糠

材料

面包糠（干燥后的、颗粒较大的）

……………………………… 50g

蒜（切碎）………………… 1/4瓣

特级初榨橄榄油…………… 适量

杏仁粉……………………… 10g

佩科里诺罗马诺奶酪………… 10g

盐…………………………… 适量

调味香料（迷迭香、百里香、新鲜的月桂，切碎）………………… 极少量

①锅中热特级初榨橄榄油，放入蒜末煸炒，炒出香味后倒入面包糠。炒至变色、炒出香味。然后倒入杏仁粉，轻轻翻炒，将杏仁粉炒熟。

②将锅端至一边，颠匀使温度降下来。放入佩科里诺罗马诺奶酪和盐搅拌均匀。然后倒入调味香料搅匀。稍稍晾凉后贮存。

●熏制里科塔奶酪

材料

里科塔奶酪（羊乳制）

……………………… 1块（200~250g）

盐……………里科塔奶酪重量的1%

樱花烟熏木（熏制用）………… 10g

①用布将里科塔奶酪包好后放在筛网上，上面压上加倍重量的重物，在冰箱中放置1天，沥净水分。

②将里科塔奶酪取出，撒上盐，放在筛网上。在冰箱中放置1天，让其稍稍变干。

③大方盘中点燃樱花烟熏木，上面放铁网，再放上里科塔奶酪，然后盖上盖子，压上1个装有冰块的容器。熏30分钟。

④将熏好的里科塔奶酪稍稍晾凉后放入冰箱中，放置4~5天，使其变硬。

●腌鳕鱼干

材料

鳕鱼………………………… 1条

大粒盐（西西里岛产的SALE GROSSO）

……………………………… 共1kg以上

①将鳕鱼带皮片成片。鱼片两面都抹上厚厚的大粒盐（要盖住鱼肉），放入冰箱中腌1晚。

②将腌出的水分吸净，然后再抹上适量大粒盐。放回冰箱中腌1天。此步骤重复3次，使盐分渗透整个鱼肉，至无法腌出水分为止。

③用流水将大粒盐冲洗干净，吸净鱼片表面的水分后直接放入冰箱中搁置1个月左右，使其风干。期间可以不时翻个个，使其整体干燥程度一致。如果是冬季，也可以放在室外风干。

※ 需要使用之前，要将腌鳕鱼干用水浸泡4~5天，将盐分泡出，每天都要重新换清水。然后吸净鱼片表面的水分，用保鲜膜将其包好，放入冰箱中冷藏使用。

●香肠

材料

猪肉（绞成颗粒状）……………… 1kg

盐…………………………… 15g

砂糖………………………… 5g

黑胡椒粒（碾碎）…………… 5g

茴香籽……………………… 3g

红酒………………………… 50ml

蒜（蒜粉）………………… 1g

猪肠………………………… 适量

①将除猪肠以外的所有材料倒入碗中，碗周围放一些冰块，将所有食材搅拌均匀。

②用保鲜膜盖好，在冰箱中放置1晚。

③猪肠用水泡开、洗净，然后将做好

的馅料灌入猪肠中，每隔 10cm 打个结。

●腌猪背脂
材料
猪背脂······························1kg
大粒盐（西西里岛产的 SALE GROSSO）
····································30g
黑胡椒粒（碾碎）···············20g
杜松子（碾碎）···················10g
新鲜的月桂（撕碎）··············5 片
蒜（切厚片）·······················1 瓣
迷迭香（揪掉叶片）···············1 枝
茴香籽······························10g

①将大粒盐、各种香辛料以及香味调料混合到一起。抹在猪背脂上。
②装入塑料袋中，抽净空气。放入冰箱中腌 1~2 个月。

※ 将粘在其表面的各种香辛料和香味调料刮掉后使用。

杉原一帧

●鱼汤
材料
银鱼鱼杂······················600g
洋葱·····························1.5 个
香芹（带叶）·····················1 根
黑胡椒粒·······················10 粒
月桂······························2 枝
百里香···························2 枝
水·······························3.5L

①将鱼杂清洗干净。
②洋葱和香芹切成适当的大小。
③将所有食材倒入锅中，开火烧至沸腾。改小火熬汤，期间不时撇去浮沫。
④过滤得到鱼汤。

※ 根据熬汤时的时间长短不同，蔬菜的切法也有所不同，如果熬的时间比较短，可以将蔬菜切成厚片，如果时间很长，也可以将其 4 等分切开。所以，可根据实际情况自由选择切成适当的大小。

※ 根据鱼的种类以及季节不同，熬制的时间也有所不同，比如加吉鱼需要 20 分钟左右。而如果使用的是红金眼鲷、菖鲉等鱼的鱼杂，需要熬40 分钟左右，因为熬的时间越长汤汁的味道越鲜美。其实一般会用好几种鱼的鱼杂一起熬汤，这时需要根据锅中食材的颜色以及香味来决定熬制的时间。需要注意一点，要充分熬出每种蔬菜和鱼的香味。

※ 熬汤的目的是要使鱼和蔬菜的香味浓缩到汤汁中，所以注意不要熬出甜味。

●贝夏美沙司
材料
00 粉 ····························80g
黄油······························80g
牛奶·······························1L
肉豆蔻、盐 ····················各少量

①将 00 粉和黄油倒入锅中，小火翻炒，注意不要将面粉炒糊。炒成浆糊状的黄油面酱，不要有面疙瘩。
②一点点倒入牛奶，不断搅拌稀释黄油面酱，注意不要有面疙瘩。
③放入肉豆蔻、盐，过滤。

●青酱
材料
罗勒叶······························50g
松子·······························20g
大粒盐······························3g
特级初榨橄榄油···············100ml
蒜（扣去新芽，竖着切片）···1/2 瓣

※ 一般来说，制作青酱时还要放入奶酪，但由于意面料理最后都会撒一层奶酪，所以这里就没有使用奶酪。

①事先将搅拌机冰一下。
②将罗勒叶、松子、大粒盐、特级初榨橄榄油倒入搅拌机中，搅匀。
③倒入容器中，放蒜。

●瓶装小番茄
材料
小番茄···························适量

带茎罗勒（那不勒斯品种）… 适量

※ 那不勒斯地区栽培有各式各样品种的小番茄，但制作瓶装小番茄的时候我选择的是 Cannellino、Piennolo 等在日本也有种植的品种。这些种类的小番茄果皮较厚、果肉厚实、果汁较少，所以应该带皮烹制。而且，果皮有着如新鲜番茄一般的清香味，可以使做出的沙司味道更清淡爽口。

※ 那不勒斯品种的罗勒，叶片大且边缘卷曲，香味浓郁。

① 小番茄去蒂，竖着将其对半切开（带皮）。玻璃瓶煮沸消毒。用切好的小番茄装满整个瓶子，最后塞上罗勒，封好瓶口。

② 将瓶子放在锅中，注入足量清水没过瓶身，水沸腾后继续煮 1 小时左右。

③ 瓶子浸在水中直至自然冷却。之后常温下保存即可（可保存 1 年）。

● 咸鱼子干
材料
鲻鱼鱼籽……………………… 3kg
盐水（浓度 8%）…………… 适量
特级初榨橄榄油……………… 适量

① 将鲻鱼鱼籽浸泡在水中，用针将血管刺破放血。

② 提前将盐水煮沸，然后晾凉。将鱼籽倒入盐水中，在冰箱中放置 24 小时。

③ 大方盘上架一张金属丝网，将鱼籽摆在金属丝网上，静置 2~3 小时，沥净水分（选择不宜在鱼籽上印上纹路的网）。

④ 将鱼籽摆在用酒精消过毒的大方盘中，放在冰箱的通风口处，搁置 20 天左右，使其风干。期间每隔几日将其翻个个（根据鱼籽的大小不同，也可能还要多花上 1 周时间）。

⑤ 表面涂抹上一层特级初榨橄榄油，4 个为 1 组放入专用真空包装袋中，抽净空气保存。

※ 盐水的浓度一般为 8%~10%。10% 的浓度可以很好地腌出鱼籽中的水分，做出的咸鱼籽干也更加美味，只不过味道会很咸，所以无法一次性使用太多。而 8% 的浓度既能起到防腐的作用，咸淡程度也刚好，可以大量使用，从而提升咸鱼子干的风味，非常适于烹制意面料理。

● 香肠
材料
猪肉（猪肩里脊肉）…………… 1kg
盐…………………………………… 16g
黑胡椒粒（用胡椒研磨器磨碎）
………………………………… 适量
黑胡椒粒（碾碎）…………… 适量
茴香籽……………………… 适量
白酒……………………… 80ml
猪肠……………………… 适量

① 猪肉绞碎，倒入盐、2 种黑胡椒、茴香籽、白酒，搅拌均匀，搅出黏度。

② 用清水将猪肠泡开、洗净，将馅料灌入猪肠中，在适当的地方打结。

③ 放入大方盘中，置于冰箱的通风口处风干 36 小时。

※ 制作香肠时，最好选用靠近颈部的肩里脊肉。那里的肉肥瘦均衡，做出的香肠肉味鲜美，口感也十分富裕变化。

※ 肠衣最好选用猪肠，这样肠衣和馅料的味道才能更好地融合，做出的香肠也更加美味。

TITLE: ［プロのためのパスタ事典］

BY: ［西口大輔、小池教之、杉原一禎］

Copyright © Daisuke Nishiguchi,Noriyuki Koike,Kazuyoshi Sugihara 2014

Original Japanese language edition published by Shibata Publishing Co., Ltd.

All rights reserved. No part of this book may be reproduced in any form without the written permission of the publisher.

Chinese translation rights arranged with Shibata Publishing Co., Ltd., Tokyo through Nippon Shuppan Hanbai Inc.,Tokyo

本书由日本株式会社柴田书店授权北京书中缘图书有限公司出品并由煤炭工业出版社在中国范围内独家出版本书中文简体字版本。

著作权合同登记号：01-2016-2430

图书在版编目（CIP）数据

意大利面 /(日) 西口大辅，(日) 小池教之，(日)
杉原一禎著；王婷婷译. -- 北京：煤炭工业出版社，
2016

ISBN 978-7-5020-5286-7

Ⅰ.①意… Ⅱ.①西… ②小… ③杉… ④王… Ⅲ.
①面条 — 食谱 — 意大利 Ⅳ.①TS972.132

中国版本图书馆CIP数据核字(2016)第102521号

意大利面

著　　者	（日）西口大辅、小池教之、杉原一禎	译　　者	王婷婷	
策划制作	北京书锦缘咨询有限公司（www.booklink.com.cn）			
总策划	陈庆	策　　划	李伟	
责任编辑	马明仁	特约编辑	郭浩亮	
设计制作	王青			

出版发行　煤炭工业出版社（北京市朝阳区芍药居 35 号　100029）
电　　话　010-84657898（总编室）
　　　　　010-64018321（发行部）　010-84657880（读者服务部）
电子信箱　cciph612@126.com
网　　址　www.cciph.com.cn
印　　刷　北京画中画印刷有限责任公司
经　　销　全国新华书店

开　　本　787mm×1092mm¹/₁₆　印张　16　字数　500　千字
版　　次　2016 年 8 月第 1 版　2016 年 8 月第 1 次印刷
社内编号　8143　　　定价　98.00 元